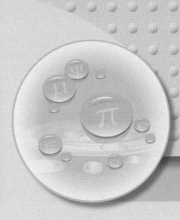

Math Fundamentals

21世纪数学基础课系列教材

MATLAB大学数学实验

杨传胜　曹金亮　编著

U0351817

中国人民大学出版社
·北京·

前　　言

　　数学实验是大学数学教育改革的产物，它为丰富教学内容提供了新的素材，为教学的"个性化"创造了一个良好的环境．数学实验课的设立，首先，改变了传统数学课上由教师单向传输知识的模式，提高了学生在教学过程中的参与程度，使学生的主观能动性得到充分的发挥；其次，通过运用计算机和数学软件进行实验，让学生能够直观而深入地了解如何应用数学知识解决实际问题，从而加深对数学原理和数学方法的理解，有助于对学生进行数学建模、计算机操作和软件应用能力的培养．

　　近年来，为了指导大学生数学建模竞赛，很多高校开设了"数学建模"课程．该课程因其内容的实用性而备受广大师生的关注．然而，数学建模课程涉及的内容非常广泛且过于侧重各种建模方法，使得低年级的学生学习起来有一定的困难．数学实验课程在内容广度和深度上介于传统数学课程和数学建模课程之间，因而，它的存在在传统数学课程和数学建模课程之间构建了一座桥梁．通过设计适当的实验，一方面可使学生加深对传统数学的理解，另一方面可让学生应用数学方法和计算技巧，以计算机为工具，解决一些实际问题，使他们体会到数学技术的运用实际上是一项技能的培养．

　　本书结合大学数学知识体系，以 MATLAB 为软件平台，比较系统地介绍了大学数学实验的教学内容．全书共七章，第一章和第二章介绍了 MATLAB 的基本知识和程序设计的相关知识，第三章至第六章分别讲述了线性代数实验、高等数学实验、概率统计实验、最优化实验等内容，第七章介绍了数学建模的初步知识．本教材具有以下几个特色：

（1）内容与数学基础课程联系紧密. 通过对该教材的学习、进行上机实践，既能让学生巩固所学知识、及时发现新问题，使学生的问题意识得到培养，还能体验在以往的数学课程中手工很难计算甚至不可能计算而借助数学软件则迎刃而解的问题的乐趣.

（2）实用性很强. 读者可以按照高等数学、线性代数和概率统计等几门数学基础课的要求，系统地从教材中选择相应的实验内容进行实验教学，还可以选择相应的习题，供学生上机练习.

（3）内容选取灵活. 该书既可以作为一门独立的课程教材，也可以作为数学基础课程的配套教材. 读者可根据实际需要进行取舍.

另外，我们制作了多媒体教学配套课件，需要本书中所有例题的 M 文件和课件的读者，可与出版社联系.

本书第一章至第四章由杨传胜编写，第五章至第七章由曹金亮编写，全书由杨传胜负责统稿和定稿. 感谢浙江海洋学院教务处以及数理与信息学院领导的关心和支持，本书的编写与出版得到浙江海洋学院数学与应用数学省重点建设专业项目以及高等学校大学数学教学研究与发展中心的应用型本科院校大学数学课程的教学内容改革与创新能力培养项目的资助. 由于编者水平有限，不足之处在所难免，敬请读者批评指正.

编者
2014 年 1 月于舟山

目　录

第一章

MATLAB 基本知识

　　MATLAB 是矩阵实验室（Matrix Laboratory）的简称，是美国 MathWorks 公司于 1984 年推出的一款商业数学软件，用于算法开发、数据可视化、数据分析以及数值计算的高级技术计算语言．MATLAB 提供了一种交互式计算环境，用于高效率地解决数学问题和工程计算问题．它将数值分析、矩阵计算、科学数据可视化以及非线性动态系统的建模和仿真等诸多强大功能集成在一个易于使用的视窗环境中，为科学研究、工程设计以及进行有效数值计算的众多科学领域提供了一种全面的解决方案，并在很大程度上摆脱了传统非交互式程序设计语言（如 C、Fortran）的编辑模式，代表了当今国际科学计算软件的先进水平．在数学实验等课程的实验过程中，首先要熟悉 MATLAB 的工作界面与各种窗口，了解 MATLAB 的常用操作方法，以及数学函数的使用与操作．同时 MATLAB 具有强大的帮助系统，了解这些帮助系统对 MATLAB 的学习和使用都是非常重要的，帮助系统主要包括在线帮助系统、演示系统和命令查询等．本书根据 MATLAB 7.12.0（R2011a）版编写，绝大部分内容也适用于更高版本．

1.1　MATLAB 工作界面与窗口

　　在 MATLAB 系统环境下有两种常见的操作方式，即命令操作方式和文件操作方式，前一种操作方式是在命令窗口直接输入命令，完成简单的计算任务和绘图工作；后一种操作方式也称为程序操作方式，需要在程序编辑窗口编写程序文件，然后在命令窗口运行程序．无论哪一种操作方式，计算的数据结果都将显示在命令窗口，绘制的图形显示在图形窗口．下面简单介绍 MATLAB 工作界面和各种窗口．

1.1.1　MATLAB 工作界面

启动 MATLAB 有多种方式，最常用的方法是双击系统桌面的 MATLAB 图标◢，也可以在开始菜单的程序选项中选择 MATLAB 快捷方式，也可以在 MATLAB 安装路径的 bin 目录中的子目录 win32 中双击可执行文件 matlab. exe.

启动 MATLAB 后，将进入 MATLAB 默认设置的工作界面（如图 1—1 所示），工作界面上有三个常用窗口：命令窗口（Command Window）、工作间管理窗口（Workspace）、历史窗口（Command History）．其中，命令窗口是进行操作的主要窗口．

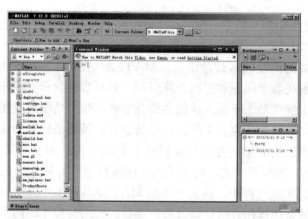

图 1—1　MATLAB 工作界面

1.1.2　MATLAB 的常用窗口

下面介绍 MATLAB 的几个常用窗口．

1. 命令窗口（Command Window）

MATLAB 的命令窗口位于 MATLAB 工作界面的中间，如图 1—1 所示．假如用户希望得到脱离工作界面的独立的命令窗口，只要点击命令窗口右上角的 ⬈，就可得到如图 1—2 所示的命令窗口，其中"＞＞"为命令行提示符，表示 MATLAB 正处于准备状态．当在提示符后输入一段运算符并按【Enter】键后，MATLAB 将给出计算结果或输出图形，然后，再次进入准备状态．

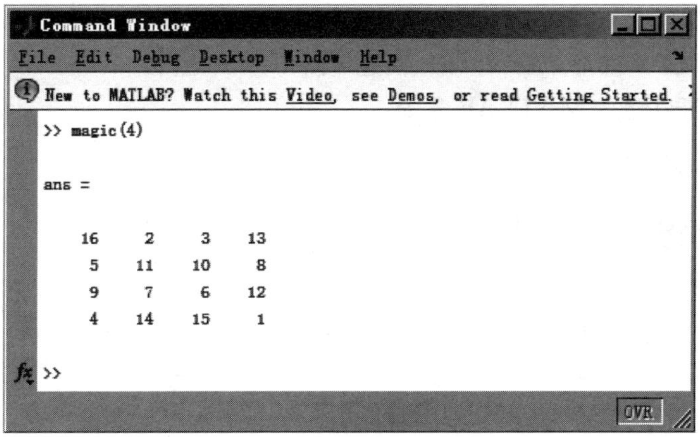

图 1—2　MATLAB 的命令窗口

例 1—1　在我国幻方又被称为纵横图或龟背图，在西方则称为魔方或幻方. 四阶幻方是在正方形棋盘上有 4 行 4 列 16 个方格，方格内放置 1，2，…，16 共 16 个整数，数字分布如下：

$$\begin{bmatrix} 16 & 2 & 3 & 13 \\ 5 & 11 & 10 & 8 \\ 9 & 7 & 6 & 12 \\ 4 & 14 & 15 & 1 \end{bmatrix},$$

方阵中每行、每列及两对角线上的 4 个数之和相等. 用 MATLAB 命令 magic（n）可以创建 n 阶幻方矩阵.

在 MATLAB 命令窗口直接输入命令：

magic(3)

命令窗口将显示出 3×3 矩阵

```
ans＝

    8    1    6
    3    5    7
    4    9    2
```

该矩阵的行和、列和以及两条对角线和均为 15. 同时，在 MATLAB 工作间管理窗口（Workspace）的信息显示，内存中有个名为 ans 的变量.

例 1—2　杨辉三角形是以中国古代数学家杨辉命名的数学三角形，又称贾宪三角形或帕斯卡（Pascal）三角形，是二项式系数在三角形中的一种几何排列．用 MATLAB 命令 pascal（n）创建 n 阶 Pascal 矩阵．

在命令窗口输入 MATLAB 命令：

pascal(5)

命令窗口显示如下 5×5 矩阵

ans＝

1	1	1	1	1
1	2	3	4	5
1	3	6	10	15
1	4	10	20	35
1	5	15	35	70

这一矩阵因包含了 Pascal 三角形而著名，矩阵的次对角线的五个元素按顺序排列为：1，4，6，4，1，恰好为 $(x+y)^4$ 展开式中各项的系数．

由上面两个例子可以知道，对于简单的计算任务，在命令窗口可以直接输入命令完成．

2. 历史窗口（Command History）

历史窗口在 MATLAB 的早期版本中曾有过雏形，在 MATLAB 6. x 中再次出现，而且被赋予了更加强大的功能．在缺省情况下，历史窗口在 MATLAB 工作界面的右下侧前台，如图 1—3 所示．

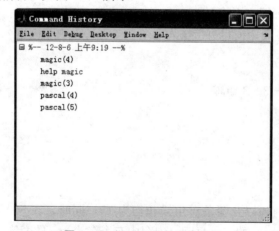

图 1—3　MATLAB 的历史窗口

历史窗口记录了用户在 MATLAB 命令窗口中输入过的所有命令行. 历史记录包括：每次启动 MATLAB 的时间，以及每次启动 MATLAB 后在命令窗口中运行过的所有指令行等.

历史窗口具有多种应用功能：单行或多行指令的复制和运行、生成 M 文件、历史命令的内容打印、使用查找对话框搜索历史窗口中的内容、设置历史命令的自动保存等功能.

例 1—3 再运行图 1—3 所示的历史窗口中的第 4、第 5 行命令.

具体步骤如下：利用组合操作【Ctrl＋鼠标左键】分别点亮图 1—3 所示的历史窗口的第 4、第 5 行，当鼠标光标在点亮区时，点击鼠标右键，弹出现场菜单，选中菜单项【Evaluate Selection】，计算结果就出现在命令窗口中，如图 1—4 所示.

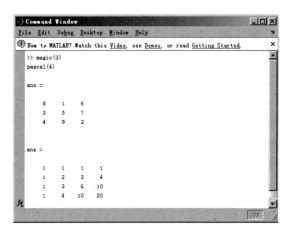

图 1—4　运行历史窗口中命令的演示

【说明】
- 历史命令复制的操作步骤大抵相同，只是在弹出菜单中选【Copy】项；
- 单行历史命令的再次运行操作更简单，只要用鼠标左键双击所需的命令行即可.

3. 工作间管理窗口（Workspace）

工作间管理窗口是 MATLAB 的重要组成部分，其缺省地放置在 MATLAB 工作界面的右上侧前台，图 1—5 是独立的工作间管理窗口.

工作间管理窗口中将显示目前内存中所有的 MATLAB 变量的变量名、数据结构以及类型等，不同的变量类型对应不同的变量名图标.

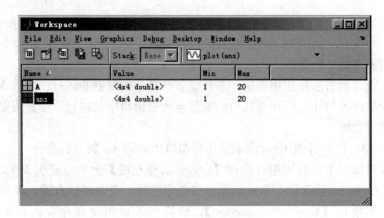

图 1—5　工作间管理窗口

MATLAB 在运行 M 文件时，将把 M 文件的数据保存到其对应的工作间中，为了区别，命令窗口的工作间被标记为基本工作间. 因此，此空间用于调试 M 文件时实现不同工作间之间的切换.

4. MATLAB 图形窗口

图形窗口独立于 MATLAB 命令窗口，其主要功能是将 MATLAB 绘图命令所产生的各种图形显示在计算机屏幕上.

例 1—4　MATLAB 软件的图标是 MathWorks 公司的徽标，该图标产生的数学背景是一个经典微分方程的解函数图形. 用 MATLAB 命令 load logo 提取该图标的数据块，并用 mesh() 命令绘制该曲面图形.

在命令窗口输入 MATLAB 命令：

```
load logo
mesh(L)
```

弹出的图形窗口如图 1—6 所示.

【说明】直接输入 logo 命令，图形窗口将显示彩色的 MATLAB 图标，例 1—4 中的命令 load 读入 logo 数据，利用其中的变量 L 和绘制曲面命令 mesh() 直接绘图并将图形输出到图形窗口.

5. MATLAB 程序编辑窗口

对于较复杂的任务，需要多步操作才能够完成，这时，用文件操作方式来完成任务更合理. 使用 MATLAB 的文件操作方式完成计算等任务通常需要三个步骤：

（1）用 edit 命令打开程序编辑窗口；

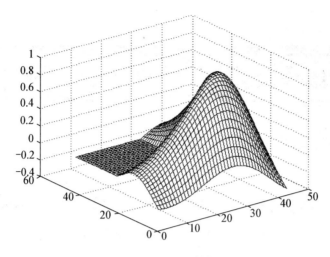

图 1—6 MATLAB 徽标图形

（2）在编辑窗口逐行输入 MATLAB 命令或语句，并保存为程序文件；

（3）在命令窗口输入程序文件名并运行，命令窗口输出计算结果或图形窗口输出图形.

例 1—5 斐波那契数 斐波那契大约出生于 1170 年，大约于 1250 年在意大利的比萨去世，他旅行的足迹遍布欧洲和北非. 他著有多本数学课本，此外还把阿拉伯数学表示引入欧洲. 虽然他的书都是手抄本，但它们仍广为流传. 斐波那契最著名的一本书是 *Liber Abaci*，出版于 1202 年，其中提出了下述问题：某人将一对兔子放于一个四周都是围墙的地方，如果假设每对兔子每个月生出一对兔子，且新生的兔子二个月后就能开始生育，那么一年之后由最初的那对兔子一共生出多少对兔子？

今天，这个问题的解称为斐波那契序列（Fibonacci sequence），或斐波那契数（Fibonacci number）. 现在研究斐波那契数已成为数学专业一个小的分支.

设 f_n 为过 n 个月后兔子的对数，最关键的一个事实是，月末兔子的对数等于月初兔子的对数加上由成熟兔子生育出来的兔子的对数，即

$$f_n = f_{n-1} + f_{n-2} \quad (n > 2).$$

初始条件是第一个月有 1 对兔子，第二个月有 2 对兔子，即

$$f_1 = 1, \quad f_2 = 2.$$

在 MATLAB 命令窗口输入 edit 命令并回车，弹出编辑窗口，在编辑窗口编写下面 M 文件 fibonacci. m，它能够生成包含前 n 个斐波那契数的向量，如图

1—7 所示.

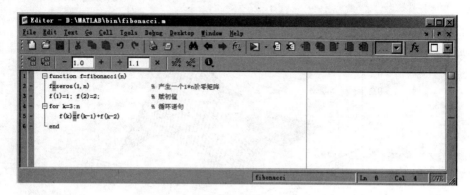

图1—7 在程序编辑窗口输入程序代码

根据初始条件，在命令窗口输入下面的命令来计算一年后兔子的总对数，就得到斐波那契原始问题的答案，输入的命令为

fibonacci(12)

运行后的输出结果为

ans=

1 2 3 5 8 13 21 34 55 89 144 233

最后的答案是 233 对兔子.

让我们再仔细看看程序 fibonacci(n)，这是创建 MATLAB 函数 M 文件的一个很好示例. 第一行语句是

function f＝fibonacci(n)

第一个单词"function"表明这是一个 M 文件，而不是一个命令脚本. 本行剩下的内容说明，这个函数有一个输出量 f，一个输入参数 n，文件名和函数名必须相同.

1.2 向量与矩阵的创建与计算

矩阵是 MATLAB 中最基本的数据元素，向量是矩阵的特殊形式. 向量是一维数组，矩阵是二维数组. 本节将对向量与矩阵的创建和运算给出简单的介绍.

1.2.1　向量的创建与运算

向量又称一维数组，常用于表示一元函数的一组函数值．在计算数学函数时，将自变量作为输入数据，函数值作为输出数据．如果自变量是一维数组，则计算出的函数值也是一维数组．常见的向量创建方法主要有：直接输入法、冒号表达式法和一元函数计算法．

1. 直接输入法创建向量

创建向量最直接的方法就是在命令窗口中直接输入．格式上的要求是：向量元素需要用"[ ]"括起来，元素之间可以用空格、逗号或分号分隔．需要注意的是：用空格和逗号分隔生成行向量，用分号分隔生成列向量．

例1—6　在命令窗口输入如下向量：

$$v=[1,2,3,4] \quad u=[1;2;3]$$

显示结果为

```
v=
     1     2     3     4
u=
     1
     2
     3
```

2. 冒号表达式法创建向量

冒号运算符是 MATLAB 中的一个重要符号，它可以用于创建向量，或者和下标一起使用来引用向量或矩阵中的部分元素．使用冒号运算符创建向量的基本格式为：

$$x=x_0:\text{step}:x_n$$

其中 x_0，step，x_n 分别是给定的数值，x_0 表示向量 x 的第一个元素的数值，x_n 表示向量的最后一个元素的数值限，步长 step 表示从第二个元素开始，元素数值大小与前一个元素数值大小的差值，步长可以为负值．具体见下面例子．

例1—7　在命令窗口直接输入命令：

$$s=1:5 \quad u=1:3:9$$

显示结果为

```
s=
          1      2      3      4      5
u=
          1      4      7
```

【说明】

- 这里强调 x_n 表示向量的最后一个元素的数值限，而非向量的最后一个元素值，当 $x_n - x_0$ 恰为步长 step 值的整数倍时，x_n 才是向量的最后一个元素的数值.
- 当 $x_n > x_0$，则 step$>$0；否则有 step$<$0；若 $x_n = x_0$，则向量只有一个元素.
- 若步长 step$=$1，则可以省略步长的输入，直接写成 $x = x_0 : x_n$.
- 此时可以不要 "[ ]".
- 当要创建列向量时，将表达式用圆括号括起来并加上转置即可，由于转置符号的优先级高于冒号运算符，所以必须使用圆括号将所得行向量括起来.

例 1—8 计算两个级数 $s_1 = \sum\limits_{i=1}^{100} i, s_2 = \sum\limits_{i=1}^{100} 2^i$.

这两个级数中，第一个是公差为 1 的等差级数，第二个是公比为 2 的等比级数. 在命令窗口直接输入命令：

```
i=1:100;              % 生成 100 维的行向量
s1=sum(i);            % 计算等差数列之和
s2=sum(2.^i);         % 计算等比数列之和
s1,s2                 % 输出计算结果
```

命令窗口显示计算结果为

```
s1=5050
s2=2.5353e+030
```

显然，等差数列之和比等比数列之和要小得多. 虽然 s2 是正整数，但是由于超出了 MATLAB 的整数取值范围，所显示数据为实数近似值 2.535 3e+030，即 $2.535\,3 \times 10^{30}$.

【说明】 命令 sum( ) 是 MATLAB 中的求和命令，其功能是对向量的所有数据元素求和.

3. 一元函数计算法创建向量

MATLAB 还提供了线性等分函数和对数等分函数创建向量的方法，具体命令见表 1—1.

表 1—1 函数生成向量的使用格式

使用格式	说 明
v＝linspace(x1，x2)	生成 100 维行向量，其中 v(1)＝x1，v(100)＝x2
v＝linspace(x1，x2，n)	生成 n 维行向量，其中 v(1)＝x1，v(n)＝x2
v＝logspace(x1，x2)	生成 50 维行向量，其中 v(1)＝10^{x1}，v(50)＝10^{x2}
v＝logspace(x1，x2，n)	生成 n 维行向量，其中 v(1)＝10^{x1}，v(n)＝10^{x2}

线性等分函数 linspace 创建等差数列，对数等分函数 logspace 创建等比数列.

例 1—9 用线性等分函数 linspace( ) 创建区间 $[0，2\pi]$ 上的等分点，根据区间 $[0，2\pi]$ 上的等分点数据计算单位圆上的等分点，分别绘制正四边形、正八边形和正十六边形.

在 MATLAB 命令窗口直接输入如下命令：

```
alpha＝linspace(0,2 * pi,5);        % 单位圆 4 等分
bata＝linspace(0,2 * pi,9);         % 单位圆 8 等分
gamma＝linspace(0,2 * pi,17);       % 单位圆 16 等分
x1＝sin(alpha);y1＝cos(alpha);      % 计算正四边形顶点坐标
x2＝sin(bata);y2＝cos(bata);        % 计算正八边形顶点坐标
x3＝sin(gamma);y3＝cos(gamma);      % 计算正十六边形顶点坐标
plot(x1,y1,x2,y2,x3,y3)            % 绘图命令
```

MATLAB 图形窗口将同时显示出正四边形、正八边形和正十六边形的图形，如图 1—8 所示.

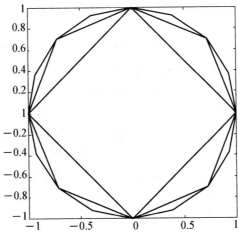

图 1—8 正多边形图

4. 向量的基本运算

（1）向量的加（减）与数加（减）运算、数乘运算.

例 1—10　在命令窗口直接输入命令：

```
a=1:4;b=3:6;            % 创建 2 个 4 维行向量
c=b−a,d=a−1,e=2*b
```

显示计算结果为

```
c=
    2     2     2     2
d=
    0     1     2     3
e=
    6     8    10    12
```

（2）向量的点积（内积）、叉积（外积）和混合积的运算.

高等数学中，向量点积（内积）是指两个向量在其中一个向量方向上的投影的乘积，即

$$(x,y) = \sum_{i=1}^{n} x_i y_i,$$

其中 $x=(x_1, \cdots, x_n)$，$y=(y_1, \cdots, y_n)$.

在 MATLAB 中，向量的点积运算可由向量点积函数 dot 来实现，具体格式如下

- dot(a, b) 返回向量 a 与 b 的点积，a 与 b 必须有相同的维数；
- dot(a, b, dim) 返回向量 a 与 b 在维数 dim 的点积.

向量的叉积表示过两相交向量的交点且垂直于这两个向量所在平面的向量，在 MATLAB 中，向量的叉积由函数 cross 来实现，具体格式如下：

- cross(a, b) 返回向量 a 与 b 的叉积，a 与 b 必须是 3 维向量；
- cross(a, b) 返回向量 a 与 b 的前 3 位的叉积；
- cross(a, b, dim) 若 a 与 b 为 n 维向量，则返回 a 与 b 的 dim 维向量的叉积，且 size(a, dim) 和 size(b, dim) 必须为 3.

例 1—11　向量积的各种运算.

在命令窗口直接输入命令：

a＝1:4;b＝3:6;v1＝2:4;v2＝3:5;
c＝dot(a,b),d＝dot(a,b,3),e＝cross(v1,v2),f＝dot(v1,cross(v1,v2))

命令窗口显示计算结果为

c＝

  50

d＝

  3 8 15 24

e＝

  −1 2 −1

f＝

  0

向量的混合积是由两个函数实现的，函数的顺序不可颠倒，否则，将出错.

1.2.2 矩阵的创建与计算

矩阵是 MATLAB 中运算的基本单元，该单元定义在复数域上，且 MAT-LAB 中所有矩阵事先都不需要定义其维数，系统根据用户的输入自动设置，在运算中自动调整矩阵的维数. 因此，MATLAB 中矩阵的运算功能是最全面和最强大的，下面将对矩阵的创建及其运算进行详细的叙述.

1. 直接输入法创建矩阵

当需要的矩阵维数较小时，最方便、最直接的方法是在 MATLAB 命令窗口直接输入矩阵，输入的格式应当注意以下几点：
- 输入矩阵要以"[ ]"为其标识，即矩阵的元素必须在"[ ]"内部；
- 矩阵的同行元素之间可由","或空格分隔，不同行之间用";"或回车符分割；
- 矩阵的维数可以不预先定义；
- 无任何元素的空矩阵也合法，空矩阵有广泛的应用.

例 1—12 希尔伯特（Hilbert）矩阵是以著名科学家希尔伯特命名的一类特殊矩阵，该矩阵的元素分布有特殊规律，设希尔伯特矩阵

$$H=(h_{ij})_{n\times n},$$

其中 $h_{ij}=\dfrac{1}{i+j-1}$，用直接法创建 3 阶希尔伯特矩阵，并分别用复数和分数形式表示.

在 MATLAB 命令窗口直接输入命令：

H＝[1 1/2 1/3;1/2 1/3 1/4;1/3 1/4 1/5]　％ 创建 3 阶希尔伯特矩阵
format rat　　　　　　　　　　　　　　　％ 以分数格式显示矩阵元素
H

MATLAB 执行这三条语句后，命令窗口显示出复数型和分数型的希尔伯特矩阵.

H＝

1.0000	0.5000	0.3333
0.5000	0.3333	0.2500
0.3333	0.2500	0.2000

H＝

1	1/2	1/3
1/2	1/3	1/4
1/3	1/4	1/5

矩阵的元素可以用它的行数和列数表示，例如，在例 1—12 中，H(1，2) 表示矩阵 H 的第 1 行第 2 列元素 1/2. 对于一个已经创建的矩阵，MATLAB 有很多方法修改它的元素.

例 1—13　对上例的 3 阶希尔伯特矩阵 H 进行修改.

在命令窗口输入命令：

H(1,2)＝0；　H(1,6)＝2；H

命令窗口显示结果为

H＝

1	0	1/3	0	0	2
1/2	1/3	1/4	0	0	0
1/3	1/4	1/5	0	0	0

【说明】

● H(1，2)＝0 表示将原矩阵 H 的第 1 行第 2 列的元素变为 0；

● H(1，6)＝2 表示将矩阵 H 的第 1 行第 6 列元素变为 2，由于矩阵 H 没有 6 列，系统自动增加矩阵的列数以适应需要，并将增加的其他位置的元素置为零.

2．矩阵编辑器创建和修改矩阵

当输入的矩阵维数较大时，不适合直接输入，MATLAB 提供了一个矩阵编

辑器（Matrix Editor）来方便用户创建和修改比较大的矩阵. 在调用矩阵编辑器
之前，需要预先定义一个变量，无论是一个数值还是一个矩阵均可. 在命令窗口
输入命令：

　　　　A＝[1 2;3 4]　　% 定义一个名为 A 的矩阵

　　调用矩阵编辑器的操作步骤如下：

　　（1）打开工作间管理窗口（Workspace）来查看工作区变量，如图 1—9
所示.

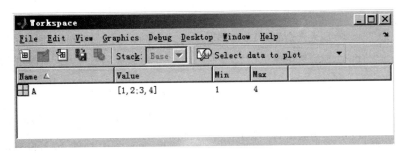

图 1—9　工作间管理窗口

　　（2）选中变量 A 就可以打开或者删除 A，双击鼠标左键或者单击 Open 按
钮，就可以打开矩阵编辑器，如图 1—10 所示.

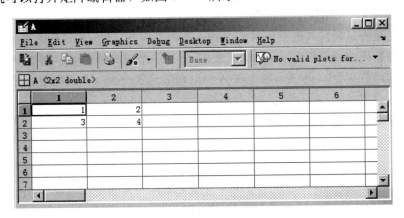

图 1—10　矩阵编辑器

　　（3）改变矩阵 A 的维数和数值.

　　（4）当确认所有的元素都正确后，关闭此窗口，修改后的矩阵 A 就保存
好了.

3. 函数创建特殊矩阵

MATLAB 提供了大量的函数用于创建一些常见的特殊矩阵,例如,零矩阵、单位矩阵和随机矩阵等特殊矩阵,这些特殊矩阵在一定领域内有着特殊的功能. MATLAB 提供了一组生成这类特殊矩阵的函数,以便用户调用,见表1—2.

表1—2   **特殊矩阵函数表**

函数名	生成的矩阵	函数名	生成的矩阵
zeros(m, n)	m×n 阶零矩阵	eye(m, n)	m×n 阶单位矩阵
ones(m, n)	m×n 阶元素全部为 1 的矩阵	gallery	Higham 测试矩阵
rand(m, n)	m×n 阶随机矩阵	rand(size(A))	与 A 同阶的随机矩阵
magic(n)	n 阶幻方矩阵	randn(m, n)	m×n 阶正态分布的随机矩阵
hilb(n)	n 阶 Hilbert 矩阵	invhilb(n)	n 阶逆 Hilbert 矩阵
toeplitz(c, r)	以 c, r 为第 1 列、第 1 行的 toeplitz 矩阵	hadamard(n)	n 阶 Hadamard 矩阵
wilkinson(n)	n 阶 Wilkinson 特征值测试矩阵	pascal(n)	n 阶 Pascal 矩阵
vander(V)	由向量 V 生成的 Vandermonde 矩阵	compan(A)	矩阵 A 的伴随矩阵
kron(A, B)	矩阵 A, B 的 Kronecker 张量积	hankel(m, n)	m×n 阶 Hankel 矩阵

例1—14 利用指令 diag 创建对角矩阵.

对角矩阵是线性代数中经常使用的一类特殊矩阵. MATLAB 中有一个专门创建对角矩阵的函数指令 diag(A),变量 A 是一个矩阵或向量. 如果 A 是一个矩阵,则函数指令 diag(A) 取矩阵 A 的对角线元素产生一个列向量;如果 A 是一个向量,则 diag(A) 产生一个对角矩阵.

在命令窗口输入命令:

```
A=randn(4);      % 生成一个 4 阶正态分布的随机矩阵
B=diag(A);       % 以矩阵 A 的对角线元素构成一个 4 维的列向量
C=diag(B);       % 以 B 的元素构成一个对角矩阵
A,B,C            % 输出计算结果
```

显示计算结果为

A=

    1.0668   0.2944   −0.6918   −1.4410

    0.0593   −1.3362   0.8580   0.5711

$$\begin{array}{cccc} -0.0956 & 0.7143 & 1.2540 & -0.3999 \\ -0.8323 & 1.6236 & -1.5937 & 0.6900 \end{array}$$

B=

$$\begin{array}{c} 1.0668 \\ -1.3362 \\ 1.2540 \\ 0.6900 \end{array}$$

C=

$$\begin{array}{cccc} 1.0668 & 0 & 0 & 0 \\ 0 & -1.3362 & 0 & 0 \\ 0 & 0 & 1.2540 & 0 \\ 0 & 0 & 0 & 0.6900 \end{array}$$

4. 矩阵的基本运算

矩阵的数学运算按照线性代数中矩阵的运算法则进行，主要包括矩阵的四则运算、与常数的运算、求逆运算、行列式运算、幂运算、指数运算、对数运算等.

在 MATLAB 系统中还提供了如下的矩阵运算符号：

　　＋ 加号；— 减号；＊ 乘号；∧ 幂；＼ 左除；／ 右除；′ 转置

这些矩阵运算符进行运算时都要符合矩阵运算规律.

这里有一个例外的情况：如果两个矩阵中有一个是标量矩阵（1 阶矩阵），则矩阵的上述运算也可以进行，这时矩阵的运算结果是标量和矩阵的每一个元素进行"相加"、"相减"、"相乘"、"相除"等运算.

例 1—15　矩阵乘法和逆矩阵的计算.

```
A＝randn(3);          % 产生一个 3 阶正态分布的随机矩阵
B＝rand(3,4);         % 产生一个 3 行 4 列的随机矩阵
C＝A＊B,D＝inv(A)      % 计算矩阵的乘积和逆矩阵
```

显示计算结果为

C=

$$\begin{array}{cccc} 0.3771 & 0.9524 & 0.7847 & 0.9264 \\ -1.8704 & -1.8600 & -0.8124 & -1.4761 \\ 0.5930 & 1.3718 & 0.3481 & 1.0479 \end{array}$$

D=

$$\begin{array}{ccc} 0.1749 & -0.6997 & -0.7158 \end{array}$$

$$
\begin{array}{ccc}
-0.2860 & 0.1538 & 1.0568 \\
0.9737 & -0.2917 & -0.5160
\end{array}
$$

【说明】由于 MATLAB 采用 IEEE 算法，如果矩阵 A 是奇异矩阵，运算照样进行，但会给出警告信息"Warning：Matrix is singular to work precision"，求出矩阵所有元素的值为 Inf（无穷大）；如果矩阵 A 是病态矩阵（ill-conditioned），MATLAB 使用的算法计算产生的误差可能会很大，因此系统会给出警告信息"Warning：Matrix is badly scaled to work precision"．

MATLAB 不仅提供了矩阵的基本运算功能，同时也提供了大量矩阵常见的操作命令，具体见表 1—3．

表 1—3 　　　　　　　　　　矩阵的操作命令表

函数名称	函数功能	函数名称	函数功能
diag(A)	求矩阵的对角元素	null(A)	求矩阵零空间的正交基
triu(A)	提取矩阵的上三角部分	colspace(A)	求矩阵列空间的正交基
tril(A)	提取矩阵的下三角部分	eig(A)	求矩阵的特征值和特征向量
inv(A)	矩阵求逆	svd(A)	求矩阵的奇异值分解
det(A)	求矩阵的行列式	jordan(A)	求矩阵的 Jordan 标准型
rank(A)	求矩阵的秩	poly(A)	求矩阵的特征多项式
rref(A)	将矩阵化简为行阶梯形矩阵	expm(A)	求矩阵的指数函数

1.3 数组及其运算

通过 1.2 节的介绍，相信读者对向量和矩阵的创建及其运算有了比较全面的了解，但是在实际应用中还会经常遇到这样的运算：同型矩阵之间的运算，这种运算通常称为数组运算．在 MATLAB 中数组可以看作是行向量，即只有一行的矩阵．前面介绍的所有矩阵的创建和保存方法对于数组同样适用，只是在计算符号上做了不同的约定，才使计算结果差别很大．总的说来，矩阵的运算按照代数中矩阵的运算规则进行，而数组的运算都是按照元素逐个进行运算的．

1.3.1 数组的基本运算

数组运算无论对于哪种运算操作都是对元素逐个进行的，抓住这个特点就不难理解数组运算的特点. MATLAB 设计这种运算的目的在于使大量数据的处理和标量相同，可以大大简化使用和编程，并便于阅读.

MATLAB 系统提供了如下的数组运算符：

.＋　加法；.－　减法；.＊乘法；.＾幂；.＼　左除；./ 右除；.'共轭

下面举例说明数组的运算.

例 1—16　数组的几类基本运算.

在命令窗口直接输入命令：

```
a＝[1 2 3 4];b＝[1 3 3 2];                % 创建两个向量
c＝a.＊b,d＝a.＼b,e＝a./b,f＝a.＾2,g＝2.＾b,h＝a.＾b
```

直接显示结果为

```
c＝
     1      6      9      8
d＝
    1.0000e＋000   1.5000e＋000   1.0000e＋000   5.0000e－001
e＝
    1.0000e＋000   6.6667e－001   1.0000e＋000   2.0000e＋000
f＝
     1      4      9     16
g＝
     2      8      8      4
h＝
     1      8     27     16
```

【说明】 运算符中的小黑点绝对不能遗漏，否则将不按照数组运算规则进行. 不管执行何种数组运算，计算结果的数组总是与参与运算的数组维数相同. 数组运算中所有的二元运算必须是同维数的数组或其中一个是标量. 数组的幂运算是对数组每个元素进行幂运算.

数组的指数、对数等运算同矩阵运算相比较，数组运算符都有所简化，分别是 exp、log 等. 用户通过自己验证可以发现这时的运算符和数字运算时的运算符的作用完全相同.

例 1—17　数组乘方与矩阵乘方的比较.

在命令窗口直接输入命令：

```
A=[1 2 3;4 5 6;7 8 9];
A1=A.^0.3
A2=A^0.3
```

显示计算结果为

A1=

1.0000e+000	1.2311e+000	1.3904e+000
1.5157e+000	1.6207e+000	1.7118e+000
1.7928e+000	1.8661e+000	1.9332e+000

A2=

6.9621e−001 +6.0322e−001i	4.3582e−001 +1.6364e−001i
1.7546e−001 −2.7592e−001i	
6.3251e−001 +6.6583e−002i	7.3087e−001 +1.8084e−002i
8.2920e−001 −3.0470e−002i	
5.6883e−001 −4.7003e−001i	1.0259e+000 −1.2752e−001i
1.4830e+000 +2.1501e−001i	

1.3.2 数组函数的运算

对于数组的函数运算,只要把所有运算的数组当作数字代入函数即可,不需要做任何变形,运算结果为和原数组维数一样的数组,其通用形式为 funname(A),其中 funname 为常用的函数名. MATLAB 提供了大量的函数,其中常见的函数见表 1—4.

表 1—4   **常见函数表**

函数名称	函数功能	函数名称	函数功能
abs(x)	x 的绝对值	angle(c)	复数 z 的相角
sqrt(x)	x 的平方根	real(z)	复数 z 的实部
conj(z)	z 的共轭复数	imag(z)	复数 z 的虚部
round(x)	四舍五入取整	fix(x)	舍去小数取整
floor(x)	舍去正小数取整	ceil(x)	加入正小数取整
rat(x)	把 x 化为分数表示	sign(x)	符号函数
gcd(x, y)	最大公因数	rem(x, y)	x 除以 y 的余数
exp(x)	自然指数	lcm(x, y)	整数 x, y 的最小公倍数

续前表

函数名称	函数功能	函数名称	函数功能
log(x)	以 e 为底的对数	pow2(x)	以 2 为底的指数
log10(x)	以 10 为底的对数	log2(x)	以 2 为底的对数
sin(x)	正弦函数	asin(x)	反正弦函数
cos(x)	余弦函数	acos(x)	反余弦函数
tan(x)	正切函数	atan(x)	反正切函数

MATLAB 还提供了表 1—5 所列的特殊数组函数.

表 1—5 　　　　　　　　　　　**几类特殊数组函数**

函数名	函数功能
besselj(NU, z)	求解第一类 Bessel 微分方程
bessely(NU, z)	求解第二类 Bessel 微分方程
beta(Z, W)	计算 Beta 函数值
gamma(X)	计算 Gamma 函数值
rat(X, tol)	计算 X 的有理近似（tol 表示容差）
erf(X)	计算 X 的误差函数
erfinv(Y)	求逆误差函数
ellipke(M, tol)	求第一类、第二类全椭圆积分（tol 表示容差）
ellipj(U, M)	Jacobi 椭圆函数

【说明】 以上函数调用的参数中除了 tol 表示容差外，其他参数必须是维数一样的数组或其中一个为标量. 有关函数变量和输出结果的具体含义，用户可以参考 MATLAB 联机帮助系统.

例 1—18 正弦函数 sin() 的数组运算和矩阵运算比较.

在命令窗口输入命令：

$$A=[1\ 2\ 3;2\ 3\ 4;3\ 4\ 5];$$
$$A\_sinA=sin(A)$$
$$A\_sinM=funm(A,'sin')$$

显示计算结果为

$$A\_sinA=$$

　　8.4147e—001　　　9.0930e—001　　　1.4112e—001

$$\begin{array}{ccc} 9.0930\mathrm{e}{-}001 & 1.4112\mathrm{e}{-}001 & -7.5680\mathrm{e}{-}001 \\ 1.4112\mathrm{e}{-}001 & -7.5680\mathrm{e}{-}001 & -9.5892\mathrm{e}{-}001 \end{array}$$

A_sinM=

$$\begin{array}{ccc} -4.2924\mathrm{e}{-}001 & -1.1135\mathrm{e}{-}001 & 2.0654\mathrm{e}{-}001 \\ -1.1135\mathrm{e}{-}001 & -7.3636\mathrm{e}{-}002 & -3.5920\mathrm{e}{-}002 \\ 2.0654\mathrm{e}{-}001 & -3.5920\mathrm{e}{-}002 & -2.7838\mathrm{e}{-}001 \end{array}$$

1.4　MATLAB 图形的绘制

MATLAB 根据给出的数据，用绘图命令在图形窗口输出所需图形，通过图形可以对科学计算等进行描述，这是 MATLAB 独有的优于其他语言的特色. 它可以选择多种类型的绘图坐标，可以对图形加标号、加标题或标上网状标线等. 本书不可能介绍所有的命令，但大部分命令会在本书中涉及，下面分别进行讨论.

1.4.1　二维图形的绘制

二维图形的绘制是 MATLAB 图形处理的基础，也是大多数数值计算中广泛应用的图形方式之一.

1. 基本绘图方法

绘制二维图形最常用的函数就是 plot 函数，对于不同形式的输入，该函数可以实现不同的功能和绘制不同的图形. 其调用格式如下：

● plot(y)：若 y 是实向量，则以 y 中元素的下标作为横坐标，以 y 的分量为纵坐标，用线段依次连接数据点绘制曲线；如果 y 是复向量，则以该向量实部作为横坐标，虚部作为纵坐标绘制图形；若 y 为实矩阵，则按列绘制每列对应的曲线，图中曲线数等于矩阵的列数.

● plot(x, y)：若 x 和 y 为同维数的向量，则以 x 为横坐标，以 y 为纵坐标绘制曲线；若 x 为向量，y 是行数或列数与 x 长度相等的矩阵，则绘制多条不同色彩的曲线，x 被作为这些曲线的公共横坐标；若 x，y 为同型矩阵，则以 x，y 对应的列向量绘制对应曲线，图中曲线数等于矩阵的列数.

● plot(x1, y1, x2, y2, …)：在此格式中，每对 x，y 必须符合 plot(x, y) 中的要求，不同对之间没有影响，命令将对每一对 x，y 绘制曲线.

以上三种格式中的 x，y 都可以是表达式.

如果对曲线的颜色和线型有特殊要求，则用下面格式

$$\text{plot}(x, y, 's')$$

这一格式中单引号内的字符 s 是类型说明参数，用于控制所绘曲线的颜色和线型. 控制参数分三类，包括颜色、点型和线型. 如果用绘图命令时省略了类型说明参数，则颜色由系统自动选取，默认线型为实线. 通常是将颜色和线型参数放入单引号中结合使用. 参数的符号和意义见表 1—6.

表 1—6 　　　　　　　　　　绘图函数的参数

s 取值	颜色	s 取值	线型名	s 取值	线型名
y	黄色	—	实线	+	+
m	洋红	:	点线	.	点
c	青色	—.	点虚线	o	小圆
r	红色	— —	虚线	x	叉
g	绿色	s	正方形	∨	下三角形
b	蓝色	d	菱形	∧	上三角形
w	白色	p	五角星	<	左三角形
k	黑色	h	六角形	>	右三角形

点型参数用于绘制离散点，可以和颜色参数结合使用.

例 1—19 绘制随机产生的 100 个数对应点的图形.

在命令窗口输入命令：

$$y = \text{rand}(1, 100); \qquad \% \text{ 随机产生 100 维行向量}$$

$$\text{plot}(y)$$

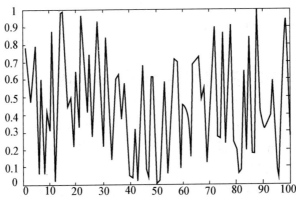

图 1—11 函数 plot(y) 绘制图形示意图

例 1—20　用基本绘图方法绘制衰减振荡函数 $y = e^{-0.5x}\sin 5x$ 的图形，并用虚线表示振荡衰减情况.

首先计算自变量和振荡函数及衰减振荡函数的函数值，然后绘图.

在命令窗口输入命令：

```
x=0:0.1:4*pi;
y=exp(-0.5*x);
y1=y.*sin(5*x);
plot(x,y1,x,y,'--r',x,-y,'--r')
```

图形窗口显示结果为

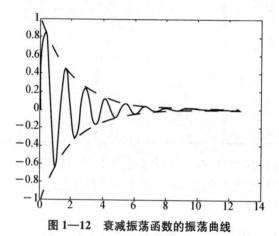

图 1—12　衰减振荡函数的振荡曲线

图形绘制完成后，可以用 axis([xmin，xmax，ymin，ymax]) 函数来调整图轴的范围，在命令窗口输入命令：

```
axis([0,16,-1.5,1.5])
```

图形窗口显示结果如图 1—13 所示.

此外，MATLAB 也可以对图形加上各种注解与名称，如图 1—14 所示.

在命令窗口输入命令：

```
xlabel('Input value')                % x 坐标轴注解
ylabel('Function value')             % y 坐标轴注解
title('衰减振荡函数')                 % 图形标题
legend('y=exp(-0.5x)*sin(5x)')       % 函数公式
grid on                              % 显示网格线
```

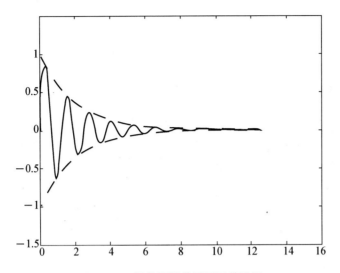

图 1—13　调整图轴范围显示效果图

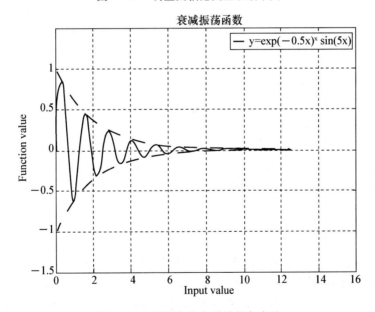

图 1—14　图形加上各种注解与名称

　　绘图命令 subplot 可用来同时把数个小图形绘制在同一个图形窗口中，如图 1—15 所示.

　　在命令窗口输入命令：

$$x = 0:0.1:4 * pi;$$

$$\text{subplot}(2,2,1);\text{plot}(x,\sin(x)) \qquad \% \text{ subplot}(m,n,s)\text{调用格式}$$
$$\text{subplot}(2,2,2);\text{plot}(x,\cos(x))$$
$$\text{subplot}(2,2,3);\text{plot}(x,\sinh(x))$$
$$\text{subplot}(2,2,4);\text{plot}(x,\cosh(x))$$

图形窗口显示结果为

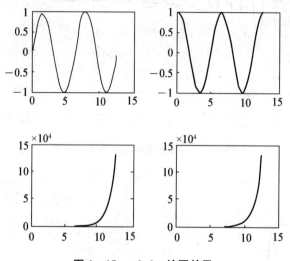

图 1—15　subplot 绘图效果

2. 函数绘图和简易绘图方法

函数绘图方法是直接对函数进行操作，被操作的函数可以是 MATLAB 的内部函数或外部函数，也可以是用户定义的内嵌函数或者用户创建的函数文件函数. 使用格式为

$$\text{fplot}('\text{fun-name}',\text{limits},\text{tol})$$

上式中各参数的含义为：fun-name 表示待绘制曲线的函数名称；limits＝[xmin, xmal] 表示 x 的取值范围，或 limits＝[xmin, xmal, ymin, ymax] 表示 x, y 的取值范围；tol 为 fplot 命令在进行运算时的相对误差，tol 越小，所绘制的曲线就越接近实际曲线的情况，但系统为此要占据很大的资源.

例 1—21　用 plot 和 fplot 命令绘制函数 $y＝x\sin(1/x)$，比较图 1—16 和图 1—17 的结果.

$$\text{fun}＝\text{inline}('x. * \sin(1./x)')$$
$$\text{fplot}(\text{fun},[-0.2,0.2])$$

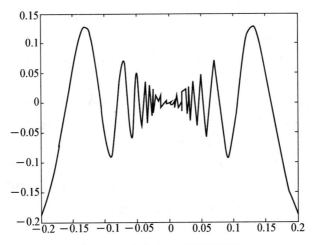

图 1—16　命令 fplot 绘制的图形

x＝－0.2:0.001:0.2;

y＝x. * sin(1. /x);

plot(x,y)

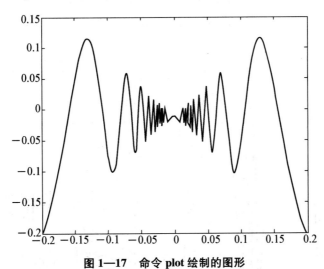

图 1—17　命令 plot 绘制的图形

所以，对于一类急剧变化的函数，用 fplot 命令比用 plot 命令绘制的图形要更接近实际一些.

简易绘图命令（ezplot）与函数绘图命令（fplot）一样，也是直接对函数进行操作，可用于显函数、隐函数和参数方程的绘图. 使用格式为

(1) 对于显函数 y＝f(x)，ezplot( ) 函数的调用格式为：

ezplot('f')：在默认区间−2π＜x＜2π 绘制 y＝f(x) 的图形；

ezplot('fun-name',[xmin, xmax])：在区间 [xmin, xmax] 绘制 y＝f(x) 的图形.

(2) 对于隐函数 f (x, y) ＝0，ezplot( ) 函数的调用格式为

ezplot('f')：在默认区间−2π＜x＜2π，−2π＜y＜2π 绘制 f(x, y)＝0 的图形；

ezplot('f',[a, b], [c, d])：在区间 a＜x＜b, c＜y＜d 绘制 f(x, y)＝0 的图形；

ezplot('f',[a, b])：在区间 a＜x＜b, a＜y＜b 绘制 f(x, y)＝0 的图形.

(3) 对于参数方程 x＝x(t)，y＝y(t)，ezplot( ) 函数的调用格式为：

ezplot('x,y')：在默认区间 0＜t＜2π 绘制 x＝x(t)，y＝y(t) 图形；

ezplot('x,y', [tmin, tmax])：在区间 tmin＜t＜tmax 绘制 x＝x(t)，y＝y(t) 的图形.

例 1—22 用 ezplot 命令绘制函数 $y=\cos(\tan(\pi x))$ 和隐函数 $x^2\sin(x+y^2)+y^2 e^{x+y}+5\cos(x^2+y)=0$ 的图形，如图 1—18 所示. 在命令窗口直接输入命令：

$$\text{subplot}(1,2,1);\text{ezplot}('\cos(\tan(pi*x))',[-0.4,1.4])$$

$$\text{subplot}(1,2,2);\text{ezplot}('x^2*\sin(x+y^2)+y^2*\exp(x+y)+5*\cos(x^2+y)')$$

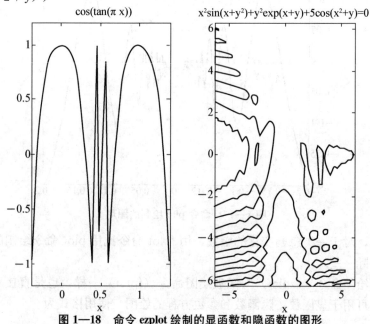

图 1—18 命令 ezplot 绘制的显函数和隐函数的图形

3．特殊的绘制二维图形的函数

MATLAB 提供了一系列特殊的绘制二维图形的函数，其中包括绘制特殊坐标系的二维图形的函数以及其他特殊二维图形的函数．

（1）绘制特殊坐标系的图形的函数．

plot 命令有一个限制，就是只能表示出函数值 y 随自变量 x 的变化，如遇到其他在工程和科学计算中经常出现的指数变化等情况，则用 plot 命令就不能直观地表示出来．而函数 semilogx，semilogy，loglog 这三个函数的变量输入与plot 函数完全类似，只是前两个函数分别以 x 轴和 y 轴为对数坐标，而 loglog 函数则是双对数坐标．

例 1—23　用 semilogx 命令绘制函数 $y=\cos(x)$ 的图形．

在命令窗口输入命令：

x＝0:0.1 * pi:2 * pi;
y＝cos(x);
semilogx(x,y,$'-s'$)

其结果如图 1—19 所示．

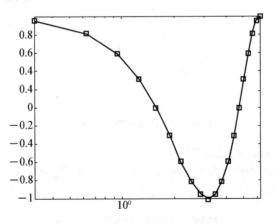

图 1—19　命令 semilogx 绘制的图形

对于极坐标系，MATLAB 语言也提供了相应的函数加以处理，即函数 po-lar，该函数的使用格式为

polar(theta,rho)　或　polar(theta,rho,s)

其中，输入变量 theta 为弧度，表示角度向量；rho 是相应的幅向量，s 为图形属

性设置选项.

例 1—24 用 polar 命令绘制函数 $y = \sin(x/2) + x (0 \leqslant x \leqslant 4\pi)$ 的图形.

在命令窗口输入命令：

x＝0:0.01*pi:4*pi;

y＝sin(x/2)+x;

polar(x,y,'－')

其结果如图 1—20 所示.

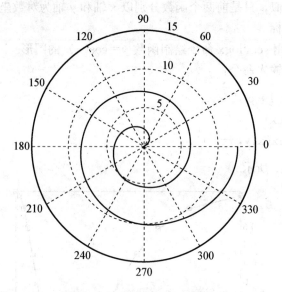

图 1—20 极坐标下的二维图形

（2）绘制二维特殊函数的图形.

前面所介绍的图形均为简单的线性图形，下面将介绍 MATLAB 语言所提供的各种特殊的二维图形的绘制方法，以适应不同的需要，具体见表 1—7.

表 1—7　　　　　　　　　　　MATLAB 中的二维特殊图形函数

函数名	说明	函数名	说明
area	填充绘图	quiver	向量场图
bar	条形图	hist	直方图
barh	水平条形图	pareto	Pareto 图
comet	彗星图	pie	饼状图

续前表

函数名	说明	函数名	说明
errorbar	误差带图	plotmatrix	分散矩阵绘制
feather	矢量图	ribbon	三维图的二维条状显示
fill	多边形填充	scatter	散射图
rose	极坐标累计图	stem	离散序列饼状图
compass	罗盘图	stairs	阶梯图

以上各函数均有其自身的不同用法，本节只以示例介绍其中几种常见函数的简单用法，详细资料用户可以通过帮助获得.

当资料点数量不多时，条形图是很适合的表示方式.

例 1—25 绘制条形图.

在命令窗口输入命令：

```
x＝1:10；
y＝rand(size(x))；
bar(x,y)
xlabel('条形图显示')
```

图形窗口显示结果如图 1—21 所示.

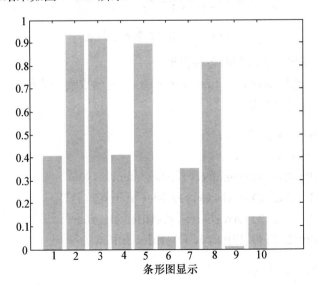

图 1—21 条形图显示效果

对于大量的数据，可用函数 hist 来显示数据的分段情况和统计特性.

例 1—26 用函数 hist 绘制条形图.

在命令窗口输入命令：

```
y=randn(1,10000);        % 随机产生 10 000 个数据
hist(y,25)
```

显示结果如图 1—22 所示.

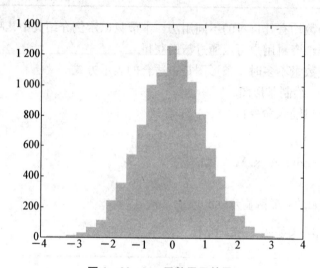

图 1—22 hist 函数显示效果

下面介绍其他函数绘制的各种图形.

例 1—27 比较 stem，stairs，errorbar，fill 函数绘制的各种图形.

在命令窗口输入命令：

```
x=0:0.1 * pi:2 * pi;
y=sin(x);
subplot(2,2,1);stem(x,y);title('stem(x,y)')
subplot(2,2,2);stairs(x,y);title('stairs(x,y)')
subplot(2,2,3);errorbar(x,y);title('errorbar(x,y)')
subplot(2,2,4);fill(x,y,'r');title('fill(x,y)')
```

显示结果如图 1—23 所示.

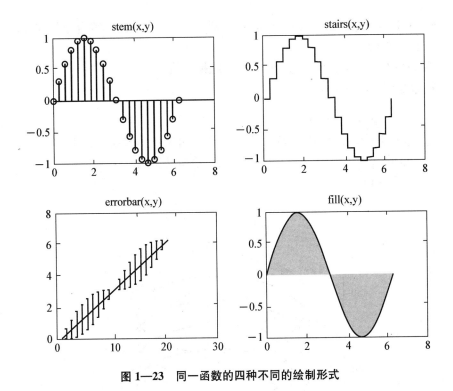

图 1—23　同一函数的四种不同的绘制形式

1.4.2　三维图形的绘制

在工程计算中，最常见的三维绘图有三维曲线图、三维网格图和三维曲面图三种基本类型. 与此相对应，MATLAB 提供了三维基本绘图命令 plot3、mesh 和 surf. 下面分别介绍它们的使用方法.

1. 三维曲线的绘制

绘制三维曲线的命令 plot3 与绘制二维曲线的 plot 命令基本相同，均为 MATLAB 内部函数，它是绘制三维曲线的基本函数. 其使用格式有以下几种方式：

- plot3(x，y，z)，其中 x，y 和 z 为 3 个相同维数的向量，函数绘出这些向量所表示的曲线；
- plot3(X，Y，Z)，其中 X，Y 和 Z 为 3 个相同阶数的矩阵，函数绘出三矩阵列向量所表示的曲线.

如要定义不同线型，可使用以下形式

- plot3(x，y，z，s)，其中 s 为定义线型的字符串，形式同 plot 函数相同；

● plot3(x1，y1，z1，s1，x2，y2，z2，s2，…)，这是组合绘图的调用形式，与 plot 相同.

例1—28 绘制如图1—24所示的三维螺旋线.

在命令窗口输入命令：

```
t=0:pi/50:10 * pi;
plot3(sin(t),cos(t),t)        % 利用参数方程绘制图形
grid on                       % 绘制网格线
axis square
```

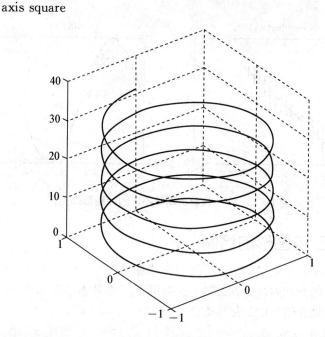

图1—24　plot3 绘制的三维螺旋线

例1—29 绘制蓝宝石项链图.

在命令窗口输入命令：

```
t=0:0.02 * pi:2 * pi;
x=sin(t);y=cos(t);z=cos(2 * t);
plot3(x,y,z,'b−',x,y,z,'bd')
box on;
view([−82,58]);
legend('链','宝石')
```

图形窗口显示结果如图 1—25 所示.

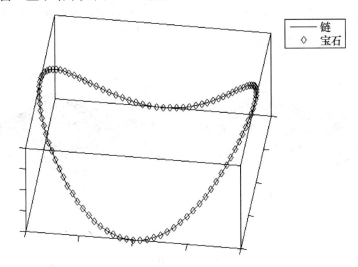

链

◇ 宝石

图 1—25　蓝宝石项链效果图

2. 三维曲面的绘制

已知二元函数 $z = f(x, y)$，则可以绘制出该函数的三维曲面图. 在绘制三维图形之前，应该先调用 meshgrid( ) 函数生成网格矩阵数据 x 和 y，这样就可以按照函数公式用点运算的方式计算出 z 矩阵，之后用 mesh( ) 或 surf( ) 等函数绘制三维曲面. 具体的函数调用格式为：

```
[X,Y]=meshgrid(x,y);        % 生成网格数据
Z=f(X,Y);                   % 计算二元函数的 Z 矩阵
mesh(X,Y,Z)                 % 绘制网格图
meshc(X,Y,Z)                % 绘制有等高线的网格图
surf(X,Y,Z)                 % 绘制表面图
surfc(X,Y,Z)                % 绘制有等高线的表面图
```

例 1—30　四种绘图方法的比较.

在命令窗口直接输入命令：

```
[x,y]=meshgrid(-2:0.2:2);           % 创建自变量网格点数据
z=x.*exp(-x.^2-y.^2);               % 计算网格点数据对应的函数值
subplot(2,2,1),mesh(x,y,z)          % 绘制网格曲面图
subplot(2,2,2),meshc(x,y,z)         % 绘制有等高线的网格图
```

$$\text{subplot}(2,2,3),\text{surf}(x,y,z) \qquad \% \text{ 绘制表面图}$$

$$\text{subplot}(2,2,4),\text{surfc}(x,y,z) \qquad \% \text{ 绘制有等高线的表面图}$$

图形窗口显示结果如图 1—26 所示.

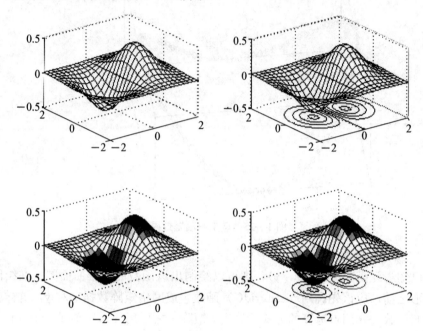

图 1—26　四种曲面绘图方法的效果图

例 1—31　绘制二元函数 $z = \dfrac{\sin \sqrt{x^2 + y^2}}{\sqrt{x^2 + y^2}}$ 在区域 $D = \{(x, y) \mid -8 \leqslant x, y \leqslant 8\}$ 内的图形.

在计算过程中,为了避免分母为零,将所有自变量的离散数据加上充分小的正数 eps(MATLAB 的特殊常数).在命令窗口输入如下程序:

$$[x,y] = \text{meshgrid}(-8:0.5:8); \qquad \% \text{ 创建自变量的网格点}$$

$$r = \text{sqrt}(x.\wedge 2 + y.\wedge 2) + \text{eps}; \qquad \% \text{ 计算网格点到原点的距离}$$

$$z = \sin(r)./r; \text{mesh}(x,y,z) \qquad \% \text{ 计算二元函数值并绘制图形}$$

$$\text{colormap}([0\ 0\ 1]) \qquad \% \text{ 设置蓝色}$$

图形窗口将显示如图 1—27 所示的图形.由于该函数的图形酷似一顶帽子,故称为巴拿马草帽图.

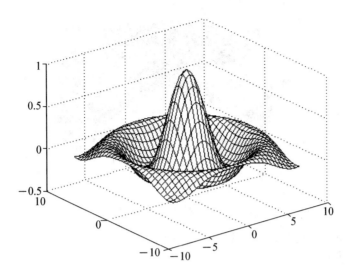

图 1—27　巴拿马草帽图

3. 特殊三维图形的绘制

MATLAB 语言还提供了不少特殊的绘制三维图形的函数，能够绘制各种特殊类型的三维图. 常见的绘制特殊图形的函数如表 1—8 所示.

表 1—8　　　　　　　　　绘制特殊三维图形的函数

函数名	说明	函数名	说明
bar3	三维条形图	surfc	着色图与等高线图结合
comet3	三维彗星轨迹图	trisurf	三角形表面图
ezgraph3	函数控制绘制三维图	trimesh	三角形网格图
pie3	三维饼状图	waterfall	瀑布图
scatter3	三维离散图	cylinder	柱面图
stem3	三维离散数据图	sphere	球面图

这里仅对几个常见的函数进行示例说明，不进行详细解释.

例 1—32　绘制三维饼状图，如图 1—28 所示.

在命令窗口输入命令：

```
x=[1 2 3 6];
pie3(x,[0 0 1 0])
```

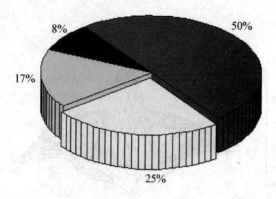

图 1—28　三维饼状图

例 1—33　绘制二维和三维等高线的图形.

在命令窗口输入命令：

```
[x,y]=meshgrid([-4:0.5:4]);
z=peaks(x,y);
subplot(1,2,1);contour(z,25);        % 25 表示等高线的条数
subplot(1,2,2);contour3(z,25);
```

图形窗口将显示如图 1—29 所示的图形.

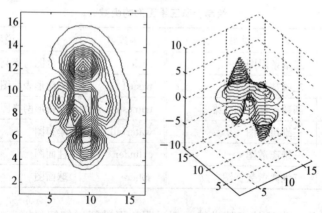

图 1—29　函数的两种等高线图

在高等数学中，柱面图形和球面图形是两种常见的图形. 下面分别介绍柱面和球面图形的绘制函数 cylinder 和 sphere. 其调用格式分别如下：

- [X，Y，Z]=cylinder　　　　　返回半径为 1 的柱面的 X，Y 和 Z 的坐标；
- [X，Y，Z]=cylinder(r)　　　　返回用 r 定义周长曲线的柱面的三维坐标

系;

- [X，Y，Z]＝cylinder(r，n)　　返回用 r 定义周长曲线的柱面的三维坐标系，周围有 n 个间隔点;
- [X，Y，Z]＝sphere(N)　　此函数生成三个 N＋1 阶的矩阵，利用 surf(X，Y，Z) 可产生单位球面;
- [X，Y，Z]＝sphere　　此形式使用了默认值 N＝20;
- sphere(N)　　只绘制球面图而不返回任何值.

例 1—34　绘制一个由轮廓函数 $y＝2＋\cos(x)$ 生成的柱面.

在命令窗口输入命令:

```
t＝0:pi/10:2 * pi;
[x,y,z]＝cylinder(2＋cos(t));
surf(x,y,z)
axis square
```

图形窗口显示如图 1—30 所示的图形.

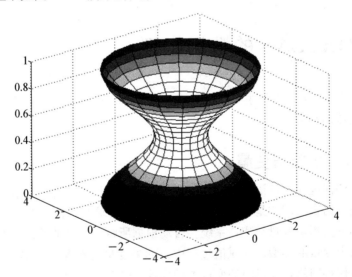

图 1—30　柱面图示意图

例 1—35　绘制一个单位球面.

在命令窗口直接输入命令

```
sphere(35)
```

图形窗口显示如图 1—31 所示的图形.

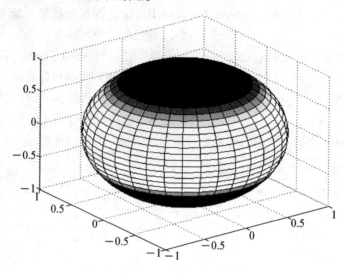

图 1—31   单位球面示意图

1.5   MATLAB 的数据类型

MATLAB 的数据类型主要包括数字、字符串、矩阵（数组）等，本节将简单介绍这些数据类型.

1.5.1   常量与变量

变量是任何程序设计语言的基本元素之一，MATLAB 语言也不例外. 与一般的程序设计语言不同的是，MATLAB 语言并不要求对所使用的变量进行事先说明，也不需要指定变量类型，系统会自动根据所赋予变量的值或对变量所进行的操作来确定变量的类型；在赋值过程中，如果变量已经存在，MATLAB 语言将使用新值代替旧值，并以新的变量类型代替旧的变量类型.

在 MATLAB 中，变量的命名遵循如下规则：

* 变量名是区分大小写的；
* 变量名长度不超过 31 位，第 31 个字符之后的字符将被忽略；
* 变量名以字母开头，可以包含字母、数字、下划线，但不能使用标点符号.

与其他的程序设计语言相同，MATLAB 语言也存在变量作用域的问题，在未加特殊说明的情况下，MATLAB 语言将所识别的一切变量视为局部变量，即仅在其调用的函数内有效．若要定义其为全局变量，应对变量进行声明，即在该变量前加关键词 global．

同时，在 MATLAB 中有一些预定义的变量，这些特殊的变量称为常量．表1—9 给出了 MATLAB 语言中经常使用的一些常量及其说明．

表 1—9　　　　　　　　　　　　　　MATLAB 语言中的常量

变量名称	说明
realmin	最小的正浮点数，$2^{-1\,022}$
realmax	最大的正浮点数，$2^{1\,023}$
eps	容差变量，定义为 1.0 到最近浮点的距离，PC 机上等于 2.220 4e−16
pi	圆周率的近似值
Inf 或 inf	无穷大
NaN	非数，产生于 $0/0$，∞/∞，$0*\infty$ 等运算
i，j	虚数单位，定义为 $i^2=j^2=-1$

例 1—36　直接在命令窗口输入

pi
ans＝
　　3.1416

例 1—37　无穷大和非数的使用．

a＝2/0
Warning：Divide by zero.
a＝
　Inf
0/0
Warning：Divide by zero.
ans＝
　　NaN

【说明】在 MATLAB 中这样的操作不会引起程序执行的中断，只是给出警告信息．当分母为 0 而分子不为 0 时，计算结果为 Inf；或者在合理的运算过程中有溢出发生时，即计算结果或计算的中间结果超过最大浮点数范围时，也会显示结果为 Inf. 当分子和分母均为 0 时，计算结果为 NaN. 这两个常量可以在编程中发挥巨大的作用.

在 MATLAB 语言中，定义变量时应避免与常量名相同，以免改变这些常量的值. 如果已经改变了某个常量的值，可以通过"clear＋常量名"命令来恢复该常量的初始设定值. 当然，重新启动 MATLAB 系统也可以恢复这些常量值.

1.5.2　数字变量

MATLAB 以矩阵为其基本计算单位，而构成数值矩阵的基本单元是数字. 为了更好地学习和掌握矩阵的运算，首先对数字的基本知识做简单的介绍.

（1）数字的浮点数表示.

MATLAB 的数值采用十进制表示，可以带小数点和负号，也可以使用科学计数法，用 e 表示位数. 以下表示的数都是合法的.

$$3 -234 \quad 0.000002 \quad 7.56789 \quad 1.5e-00006 \quad 2.45e+007$$

在采用 IEEE 浮点算法的计算机上，数值的相对精度是 eps，即大约保持 16 位有效数字，数值范围大致为 1e－308～1e＋308，即 $10^{-308} \sim 10^{308}$.

对于简单的数字变量的运算，可以直接在命令窗口中以平常惯用的形式输入，例如计算 123 和 234 的乘积，直接输入

    123 * 234

显示计算结果为

    ans＝
        28782

对于简单表达式的计算，直接输入不失为一个好的方法，而当表达式比较复杂或重复出现次数太多时，最好的方法是先定义变量，再由变量表达式计算得到结果.

（2）数据显示格式.

虽然在 MATLAB 系统中数组的存储和运算都是以双精度进行的，但是用户可以改变屏幕上数字的显示格式. 控制数字显示格式的命令是 format，具体应用方法如下所示：

- format/format short　　5 位定点数表示
- format long　　　　　　15 位定点数表示
- format short e　　　　　5 位浮点数表示

- format long e　　　　　15 位浮点数表示
- format short g　　　　　系统选择 5 位定点数和 5 位浮点数中较好的表示
- format long g　　　　　系统选择 15 位定点数和 15 位浮点数中较好的表示
- format rat　　　　　　　近似的有理数表示
- format hex　　　　　　　十六进制表示
- format ＋　　　　　　　分别用＋、－和空格表示矩阵中的正数、负数和零
- format bank　　　　　　用元、角、分定点表示
- format compact　　　　变量之间没有空行
- format loose　　　　　变量之间有空行

用户可以自己试验各种格式，选择适合自己的格式.

另外，MATLAB 也提供在对话框中选择显示格式. 单击 MATLAB 命令窗口的【file】菜单，再选择其中的 Preferences 命令，可以看到如图 1—32 所示的界面.

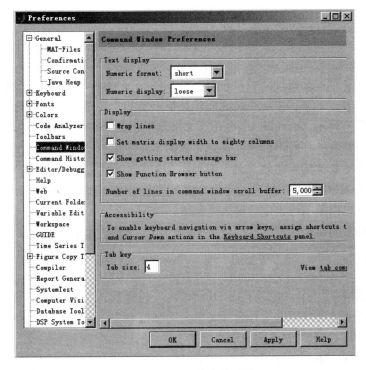

图 1—32　显示格式的设置

MATLAB 系统默认数据显示格式为 5 位定点数格式，当系统处于任何一种

数据显示格式时，都可以用命令 format 恢复 MATLAB 系统默认的数据显示格式. 此外，MATLAB 还提供了一种称为 vpa 类型的数据显示格式. vpa 的全称是可变精度浮点算法（variable precision arithmetic）. 使用方法如下：

$$R = vpa(S, D)$$

其中 S 通常是算术表达式，D 用于设定所显示数据的数位（缺省时默认为 32 位）. 例如，显示圆周率数据时，在命令窗口输入命令 p=vpa (pi)，可得数据如下：

p=
3.1415926535897932384626433832795

而 MATLAB 的默认数据显示为 3.1416. 当数据的位数小于 32 位时，vpa 用数据本身显示；而当数据的位数大于 32 位时，vpa 用 32 位数显示数据.

1.6 字符串数组

字符和字符串是各种高级语言必不可少的一部分，MATLAB 作为一种高级的数学计算语言，字符串运算功能同样是很丰富的，特别是在 MATLAB 中增加了符号运算工具箱（Symbolic Math Toolbox）之后，字符串函数的功能进一步得到增强. 此时的字符串已经不再是简单的字符串运算，而成为 MATLAB 符号运算表达式的基本构成单元. 对于编程语言来讲，字符处理是必不可少的.

MATLAB 中关于字符串的使用有以下几条规则：

- 字符串用单引号设定后输入或赋值；
- 字符串的每个字符（空格也是字符）都是字符数组的一个元素；
- 字符以 ASCII 码储存，用 abs() 或 double() 指令可以查看字符的 ASCII 码值；
- 可以用命令 setstr 实现 ASCII 码值向字符串的转变；
- 字符变量可以用方括号合并成更大的字符串.

例 1—38 字符串的创建和基本运算.

在命令窗口输入命令：

```
s='This is a book.'          % 创建一个字符串
l=size(s)                    % 计算字符串数组 s 的维数
```

abs(s)   ％ 计算 s 的 ASCII 码值

setstr(ans)

s＝[s,′ It is right.′]

显示计算结果为

s＝

This is a book.

l＝

1   15   ％ 字符串 s 是 1×15 的矩阵

ans＝

84 104 105 115 32 105 115 32 97 32 98 111 111 107 46

ans＝

This is a book.

s＝

This is a book. It is right.

数值数组和字符串之间的转换以及常见字符串函数由表 1—10 中的函数来实现.

表 1—10   数值数组和字符串转换的函数表

函数名	可实现的功能	函数名	可实现的功能
num2str	将数字变为字符串	str2num	将字符串变为数字
int2str	将整数变为字符串	mat2str	将矩阵变为字符串
sprintf	格式数据写为字符串	sscanf	在格式控制下读字符串
upper	转换字符串为大写	lower	转换字符串为小写
strcmp	比较字符串	strcmpi	忽略大小写比较字符串
abs	计算字符串的 ASCII 码值	strrep	替换字符串

例 1—39 数值数组和字符串的转换.

在命令窗口输入命令：

a＝1:7   ％ 生成数值数组

b＝num2str(a)   ％ 将 a 转换成字符串后赋值给 b

c＝int2str(b)   ％ 将字符串 b 转换成整数后赋值给 c

显示计算结果为

```
a=
  1  2  3  4  5  6  7
b=
  1  2  3  4  5  6  7
c=
 49 32 32 50 32 32 51 32 32 52 32 32 53 32 32 54 32 32 55
```

【说明】本例说明将数值数组转换为字符串后，虽然表面上看形式相同，但字符串的元素是字符而非数字. 因此，在进行数值计算时会出现很大的差异，在应用时要多加小心! 若要使用字符串进行数值运算，可先将它转换为数值数组之后再进行计算.

例 1—40　生肖问题　生肖的十二个动物为：鼠、牛、虎、兔、龙、蛇、马、羊、猴、鸡、狗、猪. 利用字符串设计程序，要求程序具有功能：输入年份，输出该年份所属的十二生肖之一.

在 MATLAB 编辑窗口输入程序

```
year=input('input year=');
animals='猴鸡狗猪鼠牛虎兔龙蛇马羊';        % 创建生肖字符串
k=rem(year,12)+1;                        % 计算年份除以 12 后的余数
s=animals(k);                            % 准确确定位置
s=strcat(int2str(year),'年是',s,'年.')
```

将程序保存并命名为 animal. 回到命令窗口，输入文件名 animal，在提示符 "input year=" 后输入年份，再次回车便可以得出计算结果，如果输入 2009，则屏幕显示结果为

```
s=
    2009 年是牛年.
```

1.7　帮助系统

与其他科学软件相比，MATLAB 一个突出优点就是帮助系统非常完善，不管用户以前是否使用过 MATLAB，都应该尽快了解和掌握该软件的帮助系统.

从总体上来看，MATLAB 帮助系统大致可以分为三大类：命令窗口查询帮助系统、联机演示系统和联机帮助系统.

用户在学习和使用 MATLAB 的过程中，理解、掌握和熟练运用这些帮助系统是非常重要的，下面将分别对它们进行介绍.

1.7.1　命令窗口查询帮助系统

对于熟练使用 MATLAB 的用户，最简洁和快速的方式就是在命令窗口通过帮助命令对特定的内容（如某个函数的功能和使用方法）进行快速查询. 这些命令包括 help 系列、lookfor 系列和其他帮助命令.

1. help 系列

help 系列的帮助命令有 help、help＋函数(类)名、helpwin 及 helpdesk，其中后两个命令是用来调用联机帮助窗口的. 下面介绍前两个命令.

命令 help 是 MATLAB 最常用的命令，在命令窗口直接输入 help 命令将会显示当前的帮助系统中所包含的所有项目及搜索路径中所有的目录名称，结果如下所示.

> HELP topics：
>
> matlabxl\matlabxl　　-MATLAB Builder EX.
>
> matlab\demos　　　　-Examples and demonstrations.
>
> matlab\graph2d　　　-Two dimensional graphs.
>
> matlab\graph3d　　　-Three dimensional graphs.
>
> matlab\graphics　　　-Handle Graphics.
>
> matlab\plottools　　　-Graphical plot editing tools.
>
> matlab\scribe　　　　-Annotation and Plot Editing.
>
> matlab\specgraph　　-Specialized graphs.
>
> matlab\uitools　　　　-Graphical user interface components and tools.
>
> toolbox\local　　　　-General preferences and configuration information.
>
> ……

命令 help＋函数(类)名是在实际应用中最有用的一个帮助命令，可以辅助用户进行深入的学习和应用. 举例如下.

例 1—41　在命令窗口输入命令：

> help eye

命令窗口显示如下结果：

eye Identity matrix.

eye(N)is the N-by-N identity matrix.

eye(M,N)or eye([M,N])is an M-by-N matrix with 1's on
the diagonal and zeros elsewhere.

eye(SIZE(A))is the same size as A.

eye with no arguments is the scalar 1.

eye(…,CLASSNAME)is a matrix with ones of class specified by
CLASSNAME on the diagonal and zeros elsewhere.

Note：The size inputs M and N should be nonnegative integers.

Negative integers are treated as 0.

Example：

x＝eye(2,3,'int8');

See also speye,ones,zeros,rand,randn.

Overloaded methods：

distributed/eye

codistributor2dbc/eye

codistributor1d/eye

codistributed/eye

2. lookfor 命令

当用户知道某函数名而不知道其用法时，help 命令可以帮助用户正确了解该函数的用法．然而，若要查找一个不知其确定名称的函数名时，help 命令就远远不能够满足需要了．这种情况下，可以用 lookfor 命令根据用户提供的关键字搜索相关的函数．命令 lookfor 对 MATLAB 搜索路径中的每个 M 文件注释区的第一行进行扫描，一旦发现此行含有所查询的关键字，就将该函数名及第一行注释全部显示出来．

例 1—42 在命令窗口输入命令

lookfor fourier

命令窗口显示结果为

fft   -Discrete Fourier transform.

fft2   -Two-dimensional discrete Fourier Transform.

fftn	-N-dimensional discrete Fourier Transform.
ifft	-Inverse discrete Fourier transform.
ifft2	-Two-dimensional inverse discrete Fourier transform.
ifftn	-N-dimensional inverse discrete Fourier transform.
fi_radix2fft_demo	-Fixed-Point Fast Fourier Transform(FFT).
power_fftscope	-Fourier analysis of signals stored in a Structure with.
dftmtx	-Discrete Fourier transform matrix.
specgram	-Spectrogram using a Short-Time Fourier Transform (STFT).
spectrogram	-Spectrogram using a Short-Time Fourier Transform (STFT).
instdfft	-Inverse non-standard 1-D fast Fourier transform.
nstdfft	-Non-standard 1-D fast Fourier transform.

3. 其他帮助命令

MATLAB 中还有一些可能经常用到的查询和帮助命令, 具体如下所示.

exist	变量或函数检验函数
what	目录中文件列表
who	内存变量列表
whos	内存变量详细列表
which	确定文件位置
dir	当前路径文件及文件夹列表

1.7.2　联机演示系统

对于 MATLAB 或者其中某个工具箱的初学者, 最好的方法就是查看 MATLAB 的联机演示系统.

单击 MATLAB 工作界面菜单栏的【help】→【Demos】选项, 或者在命令窗口输入命令 demos, 将进入 MATLAB 帮助系统的主演示页面, 如图 1—33 所示.

页面的左边是可以演示的选项, 双击某个选项即可进入具体的演示界面, 图 1—34 所示的是选中【MATLAB】→【Demos】→【Mathematics】→【Graphs and Matrices】的情况. 图 1—35 所示图形是运行后的某一结果图, 绘制此图形的 MATLAB 程序显示在图形下面的文本框内, 便于用户学习和使用.

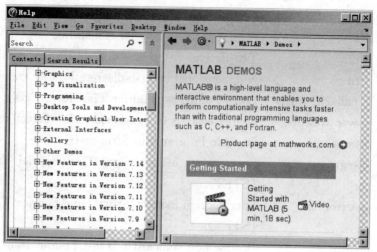

图1—33 主演示页面

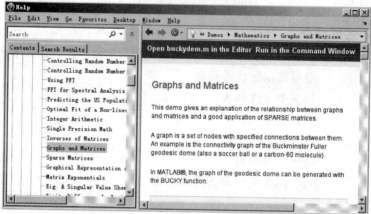

图1—34 【Graphs and Matrices】演示

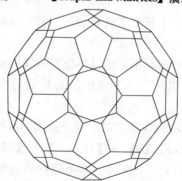

图1—35 运行结果显示

1.7.3 联机帮助系统

MATLAB 的联机帮助系统就是一本 MATLAB 的百科全书. 进入联机帮助系统的方法有很多，下面简单介绍其中的三种.

- 点击 MATLAB 工作界面工具条中的 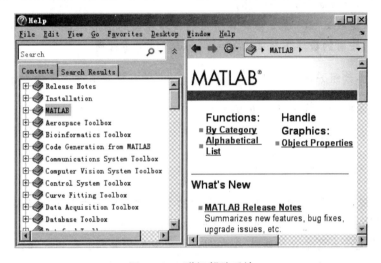 按钮；
- 在命令窗口选择菜单【Help】→【Product Help】；
- 在命令窗口运行命令 helpwin，helpdesk 或 doc.

以上三种方法都可以进入如图 1—36 所示的联机帮助系统.

图 1—36 联机帮助系统

联机帮助窗口包括帮助导向页面和帮助显示页面两部分. 其中帮助导向页面包含 4 个按钮，分别是帮助主题（Contents）、帮助索引（Index）、查询帮助（Search）以及演示帮助（Demos）. 如果知道需要查询的内容的关键字，一般可以选择 Index 或 Search 模式来查询；只知道需要查询的内容所属的主题或者只是想进一步了解和学习某一主题，一般可以选择 Contents 或 Demos 模式来查询.

习 题

1. 熟悉 MATLAB 的菜单栏以及工具栏的功能.
2. 画出以下函数曲线.

(1) 绘制函数 $y=xe^{-x}$ 在 $0 \leqslant x \leqslant 1$ 时的曲线；

(2) $f(x)=\begin{cases} x^3+4x+1, & x \geqslant 1 \\ x+2, & x<1 \end{cases}.$

3. 计算数列之和 $S_1 = \sum_{k=1}^{100} k^2$，$S_2 = \sum_{k=1}^{10} 3^k$.

4. 画出以下函数图形.

(1) 星形线函数 $\begin{cases} x=\cos^3 t \\ y=\sin^3 t \end{cases};$

(2) $16x^2-9y^2-9z^2=-25$；

(3) 作函数 $z=x^2$ 绕 z 轴旋转所得的旋转曲面的图形，其中 $x \in [0, 2]$；

(4) 马鞍面的数学方程式为 $z=x^2-y^2$，绘制马鞍面.

5. 找出数组 $A=\begin{bmatrix} -4 & -2 & 0 & 2 & 4 \\ -3 & -1 & 1 & 3 & 5 \end{bmatrix}$ 中所有绝对值大于 3 的元素.

6. 平面抛射曲线的参数方程为

$$\begin{cases} x=v_0 \cos\alpha \times t \\ y=v_0 \sin\alpha \times t - \dfrac{1}{2}gt^2 \end{cases},$$

其中 v_0 为初始速度，α 为发射角，g 是重力加速度. 设 $v_0=100$ 米/秒，用 plot() 命令绘制发射角分别为 30°，45°，60°的抛射曲线，并计算射程.

7. 随机产生两个 3 阶矩阵 A 和 B，计算它们的乘积、行列式和逆矩阵.

8. 在命令窗口输入 "$x=1:10$"，然后依次使用 clear 和 clc 命令，分别观察命令窗口、工作间管理窗口和历史窗口的变化.

9. 在命令窗口输入 demo 命令，查看 MATLAB 自动演示功能.

10. 用 lookfor 命令查找函数 sin( ) 的信息，并与用 help 命令查找的结果进行比较，注意两种命令之间的差别.

第二章

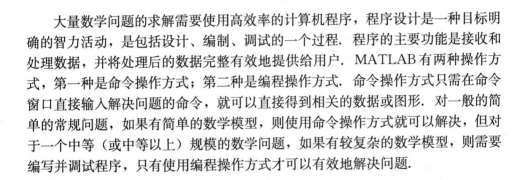

MATLAB 程序设计

　　大量数学问题的求解需要使用高效率的计算机程序，程序设计是一种目标明确的智力活动，是包括设计、编制、调试的一个过程．程序的主要功能是接收和处理数据，并将处理后的数据完整有效地提供给用户．MATLAB 有两种操作方式，第一种是命令操作方式；第二种是编程操作方式．命令操作方式只需在命令窗口直接输入解决问题的命令，就可以直接得到相关的数据或图形．对一般的简单的常规问题，如果有简单的数学模型，则使用命令操作方式就可以解决，但对于一个中等（或中等以上）规模的数学问题，如果有较复杂的数学模型，则需要编写并调试程序，只有使用编程操作方式才可以有效地解决问题．

2.1　MATLAB 表达式和运算符

　　MATLAB 程序是一个有序指令集合，程序执行方式是批处理方式．批处理方式从程序文件的第一条指令开始，按顺序依次执行各条指令，直到最后一条指令执行完毕．如果程序中某条指令有错，将输出出错信息，并中断程序的执行．MATLAB 程序语句就是表达式语句，它的表达式几乎和数学表达式格式一样．下面简单介绍 MATLAB 表达式和几类运算符．

2.1.1　MATLAB 表达式

　　MATLAB 采用的是表达式语句，用户在命令窗口输入的命令或在程序文件中编写的语句，MATLAB 将对其进行处理，然后返回运算结果．MATLAB 语

句由表达式和变量组成. 下面是两种常见的表达式语句的形式:

(1) 表达式;

(2) 变量名＝表达式.

第一种形式中,表达式运算后产生的结果将被赋值给系统的预定义变量 ans,但在以后的运算中 ans 存放的数据可能被覆盖掉,所以一般采用第二种形式.

MATLAB 的表达式与数学表达式形式类似,但应注意以下具体的规定:

(1) 表达式由变量名、运算符、数字和函数名等组成;

(2) 表达式按常规的优先级(指数、乘除、加减等)从左到右执行运算;

(3) 括号可以改变运算顺序;

(4) 赋值符"＝"和运算符两侧允许有空格;

(5) 表达式的末尾可以加上分号";",此时系统不显示运算结果.

例 2—1 马鞍面是一类特殊的曲面,曲面上的平衡点称为鞍点,鞍点在某一方向的截平面上是最大值点,而在另一方向的截平面上却是最小值点. 绘制马鞍面两种不同数学函数的曲面.

马鞍面的数学方程式的一种形式为

$$z = x^2 - y^2, (x, y) \in D.$$

当函数定义域为矩形区域时,通过以下三步绘图:首先使用命令 meshgrid( ) 生成自变量的网格点;其次根据函数表达式计算网格点处的函数值;最后利用 MATLAB 绘图命令 mesh( ) 绘制曲面. 当函数定义域是圆域时,先创建圆域上的网格点,然后通过极坐标变换将其转换为直角坐标来绘图. 马鞍面的数学方程式的另一种形式为

$$z = xy, (x, y) \in D.$$

在命令窗口编制程序如下:

```
[x,y]=meshgrid(-6:0.5:6);    % 绘制直角坐标系的网格点
z=x.^2-y.^2;                 % 计算二元函数值
subplot(1,2,1);              % 创建第一个图形窗
mesh(x,y,z);                 % 绘制马鞍面图形一
colormap([0 01])             % 设置图形为蓝色线
zz=x.*y;                     % 计算二元函数值
subplot(1,2,2);              % 创建第二个图形窗
mesh(x,y,zz);                % 绘制马鞍面图形二
```

colormap([0 0 1])

在图形窗口显示图形，如图 2—1 所示.

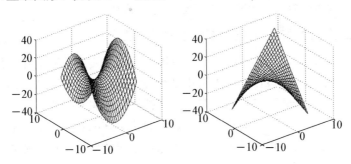

图 2—1　两种马鞍面图形的比较

观察函数 $z=xy$ 的图形，曲面是马鞍面图形一旋转 45 度而得.

2.1.2　MATLAB 运算符

MATLAB 运算符按功能分为算术运算符、关系运算符和逻辑运算符等三类，下面分别进行介绍.

1. 算术运算符

算术运算符的主要功能是实现对数据的四则运算，MATLAB 以矩阵作为基本数据单元，增加了普通计算机语言不具有的数组运算（即点乘、点除、点方幂等运算）. 算术运算符是构成运算最基本的操作命令，可以在 MATLAB 命令窗口直接运行，其基本功能如表 2—1 所示.

表 2—1　　　　　　　　　　　MATLAB 算术运算符及其功能

运算符	基本功能
＋	加法运算. 两个数或两个同阶矩阵相加. 如果是一个矩阵和一个数相加，这个数自动扩展为与矩阵同维数的一个矩阵后相加.
－	减法运算. 两个数或两个同阶矩阵相减.
＊	乘法运算. 两个数或两个可乘矩阵相乘.
／	除法运算. 两个数或两个可除矩阵相除（A/B 表示 A 乘以 B 的逆矩阵）.
＾	乘幂运算. 数或一个方阵的幂运算.
＼	左除运算. 两个数或两个可除矩阵相除（a＼b 表示 b÷a）.
．＊	点乘运算. 两个同阶矩阵对应元素相乘.
．／	点除运算. 两个同阶矩阵对应元素相除.

续前表

运算符	基本功能
.^	点幂运算. 一个矩阵的各个元素的多少次幂.
.\	点左除运算. 两个同阶矩阵对应元素左除.

在 MATLAB 中逆矩阵右乘运算可以用右除符号实现,逆矩阵左乘可以用左除符号实现. 矩阵左除可以用于求解小型线性方程组,这是 MATLAB 最简洁的操作符号之一. 在 MATLAB 中,四则运算符号既能实现一般浮点数运算,也能实现矩阵运算. 矩阵的点乘运算是实现两个同阶矩阵的对应元素相乘,矩阵的点除运算是实现两个同阶矩阵的对应元素相除,用于数据块处理非常方便和有效.

2. 关系运算符

关系运算符主要用于比较数、字符串、矩阵等元素之间的大小或不等关系,其运算结果是逻辑值,关系表达式的结果要么是真要么是假,分别用"1"和"0"表示. 这种判断常用于程序流的控制中,从而使一个程序更有效. 关系运算符及其功能如表 2—2 所示.

表 2—2 　　　　　　　　　　MATLAB 关系运算符及其功能

运算符	功 能	运算符	功 能
>	判定大于关系	>=	判定大于等于关系
<	判定小于关系	<=	判定小于等于关系
==	判定等于关系	~	判定不等于关系

【说明】如果比较矩阵 A 和 B,则两矩阵必须具有相同的维数,运算时将 A 中的元素和 B 中对应元素进行比较,如果关系成立,则在输出矩阵的对应位置输出 1,反之输出 0;如果其中一个为数,则将这个数与另一个矩阵的所有元素进行比较. 无论何种情况,返回结果都是与运算的矩阵具有相同维数的由 0 和 1 组成的矩阵.

例 2—2 比较矩阵的大小和相等关系.

在命令窗口输入命令:

$$A=[1\ 2\ 5];B=[2\ 4\ 5];$$
$$C1=A>=B$$
$$C2=A\sim=B$$
$$C3=A>2$$

显示结果分别为

C1＝

    0   0   1

C2＝

    1   1   0

C3＝

    0   0   1

例 2—3　求函数 $f(x)=\dfrac{\sin x}{x}$ 在 $x＝0$ 处的近似极限，并修补图形缺口.

在命令窗口输入命令：

t＝－2 * pi:pi/10:2 * pi;

y＝sin(t). /t;

tt＝t＋(t＝＝0) * eps;

yy＝sin(tt). /tt;

subplot(1,2,1),plot(t,y),axis([－7,7,－0.5,1.2]),

xlabel('t'),ylabel('y'),title('残缺图形')

subplot(1,2,2),plot(tt,yy),axis([－7,7,－0.5,1.2])

xlabel('t'),ylabel('yy'),title('正确图形')

在图形窗口显示结果，如图 2—2 所示.

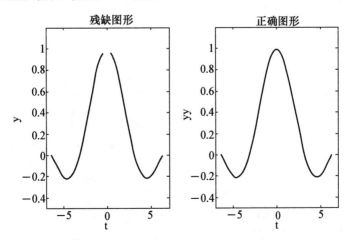

图 2—2　极限处理前后的图形对照

3. 逻辑运算符

逻辑运算符主要用于逻辑表达式和逻辑运算，参与运算的逻辑量以 0 代表"假"，以任意非 0 数代表"真"．常见的逻辑运算有三种，即"逻辑与"、"逻辑或"以及"逻辑非"，对应数学中集合的三种运算"交"、"并"以及"补"．逻辑运算符经常和关系运算符配合使用，形成逻辑表达式．常见的逻辑运算符及其功能如表 2—3 所示．

表 2—3　　　　　　　　　　MATLAB 逻辑运算符及其功能

运算符	功能	运算符	功能
&	与运算	~	非运算
|	或运算	xor(a, b)	异或运算

例 2—4 逐段解析函数的计算和表现．用两种方法演示削顶整流正弦半波的计算和图形绘制．

在命令窗口输入命令：

$$t=linspace(0,3*pi,500); y=sin(t);$$

处理方法一：

```
z1=((t<pi)|(t>2*pi)).*y;
w=(t>pi/3&t<2*pi/3)+(t>7*pi/3&t<8*pi/3);
w_n=~w;
z2=w*sin(pi/3)+w_n.*z1;
subplot(1,3,1),plot(t,y,':r'),ylabel('y')
subplot(1,3,2),plot(t,z1,':r'),axis([0 10 −1 1])
subplot(1,3,3),plot(t,z2,'−b'),axis([0 10 −1 1])
```

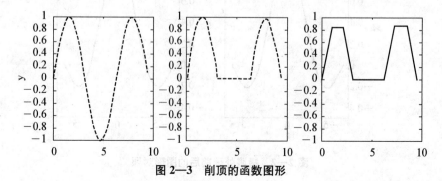

图 2—3　削顶的函数图形

处理方法二：

```
z=(y>=0). * y;
a=sin(pi/3);
z=(y>=a) * a+(y<a). * z;
plot(t,y,':r');hold on;plot(t,z,'-b')
xlabel('t'),ylabel('z=f(t)'),title('逐段解析函数')
legend('y=sin(t)','z=f(t)'),hold off
```

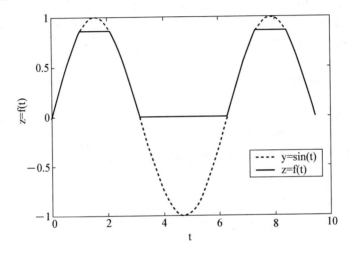

图 2—4　削顶的逐段解析函数图形

4. 运算的优先级别

　　MATLAB 的最大优势之一在于对数据块进行操作处理，但解决实际问题时不可避免地要对单个数据进行处理．表达式由变量、数据、函数以及运算符等组合而成，MATLAB 内部函数是专家级别的程序，只需掌握使用格式就可以直接调用，优先级别最高．除此之外的三类运算的优先级别总体是按"算术运算→关系运算→逻辑运算"次序操作，具体次序如下：

　　(1) 小括号 ( )；

　　(2) 方幂；

　　(3) 数据加、减、逻辑非；

　　(4) 矩阵点乘、点除、矩阵乘、矩阵右除、矩阵左除；

　　(5) 矩阵加、矩阵减；

　　(6) 小于、小于等于、大于、大于等于、相等、不等；

(7) 与、或.

一个表达式如果有小括号，则小括号内的运算优先进行.

2.2 MATLAB 程序结构

MATLAB 语言与其他计算机语言一样，可以用来进行编程. 充分利用 MATLAB 数据结构的特点，可以使程序结构简单，提高编程效率. 程序结构有顺序结构、循环结构和分支结构三种基本类型. 任何复杂的程序都是由这三种基本结构构成的. 本节将重点介绍这些程序结构及其用法.

2.2.1 顺序结构

顺序结构是指按照程序中语句的排列顺序依次执行，直到程序的最后一个语句. 这是最简单的一种程序结构.

例 2—5 举例说明如何利用顺序结构绘制四维切片图 $f = xe^{-x^2-y^2-z^2}$，$-2 \leqslant x, y, z \leqslant 2$.

在命令窗口输入 MATLAB 程序：

```
[x,y,z]=meshgrid(-2:0.2:2,-2:0.25:2,-2:0.16:2);
                                        % 创建空间网格点
v=x. * exp(-x. ^2-y. ^2-z. ^2);         % 计算三元函数值
slice(x,y,z,v,[-1.2 0.8 2],2,[-2 -0.2])  % 绘制切片图
colorbar('horiz')                       % 确定色图参数
view([-30,45])
```

在图形窗口显示结果，如图 2—5 所示.

【说明】

- 三维实体的四维切片色图由函数 slice 来实现，其调用格式为 slice(x, y, z, v, sx, sy, sz)，绘制向量 sx, sy, sz 中的点沿 x, y, z 方向的切片图；
- 命令 meshgrid(x, y, z) 生成空间直角坐标系的坐标数组；
- 图形下面的色轴标注了颜色同数值之间的对应关系.

2.2.2 循环结构

MATLAB 中的循环结构包括 for 循环和 while 循环两种基本类型，前一种

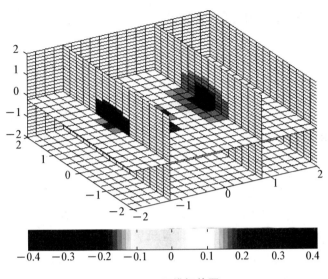

图 2—5　四维切片图

类型通过规定循环次数来控制循环，后一种类型由条件控制循环. 首先介绍 for 循环语句.

1. for 循环语句

MATLAB 中的 for 循环语句主要用于控制循环算法的实现，通过规定循环变量的初值、终值以及步长来控制循环次数. 从循环初值开始，重复执行某些操作，直至循环变量达到终值为止. 其调用格式为

```
for 循环变量＝初值:步长:终值
    循环体
end
```

该循环语句中，当初值小于终值时，步长为正数；当初值大于终值时，步长为负数；当步长省略时，MATLAB 默认步长值为 1.

例 2—6　猴子吃桃子问题　有一天一只小猴子摘下若干个桃子，当即吃掉了一半，还觉得不过瘾，又多吃了一个. 第二天接着吃了剩下的一半，又多吃了一个. 以后每天都吃掉尚存桃子的一半另加一个. 到第十天早上，只剩下 1 个桃子. 问小猴子第一天摘下多少个桃子？

设 $x(k)$ 表示第 k 天的桃子数，则桃子数的变化规律为

$$x(k) = \frac{1}{2}x(k-1) - 1 \quad (k = 10, 9, \cdots, 2),$$

其中 $x(10)=1$，所以用逆向递推关系式

$$x(k-1)=2(x(k)+1) \quad (k=10,9,\cdots,2),$$

即可计算出第一天的桃子总数. 编写程序如下：

```
x(10)=1;
for k=10:-1:2
    x(k-1)=2*(x(k)+1);
end
x(1)
```

在 MATLAB 命令窗口运行该程序，计算机显示计算结果为 1 534.

例 2—7　把一个以原点为中心、边长为 4 的正方形逆时针旋转 $\dfrac{\pi}{24}$，并做适当的缩小，迭代 30 次可以形成一个有点立体感的图形.

在命令窗口输入以下程序：

```
u=[-2 -2;2 -2;2 2;-2 2;-2 -2];
A=[cos(pi/24)-sin(pi/24);sin(pi/24)cos(pi/24)];
                                    % 创建旋转矩阵
x=u(:,1);y=u(:,2);                  % 提取点坐标数据
axis off
line(x,y),pause(1)                  % 画线并暂停一秒
for k=1:30
    u=0.89*u*A';                    % 旋转并缩小(比率为 0.89)
    x=u(:,1);y=u(:,2);
    line(x,y),pause(1)
end
```

在图形窗口显示如图 2—6 所示的图形.

2. while 循环语句

while 循环语句用于条件控制循环算法的实现，将判断条件放于循环体之前，满足条件时进入循环，否则不进入循环. 反复执行循环体中的命令，直至条件不满足为止. 其调用格式为

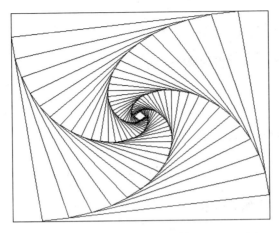

图 2—6　正方形旋转图

while 条件
　　　循环体
end

例 2—8　例 2—6 的猴子吃桃子问题. 用 while 循环也可以解决此问题. 在命令窗口输入程序:

k＝10;x(10)＝1;
while k＞1
　　　x(k－1)＝2＊(x(k)＋1);
　　　k＝k－1;
end
x(1)

计算的结果也是 1 534.

例 2—9　**水手、猴子、椰子问题**　五个水手带了一只猴子来到太平洋一个荒岛上, 发现有一大堆椰子. 由于旅途的颠簸, 大家都很疲倦, 很快都入睡了. 第一个水手醒来后, 把椰子平分成五堆, 将多余的一只给了猴子, 他私藏了一堆后又去睡了. 第二、第三、第四、第五个水手也陆续起来, 和第一个水手一样, 把椰子平均分成五堆, 恰好多一只给猴子, 私藏一堆, 再去入睡. 天亮以后, 大家把余下的椰子重新等分成五堆, 每人分一堆, 正好余一只再给猴子. 试问原先共有多少只椰子?

设最初的椰子数为 x_0, 则椰子数变化规律为

$$x_{k+1}=\frac{4}{5}(x_k-1) \quad (k=0,1,\cdots,4).$$

设五个水手最后一次得到椰子数为 x，则

$$x=\frac{1}{5}(x_5-1),$$

于是有下面的递推关系式

$$x_5=5x+1, \quad x_k=\frac{5}{4}x_{k+1}+1, \quad k=4,3,2,1,0.$$

在命令窗口输入如下程序：

```
p=1.5;x=0;
while p~=fix(p)
  x=x+1;p=5*x+1;
    for k=1:5
      p=5*p/4+1;
    end
end
disp([x,p])
```

命令窗口显示计算结果如下：

```
ans=
      1023        15621
```

该问题的答案是至少需要 15 621 只椰子才能够按照条件分配椰子.

2.2.3 分支结构

分支结构是根据给定的条件是否成立，分别执行不同的语句. MATLAB 用于实现分支结构的语句有 if 语句和 switch 语句. 下面分别介绍这两类语句.

1. if 语句

在 MATLAB 中，if 语句可以实现分支算法，当条件满足时，执行条件后面的语句；当条件不满足时，则不执行条件后面的语句. if 语句根据条件的多少有以下三种基本调用方式.

(1) 单分支 if 语句.

```
if 条件
    语句组
end
```

在 if 语句的条件选项中至少有一个关系（或逻辑）表达式，当表达式的逻辑值为真时，则执行条件后面的语句组的指令；否则，不执行条件后面的语句组的指令.

（2）双分支 if 语句.

```
if 条件
    语句组 1
else
    语句组 2
end
```

上面语句的算法结构是：当条件满足时，执行语句组 1 的指令；当条件不满足时，则执行语句组 2 的指令.

（3）多分支 if 语句.

当条件较多时必须用多分支算法. 多分支算法的 if 语句，其格式为

```
if 条件 1
    语句块 1
elseif 条件 2
    语句块 2
else
    语句块 3
end
```

当程序运行时，条件 1 满足则执行语句块 1，条件 2 满足则执行语句块 2，两个条件都不满足则执行语句块 3. 这种格式还可以再增加条件以实现多分支算法.

例 2—10　角谷猜想　某学生发现一个奇妙的"定理"，请角谷教授证明，教授无能为力，于是产生了角谷猜想. 其内容是：对任一自然数 n，按如下法则进行运算：若 n 为偶数，则将 n 除以 2；若 n 为奇数，则将 n 乘 3 加 1. 运算结果是自然数，将新数按上面法则继续运算，重复若干次后计算结果最终是 1. 设计算法用计算机验证这一猜想.

验证这一猜想的程序如下：

```
n＝input('input   n＝');              ％ 输入数据
while n～＝1                          ％ 循环入口
  r＝rem(n,2);                       ％ 求 n/2 的余数
  if r＝＝0
    n＝n/2;                          ％ 第一种操作
  else
    n＝3＊n+1;                        ％ 第二种操作
  end
end
n                                    ％ 显示 n
```

例 2—11　水仙花数和玫瑰花数　如果一个 n 位正整数恰好等于它的 n 个位上数字的 n 次方之和，则称该数为 n 位自方幂数. 其中，三位自方幂数又称水仙花数；四位自方幂数又称玫瑰花数；五位自方幂数又称五角星数；六位自方幂数又称六合数. 设计算法求出所有的水仙花数和玫瑰花数.

最小的三位数为 100，最大的三位数为 999，所以水仙花数的搜索范围在 100～999. 程序实现的关键是如何提取三位数的个位、十位和百位，然后做三次方幂求和. 程序如下：

```
a＝1;p＝0;q＝0;
for n＝100:999
      a＝floor(n/100);p＝floor((n-100＊a)/10);q＝n-100＊a-10＊p;
                                   ％ 计算三个数位上的数字
    if n＝＝a＾3+p＾3+q＾3          ％ 判断是否满足水仙花数条件
      n
    end
end
```

程序运行结果可以知道，所有的水仙花数有 153，370，371，407.

同样可以求出所有的玫瑰花数，它们分别为 1 634，8 208，9 474.

例 2—12　闰年的判断　古人对于历书的计算总会出现偏差，于是产生了闰年的概念. 通常一年按照 365 天计（2 月有 28 天），历书要求每 400 年有 97 个闰年，闰年按 366 天计（2 月有 29 天）. 任意输入一个年份，判断输入年份是否是闰年，并根据判断结论输出"是闰年"或"不是闰年".

历书对闰年的规定不是四年一闰，判断闰年的条件有两个：能被 4 整除，但

不能被 100 整除；或者能被 4 整除，又能被 400 整除. 满足两个条件的任意一个都可以判断为闰年，两个条件都不满足就不是闰年. 编写程序如下：

```
n=input('Please input year:=');         % 输入年份
n1=n/4;
n2=n/100;
n3=n/400;
if n1==fix(n1)& n2~=fix(n2)              % 判断第一个条件是否成立
    disp('是闰年')
elseif n1==fix(n1)& n3==fix(n3)          % 判断第二个条件是否成立
    disp('是闰年')
else
    disp('不是闰年')
end
```

在命令窗口输入该程序并回车，屏幕将首先显示的信息是"Please input year:="，并等待用户输入年份，例如，输入 2000 并回车，屏幕将显示"是闰年"，这说明 2000 年是闰年，2 月有 29 天.

下面介绍 switch 语句.

2. switch 语句

该语句主要用于实现多分支算法，假设有 n 种不同情况发生，需要 n 种不同的操作来进行处理. 首先构造一个开关表达式，要求表达式有 n 个不同的取值，这 n 个取值便对应于 n 种不同的情况. switch 语句使用格式如下：

```
switch 开关表达式
    开关值 1
        语句 1
    ......
    开关值 n
        语句 n
end
```

例 2—13　城市甲与城市乙之间有一条高速公路，全长 350 公里. 过高速的收费标准是小轿车每 10 公里收费 3 元、客车每 10 公里收费 4 元、货车每 10 公里收费 5 元. 为了计算方便，公路管理处将收费方法简单化，收费标准如下表 2—4

所示.

表 2—4 　　　　　　　　　　　　**高速公路收费标准表** 　　　　　　　　　　单位：元

行车里程	小轿车	客车	货车
<＝50	5 * 3	5 * 4	5 * 5
51～100	8 * 3	8 * 4	8 * 5
101～150	13 * 3	13 * 4	13 * 5
151～200	18 * 3	18 * 4	18 * 5
201～250	23 * 3	23 * 4	23 * 5
251～300	28 * 3	28 * 4	28 * 5
301～350	33 * 3	33 * 4	33 * 5

编写程序实现如下功能：输入三种车型（小轿车代号为 1，客车代号为 2，货车代号为 3）的任意一种和行车里程数，输出表中正确的收费数据.

分析：三种车型的收费标准用向量 [3，4，5] 表示，通过车型代号提取出正确的收费标准. 由于行程被分为七个区间，每个区间的长度是 50 公里，用行车的公里数除以 50 再取整将得到七种不同的可能情况，所以利用行车的公里数 d 构造开关表达式

$$N=[(d-1)/50]$$

该表达式的取值可能为：0，1，2，3，4，5，6.

设计程序如下：

```
data＝input('Please input data[distance type]:＝');
type＝[3,4,5];k＝data(2);
s＝type(k);d＝data(1);
switch fix((d－1)/50)
    case 0
        money＝5 * s;
    case 1
        money＝8 * s;
    case 2
        money＝13 * s;
    case 3
```

```
        money＝18 * s;
    case 4
        money＝23 * s;
    case 5
        money＝28 * s;
    case 6
        money＝33 * s;
end
charge＝money
```

在命令窗口运行此程序，系统将会出现提示信息"Please input data〔distance type〕＝"，并等待用户输入行程的公里数和车型，例如输入〔300，1〕并回车，屏幕将显示应收费用为 84 元.

2.3　MATLAB 的 M 文件

MATLAB 的主要用户文件有两类：第一类是程序文件；第二类是函数文件. 它们都以 m 作为后缀，都可以在 MATLAB 的编辑窗口编辑，但其工作方式有较大差别. 下面分别介绍这两类文件.

2.3.1　MATLAB 的程序文件

程序文件的执行方式是批处理方式. 这种方式从程序的第一行开始，顺序执行各行指令，直到最后一行指令执行完毕. 如果程序中某一行指令有错，系统将输出出错信息，并中断程序执行.

MATLAB 编程操作方式分两步进行：第一步是编写程序文件，第二步是运行程序文件. 编写程序的工作一般在 MATLAB 的编辑窗口进行，而运行程序的工作在命令窗口进行.

MATLAB 编写程序利用程序编辑器 Editor 来完成，在 MATLAB 环境下用鼠标点击工作界面菜单栏上第一项"File"，并在下拉菜单中选择"New"中的"M-File"，或直接点击左上方的空白项，即可进入 MATLAB 的 Editor 环境，即下面的程序编辑器，如图 2—7 所示.

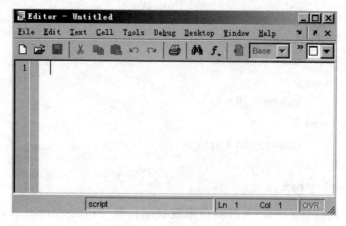

图 2—7　**MATLAB 编辑窗口**

　　在编辑窗口以纯文字形式输入 MATLAB 命令，输入完成后将其保存在 MATLAB 的工作目录下（程序的文件名以".m"为后缀），然后在命令窗口输入文件名来运行程序. 一个好的 MATLAB 程序往往要经过多次修改和调试，所以需要在编辑窗口和命令窗口多次切换.

　　【说明】
　　● 程序文件最好保存在当前工作目录下，MATLAB 默认的工作目录为 work 文件夹；
　　● 程序文件的文件名由用户定义，必须用英文字母开始，不可以用数字命名；
　　● 修改一次程序后必须保存，在命令窗口直接输入文件名运行即可，不带后缀.

　　例 2—14　偶极子的电势和电场强度　设在 (a, b) 处有电荷 $+q$，在 $(-a, -b)$ 处有电荷 $-q$，那么在电荷所在平面上任何一点处的电势和场强分别为 $V(x, y)=\dfrac{q}{4\pi\varepsilon_0}\left(\dfrac{1}{r_+}-\dfrac{1}{r_-}\right)$，$\vec{E}=-\nabla V$. 其中 $r_+=\sqrt{(x-a)^2+(y-b)^2}$，$r_-=\sqrt{(x+a)^2+(y+b)^2}$，$\dfrac{1}{4\pi\varepsilon_0}=9\times10^9$. 设电荷 $q=2\times10^{-6}$，$a=1.5$，$b=-1.5$. 编写程序文件绘制电场图形.

　　首先进入 MATLAB 的程序编辑窗口，在编辑窗口输入以下程序：

```
clear;q=2e-6;k=9e9;a=1.5;b=-1.5;x=-6:0.6:6;y=x;
                                    % 给变量赋值
[X,Y]=meshgrid(x,y);                % 生成网格数据
```

rp＝sqrt((X－a).＾2＋(Y－b).＾2)；rm＝sqrt((X＋a).＾2＋(Y＋b).＾2)；

　　　　　　　　　　　　　　　　　　　％定义函数

V＝q∗k∗(1./rp－1./rm)；

[Ex,Ey]＝gradient(－V)；　　　　　　　　％计算函数的梯度

AE＝sqrt(Ex.＾2＋Ey.＾2)；Ex＝Ex./AE；Ey＝Ey./AE；

cv＝linspace(min(min(V)),max(max(V)),49)；

contourf(X,Y,V,cv,'k－')

title('\fontname{隶书}\fontsize{22}偶极子的场'),hold on

quiver(X,Y,Ex,Ey,0.7)

plot(a,b,'wo',a,b,'w＋')

plot(－a,－b,'wo',－a,－b,'w－')

xlabel('x')；ylabel('y'),hold off

输入完成后保存，将这一文件（文件名为 rr.m）保存在当前目录下，退出文字编辑环境回到 MATLAB 的命令窗口，只需输入文件名 rr 并回车，MATLAB 将自动执行程序. 显示的图形如图 2—8 所示.

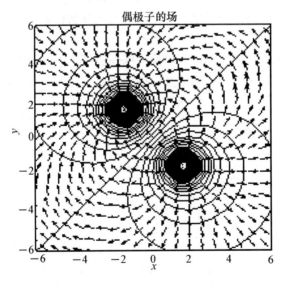

图 2—8　偶极子的电场图

2.3.2　MATLAB 的函数文件

与 MATLAB 程序文件不同的另一类 M 文件就是函数文件. 在 MATLAB

创建函数文件，可以增加用户自己定义的函数以实现系统功能的扩充. 编写函数文件可以培养更灵活的程序设计技能，特别对提高程序输入/输出的控制能力，以及程序模块的设计能力都很重要. 它与程序文件的主要区别有三点：

（1）由 function 开头，后跟的函数名必须与文件名相同；

（2）有输入、输出变量，可以进行变量传递；

（3）除非用 global 声明，程序中的变量均为局部变量，不保存在工作空间中.

函数文件除了有文件名之外还有函数名，函数名出现在函数文件的第一行中. 函数文件的第一行是函数定义行，定义行有输入变量和返回变量，它们类似于数学函数的自变量和因变量. 第一行必须由关键字"function"开始. 其格式如下：

> function 返回变量＝函数名（输入变量）
> 函数体

函数文件的第一行是四个项的有序排列，即：

（1）关键字——function（编程输入正确时自动变成蓝色）；

（2）函数的返回变量——用于传递输出数据；

（3）函数名——要求用英文字母定义且与文件名相同；

（4）输入变量——用于传递输入数据.

函数体实际上是一个完整的程序块，编写程序块是将解决问题的步骤具体化和明朗化. 需要特别注意的是函数文件中的输出变量要被某个确定的表达式赋值才能传递有用的计算结果. 尽管函数文件和程序文件都是以".m"为后缀的文件，但两种文件不能混在一起，函数文件和程序文件不能编写在一个文件中.

例 2—15 编写函数文件，研究函数

$$f(x)=\sqrt{(x-20)^2+100^2}+\sqrt{(x-120)^2+120^2}$$

的极值点.

在 MATLAB 编辑窗口输入下列两行：

```
function y=ff(x)
y=sqrt((x-20).^2+100^2)+ sqrt((x-120).^2+120^2);
```

第一行是定义函数的关键字，第二行是函数的具体表达式. 在表达式中用到求开方的函数 sqrt( ) 和数组方幂运算.

函数名和文件名相同，均为 ff. 另外，变量 x 是函数的自变量，而 y 是函数的因变量. 函数定义中实际上是将自变量的数据经过运算后赋值给因变量. 输入

完毕后将文件存盘，并切换到命令窗口. 这时调用函数，用指令

　　　　x＝20:0.5:120;y＝ff(x);

　　　　plot(x,y)

需要注意的是在调用函数时要用到自变量，而自变量首先必须要赋值. 上面命令行中，确定自变量值并计算对应的函数值数据，最后再绘制函数图形（如图 2—9 所示），从图形可以知道，该函数有个极小值点，大约在 x＝65 处. 也可以用指令

　　　　x＝60:70;y＝ff(x)

计算出当自变量取 60，61，…，70 时对应的函数值数据分别为：241.867 4　241.798 5　241.743 6　241.702 7　241.675 6　$\boxed{241.662\ 3}$　241.663 0　241.677 4　241.705 7　241.747 7　241.803 4.

　　显然，第六个数据最小，这正是该函数在 x＝65 处的函数值.

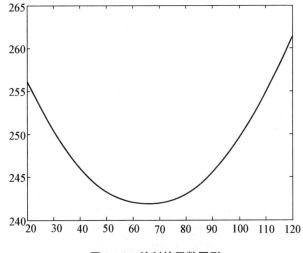

图 2—9　绘制的函数图形

【说明】

● 当函数有多个输入变量时，则直接用圆括号括起来；当函数有多个输出变量时，则以方括号括起来. 例如，function [u, v, w]＝ff(x, y, z). 当函数不包含输出变量时，则直接省略输出部分或采用空括号表示. 例如，function f(x) 或 function []＝f(x).

● 函数文件的运行称为调用，必须以函数名带自变量方式调用，只输入文件名运行会出错.

● 函数文件可以实现自我调用，在程序设计中称为递归技术，而程序文件不能做到.

例 2—16 编写函数文件绘制二元函数 $z(x, y) = 3x^2 + 3y^2 - x^3$ 在半径为 5 的圆域上的图形.

利用极坐标变换来绘制图形，即

$$x = r\cos\theta, \quad y = r\sin\theta, \quad 0 \leqslant r \leqslant 5, 0 \leqslant \theta \leqslant 2\pi.$$

在编辑窗口编写函数文件：

```
function chair
r=0:0.05:5;theta=0:0.01*pi:2*pi;
x=r'*cos(theta);                    % 列向量乘行向量
y=r'*sin(theta);
z=3*(x.^2+y.^2)-x.^3;               % 计算二元函数值
mesh(x,y,z)
colormap([0 0 1])                   % 图形着色
view(123,8)                         %调整观察角度
```

在命令窗口运行文件 chair，显示结果如图 2—10 所示.

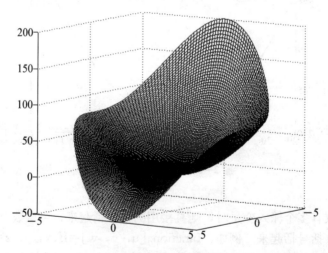

图 2—10 座椅曲面

【说明】这一函数文件的设计背景是绘制舒服座椅的曲面，程序中设置视角的数据可以在观察图形窗口后确定. 这一程序的功能是绘制图形，没有输入数据

和输出数据.

例 2—17　编写函数文件，用自我调用的递归技术计算 $n!$.

由于 $n! = n \times (n-1)!$，所以计算阶乘可以用递归技术来实现. 编写程序如下：

```
function f＝fact(n)
if n＝＝1
    f＝1;
    return
end
f＝n * fact(n－1);
```

递归技术实现的关键是确定递归的边界和递归所用的递归公式，在上例中，边界是 1，递归公式为 $n! = n \times (n-1)!$.

例 2—18　Hanoi 塔问题　传说在贝拿勒斯的圣庙里有块黄铜板，上面竖着三根宝石柱，这些宝石柱，径不及小指，长仅半臂. 大梵天王（印度教的一位主神）在创造世界的时候，在其中一根柱上放置了 64 片中心有插孔的金片. 这些金片的大小不一，大的在下面，小的在上面，从下而上叠成塔形，这就是所谓的梵天宝塔，如图 2—11 所示.

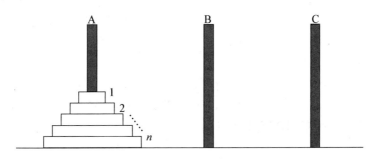

图 2—11　Hanoi 塔问题示意图

大梵天王立下法则：金片从一柱移到另一柱时，每次只能移动一片，且移动过程中，小金片永远在大金片上面，绝不允许颠倒. 大梵天王预言：当金片从它创造世界时的宝石柱移到另一宝石柱上时，世界末日就要来临，一声霹雳会将梵塔、庙宇和众生都消灭干净.

Hanoi 塔问题是一个典型的递归问题，将 n 个金片从 A 柱移到 C 柱可以分解为以下三个步骤完成：

（1）将 A 上 $n-1$ 个金片借助 C 柱先移到 B 柱上；

（2）把 A 柱上剩下的一个金片移到 C 柱上；

（3）将 $n-1$ 个金片从 B 柱借助 A 柱移到 C 柱上.

设 x_n 为 n 块金片从其中一柱移到另一柱的搬运次数，则把 n 块金片从 A 移到 C，可以先把前 $n-1$ 片移到 B，需搬 x_{n-1} 次；接着把第 n 片从 A 移到 C，再从 B 把剩下的 $n-1$ 片移到 C，又需搬 x_{n-1} 次. 所以从 A 把 n 块金片移到 C，共需搬运次数为：$2x_{n-1}+1$ 次.

显然，当 $n=1$ 时，$x_1=1$，所以 Hanoi 塔的搬运次数相当于一个带初值的递归关系：

$$\begin{cases} x_n=2x_{n-1}+1 \quad (n\geqslant 2) \\ x_1=1 \end{cases}$$

所以有

$$x_n=2^n-1.$$

下面编写函数 M 文件.

首先构造数据结构. 对金片，从上到下，分别用编号 1，2，…，n 表示；三根宝石柱，从左到右分别用 1，2，3 表示. 当把编号为 4 的金片从柱 1 移到柱 3 时，我们用向量 ［4 1 3］ 表示. 在编辑窗口输入如下程序：

```
function [tolnum,scheme]=hanoi(disknum,beginpillar,midpillar,endpillar)
global SCHEME_HANOI              % 全局变量,子函数可以直接访问
SCHEME_HANOI=[];                 % 设置为空
temphanoi(disknum,beginpillar,midpillar,endpillar);
tolnum=size(SCHEME_HANOI,1);    % 取得行数,即移动次数
scheme=SCHEME_HANOI;

%子函数,只能在本程序访问,外部不可见
function temphanoi(disknum,beginpillar,midpillar,endpillar)   % 子函数
global SCHEME_HANOI                                          % 声明使用
if disknum==1                    % 添加一行移动方式
    SCHEME_HANOI=[SCHEME_HANOI;1,beginpillar,endpillar];
else              %下面一句相当于把上面 n-1 片移到中间柱子
    temphanoi(disknum-1,beginpillar,endpillar,midpillar);
                  % 然后把最后一片移到目标柱子上
```

SCHEME_HANOI＝[SCHEME_HANOI;disknum,beginpillar, endpillar];

      % 把中间当作第一根,原来第一根当作中间柱子,继续移动

temphanoi(disknum-1,midpillar,beginpillar,endpillar);

end

在命令窗口输入

[n,s]＝hanoi(3,1,2,3)

运算结果为（下图右边为简单示意图）.

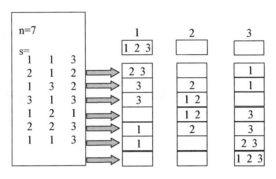

图 2—12　搬运次数及其示意图

假如你手脚比较麻利，1 秒钟移动一片，那么，

$n=1$ 时，1 秒钟可以完成任务；

$n=2$ 时，3 秒钟可以完成任务；

$n=3$ 时，7 秒钟可以完成任务；

……

$n=8$ 时，4.25 分钟可以完成任务；

……

$n=64$ 时，需时 18 446 744 073 709 551 615 秒，相当于 5 849 亿年，比太阳的寿命都长（太阳的寿命不超过 200 亿年）.

在 MATLAB 中需要指出的是，并不是所有函数的定义都一定要用文件来实现. 对于一个表达式比较简单的函数也可以使用内嵌函数 inline( ) 来实现. 使用格式如下：

      f＝inline('表达式')

上面格式中，f 是函数名，表达式与函数文件中的 MATLAB 表达式相同. 例如，

对于函数

$$f(x) = e^{2x} \sin x$$

可以用

f＝inline($'$exp(2＊x)＊sin(x)$'$)

代替函数文件，其功能与函数文件一样.

例 2—19 计算定积分 $\int_0^1 e^{2x} \sin x \, dx$.

在命令窗口输入程序：

f＝inline($'$exp(2＊x).＊sin(x)$'$)   ％ 内嵌函数定义积分函数
f＝

    Inline function：
    f(x)＝exp(2＊x).＊sin(x)   ％ 显示积分函数
  quad(f,0,1)   ％ 数值积分命令计算积分
ans＝
    1.8886

以上计算结果表示

$$\int_0^1 e^{2x} \sin x \, dx = 1.888\,6.$$

例 2—20 用二分法求函数 $f(x) = x - \sin x - 1$ 的一个零点.

二分法也称为区间折半法，可用来计算函数值为零时的解，即函数的零点. 如果函数 $f(x)$ 在有界闭区间 $[a, b]$ 内有一个零点，且在区间两个端点处满足 $f(a)f(b) < 0$，则可以用二分法求方程 $f(x) = 0$ 的根（或函数的零点）. 二分法的基本思想是对区间 $[a, b]$ 逐次分半，首先计算区间 $[a, b]$ 的中间点 x_0，然后测试并分析可能出现的三种情况：

(1) 如果 $f(x_0) = 0$，则 x_0 就是 $f(x)$ 在区间 $[a, b]$ 内所求的零点；

(2) 如果 $f(a)f(x_0) < 0$，则 $f(x)$ 在区间 $[a, x_0]$ 内有零点；

(3) 如果 $f(b)f(x_0) < 0$，则 $f(x)$ 在区间 $[x_0, b]$ 内有零点.

如果后两种情况之一发生，则意味着找到一个比原区间长度小一半的有根闭区间，舍去无根区间；将有根区间再次一分为二，寻找更小的有根闭区间，如此周而复始，不断二分. 实际计算中将有根闭区间缩小到充分小，便可以求出满足精度要求的根的近似值.

二分法算法描述如下：

(1) 输入误差限 ε_0, ε_1, 计算 $y_1 = f(a)$, $y_2 = f(b)$.

(2) 计算 $x_0 = (a+b)/2$, $y_0 = f(x_0)$; 如果 $|y_0| < \varepsilon_0$, 则输出近似解 x_0, 结束; 否则转(3).

(3) 若 $y_0 y_1 < 0$, 则令 $b = x_0$, $y_2 = y_0$; 否则令 $a = x_0$, $y_1 = y_0$, 转(4).

(4) 若 $|b-a| > \varepsilon_1$, 则转(2); 否则, 输出近似解 x_0, 结束.

根据二分法的算法原理, 编写 MATLAB 程序如下：

```
format long                   % 用 15 位浮点数表示计算结果
f=inline('x−sin(x)−1');       % 内嵌函数来定义表达式
a=0;b=3;
er=b−a;ya=f(a);
lim=1e−4;k=0;                 % 定义误差限和初始迭代次数
while er>lim
        x0=(a+b)/2;y0=f(x0);
        if ya * y0<0
                b=x0;
        else
                a=x0;ya=y0;
        end
        er=b−a;k=k+1;
end
disp([a,b]);k
x=(a+b)/2
```

运行结果为

```
1.934509277343750    1.934600830078125
k=
    15
x=
    1.934555053710938
```

根据计算结果, 利用二分法将区间 $[0,3]$ 分半 15 次后得到函数零点的近似值为

$$x = 1.934\,555\,053\,710\,938,$$

它是区间 $[1.934\,509\,277\,343\,750\quad 1.934\,600\,830\,078\,125]$ 的中点.

2.4 数据文件的输入和输出

文件是计算机输入输出的操作对象，通常是指记录在磁盘上的数据集合．计算机所处理的数据包括数值数据、声音数据、图形数据等类型．信息时代对数据处理的要求越来越高，处理的数据越来越多，例如金融市场的海量数据、医学成像设备收集的数据、生物工程的 DNA 数据、重大科学实验中的实验数据，等等．数据的传输和计算需要相关的数据文件的输入输出作保证．数据文件使计算机程序可以对不同的输入数据进行加工处理，产生相应的输出结果．使用文件可以方便用户，提高上机效率．在某些情况下，不使用数据文件很难解决所面对的实际问题．MATLAB 具有较强的数据文件处理功能，提供了数据文件的输入和输出方法．

2.4.1 数据文件的输入方法

数据文件的输入常用 MATLAB 对文本文件的读取功能来实现．对于大型矩阵，可以利用数据文件录入，并用 load 命令将数据载入，进行数据处理．具体使用格式为

$$\text{load('filename.txt')} \quad \text{或} \quad \text{load filename.txt}$$

其中，filename 是具体文件名．如果数据文件载入成功，则可以以文件名作为变量名调用数据文件中的数据．

例 2—21　已知某个班级 10 位同学某一学期的八门课的考试成绩，如表 2—5 所示．用数据文件 data.txt 录入成绩，并载入 MATLAB 中计算每门功课的平均成绩．

表 2—5　　　　　　　　　　　　　10 位同学的考试成绩

编号	数学分析	高等代数	近世代数	数学实验	微分方程	逻辑学	概率论	复变函数
1	73	85	86	90	92	92	79	65
2	66	90	73	65	71	67	76	71
3	87	50	93	54	88	60	84	88
4	56	91	78	95	45	90	97	77

续前表

编号	数学分析	高等代数	近世代数	数学实验	微分方程	逻辑学	概率论	复变函数
5	79	75	85	60	87	60	73	87
6	60	71	67	65	71	80	70	84
7	68	85	89	80	93	76	78	70
8	73	50	75	45	60	60	92	94
9	72	60	67	63	83	88	90	77
10	61	67	60	79	60	93	89	88

首先，利用 Windows 系统的记事本录入数据（如图 2—13 所示），建立数据文件 data. txt.

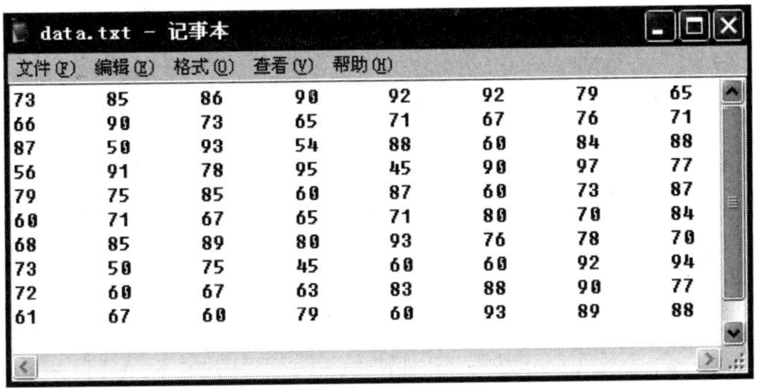

73	85	86	90	92	92	79	65
66	90	73	65	71	67	76	71
87	50	93	54	88	60	84	88
56	91	78	95	45	90	97	77
79	75	85	60	87	60	73	87
60	71	67	65	71	80	70	84
68	85	89	80	93	76	78	70
73	50	75	45	60	60	92	94
72	60	67	63	83	88	90	77
61	67	60	79	60	93	89	88

图 2—13 用记事本录入数据

然后，将数据文件拷贝到 MATLAB 当前工作目录下，再进入 MATLAB 命令窗口输入命令

```
load data.txt
```

就完成了数据文件的输入. 此时 MATLAB 系统中就有了名为 data 的变量，它的数据结构是 10 行 8 列的矩阵，然后就可以对此矩阵进行处理和运算了. 为了计算每门功课的平均成绩，需要对矩阵的每一列求和并除以 10. 在命令窗口输入命令直接计算

```
sum(data)/10
```

命令窗口就显示出计算所得的八门课的平均成绩

```
ans=
69.5000  72.4000  77.3000  69.6000  75.0000  76.6000  82.8000  80.1000
```

【说明】 数据文件录入时，可以不使用分号和方括号，但是要求每行的数据个数相等；在命令窗口装载数据时，数据文件名 data 就是变量名.

2.4.2 数据文件的输出方法

数据文件的输出分三步进行，第一步：打开一个指定文件名的文件（可以是新文件）；第二步：将某一个或多个变量保存的数据写入到打开的文件中；第三步：关闭该文件.

例 2—22 计算区间 $[1，2]$ 上 11 个等距点的三角函数 $\sin(x)$ 的函数值，并将自变量数据和函数值数据保存到一个名为 ff.txt 的文本文件中.

编写程序如下：

```
x=1:0.1:2                          % 创建自变量数组
y=[x;sin(x)];                      % 计算对应函数值
fid=fopen('ff.txt','w');           % 以新建方式打开名为 ff.txt 的
                                     文本文件
fprintf(fid,'%6.2f   %12.8f\n',y)  % 将自变量和函数值数据按照格
                                     式写入文本
fclose(fid)                        % 关闭文件
```

程序运行后，命令窗口如果没有出错信息，可以在 MATLAB 命令窗口输入 dir 命令了解工作目录中的文件，察看文件名为 ff.txt 的文本文件是否存在.

在 Windows 界面下进入 MATLAB 的工作目录，找到文本文件 ff.txt，点击鼠标右键，选择用写字板打开就可以得到带格式的数据（如图 2—14 所示）.

图 2—14　写字板打开输出的数据文件

【说明】

● 程序中 fopen() 的功能是打开文件，圆括号中的第一项是文件名，第二项用 w 表示写文件；fid 是由 fopen 产生的一个整数，是文本标识符. fprintf() 是将所有格式数据写入文件的命令，其中第一个百分号用于对自变量数据的格式描述，第二个百分号用于对函数值数据的描述，％6.2 表示数据格式为含小数点在内 6 个字符而小数点后占 2 个字符，％12.8 表示数据格式为含小数点在内 12 个字符而小数点后占 8 个字符.

● 如果 MATLAB 的工作目录中有文本文件 ff. txt，利用 type 命令可以查看文件内容. 在命令窗口直接键入：type ff. txt 即可.

 习　题

1. 利用 for 语句计算随机产生的 20 个数据的平均值和标准差.

2. 输出九九乘法表.

3. 设

$$f(x)=\begin{cases}2x^3+1, & x>1\\3x, & x\leqslant 1\end{cases}.$$

求 $f(3)$，$f(-1)$.

4. 验证哥德巴赫猜想：任一充分大的偶数，可以表示为两个素数之和.

5. 利用 switch 语句判断指定月份所属季节.

6. 利用递归技术计算 $S_n=1+2\times 3+3\times 4+4\times 5+\cdots+n(n+1)$，其中 n 为输入参数.

7. 寻找阶乘大于 10^8 的最小整数.

8. 在一次军事演习中，红、蓝两队从相距 100 公里的地点同时出发相向行军. 红队速度为 10(公里/小时)，蓝队速度为 8(公里/小时). 开始时，联络员骑摩托车从红队出发为行进中的两队传递信息，摩托车以 60(公里/小时) 的速度往返于两队之间. 每遇一队，立即折回驶向另一队. 当两队距离小于 0.2 公里时，摩托车停止. 计算摩托车跑了多少趟（从一队驶向另一队为一趟）.

9. 试结合所学专业的一个实例，实现 MATLAB 编程.

10. 下面这个三次多项式 $f(x)$ 有三个非常靠近的实数根：

$$f(x)=816x^3-3\,835x^2+6\,000x-3\,125,$$

(1) 函数 $f(x)$ 的零点的准确值是什么？

(2) 画出区间 $[1.43，1.71]$ 内 $f(x)$ 的图形，显示这三个根的位置.

(3) 从区间 $[1，2]$ 开始，用二分法怎么求解？

第三章

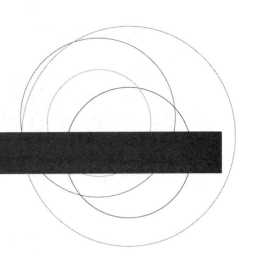

线性代数实验

线性代数是围绕求解线性方程组而发展起来的一门学科，它的基本概念有向量、矩阵、行列式、方程组、线性变换、矩阵分解及其应用、特征值（向量）和线性空间等，其中线性方程组有着极其广泛的实际应用背景. 本章介绍如何用 MATLAB 来解决线性方程组的求解、矩阵特征值问题的计算、矩阵的分解以及多项式拟合等问题.

3.1 线性方程组的求解

线性代数中线性方程组的一般形式为

$$\begin{cases} a_{11}x_1 + a_{12}x_2 + \cdots + a_{1n}x_n = b_1 \\ a_{21}x_1 + a_{22}x_2 + \cdots + a_{2n}x_n = b_2 \\ \cdots\cdots \\ a_{m1}x_1 + a_{m2}x_2 + \cdots + a_{mn}x_n = b_m \end{cases}.$$

矩阵形式为

$$Ax = b,$$

其中，系数矩阵 A、常数项向量 b 和未知向量 x 分别为

$$A = \begin{pmatrix} a_{11} & \cdots & a_{1n} \\ \vdots & \ddots & \vdots \\ a_{m1} & \cdots & a_{mn} \end{pmatrix}, b = \begin{pmatrix} b_1 \\ \vdots \\ b_m \end{pmatrix}, x = \begin{pmatrix} x_1 \\ \vdots \\ x_n \end{pmatrix}.$$

矩阵 A 和向量 b 记录了线性方程组的全部数据信息. 首先给出方程组的相关定义.

线性方程组 $Ax=b$, 其中矩阵 A 是一个 $m \times n$ 阶矩阵, 如果

(1) $m=n$ 且矩阵 A 可逆, 则称该方程组为恰定方程组;

(2) $m>n$, 则称该方程组为超定方程组;

(3) $m<n$, 则称该方程组为欠定方程组.

在 MATLAB 中, 这三类方程组都可以用矩阵除法来求解. 求解线性方程组的直接方法是通过使用倒斜杠符号"\"来实现, 命令格式为

x=A\b,

在使用这一命令之前首先要正确输入矩阵 A 和向量 b. 下面分别介绍这三类方程组的求解方法.

(1) 矩阵求逆和矩阵除法求解恰定方程组 $Ax=b$.

恰定方程组的求解命令格式有

x=inv(A) * b, x=A\b.

例 3—1 利用矩阵求逆和矩阵除法求解恰定方程组.

在命令窗口直接输入命令:

A=hilb(4);	% 产生一个 4 阶的 Hilbert 矩阵
b=ones(4,1);	% 产生元素全为 1 的 4 维列向量
x1=inv(A) * b, x2=A\b	% 用两种方法分别计算方程组的解

计算结果为

x1 =

　-4.0000

　60.0000

　-180.0000

　140.0000

x2 =

　-4.0000

　60.0000

　-180.0000

　140.0000

两种方法求解的结果一致.

(2) 超定方程组 $Ax=b$ 的求解.

超定方程组的求解方法有两种:

①求方程组 $A^{\mathrm{T}}Ax=A^{\mathrm{T}}b$ 的解, 求出的解也是原方程组的解;

②用 Householder 变换直接求解线性方程组的最小二乘解.

　　由于第二种方法采用的是正交变换，根据最小二乘法理论，第二种方法得到的解准确、可靠. MATLAB 解超定方程组的除法运算就是利用第二种方法来求解.

例 3—2 用上述两种方法求解超定方程组并验证结果.

$$\begin{cases} x_1 + 2x_2 + 3x_3 = 1 \\ 4x_1 + 5x_2 + 6x_3 = 1 \\ 7x_1 + 8x_2 + 9x_3 = 1 \\ x_1 + x_2 + x_3 = 1 \end{cases}.$$

在命令窗口输入程序：

```
format long
A=[1 2 3;4 5 6;7 8 9;1 1 1];          % 输入系数矩阵
b=[1;1;1;1];                          % 输入常数项向量
x1=A\b, x2=(A' * A)\(A' * b)
err1=A * x1−b                         %验证所求解的准确性
err2=A * x2−b
```

运行后得到警告信息

Warning：Rank deficient, rank = 2, tol = 1.0009e−014.　% 矩阵的秩为 2

x1=

　　　−0.342105263157894

　　　　　　　　　　0

　　　0.394736842105263

Warning：Matrix is close to singular or badly scaled. Results may be inaccurate. RCOND=5.432284e−018　　% 说明矩阵 $A^{\mathrm{T}}A$ 不可逆

In equation at 3

x2=

　　　−0.185855263157894

　　　−0.312500000000000

　　　0.550986842105263

err1=	err2=
−0.157894736842106	−0.157894736842106
−0.000000000000000	0
0.157894736842105	0.157894736842106
−0.947368421052632	−0.947368421052631

（3）欠定方程组 $Ax=b$ 的求解.

欠定方程组的解是不确定的. 用矩阵除法得到的解有两个重要特征：在解中至多有 rank(A)（矩阵 A 的秩）个非零元素；该解是方程组所有解中 2- 范数最小的一个解.

例 3—3 小行星轨道问题 一天文学家要确定一颗小行星绕太阳运行的轨道，他在轨道平面内建立以太阳为原点的直角坐标系，其单位为天文测量单位，在 5 个不同的时间对小行星作了 5 次观察，测得轨道上的 5 个点的坐标数据如表 3—1 所示.

表 3—1   小行星的观测数据

	1	2	3	4	5
x	5.764	6.286	6.759	7.168	7.408
y	0.648	1.202	1.823	2.526	3.360

试确定小行星的轨道方程，并画出小行星的运动轨迹图形.

根据开普勒第一定律，小行星轨道为一椭圆，设椭圆的一般方程为

$$a_1 x^2 + 2a_2 xy + a_3 y^2 + 2a_4 x + 2a_5 y + 1 = 0,$$

需要确定系数 $a_i(i=1,2,3,4,5)$. 将观测所得的五个点的坐标数据 (x_i, y_i) $(i=1,2,3,4,5)$ 分别代入该椭圆方程，得到线性方程组为

$$\begin{cases} a_1 x_1^2 + 2a_2 x_1 y_1 + a_3 y_1^2 + 2a_4 x_1 + 2a_5 y_1 = -1 \\ a_1 x_2^2 + 2a_2 x_2 y_2 + a_3 y_2^2 + 2a_4 x_2 + 2a_5 y_2 = -1 \\ a_1 x_3^2 + 2a_2 x_3 y_3 + a_3 y_3^2 + 2a_4 x_3 + 2a_5 y_3 = -1. \\ a_1 x_4^2 + 2a_2 x_4 y_4 + a_3 y_4^2 + 2a_4 x_4 + 2a_5 y_4 = -1 \\ a_1 x_5^2 + 2a_2 x_5 y_5 + a_3 y_5^2 + 2a_4 x_5 + 2a_5 y_5 = -1 \end{cases}$$

写成矩阵形式

$$Ax = b,$$

其中

$$A = \begin{bmatrix} x_1^2 & 2x_1 y_1 & y_1^2 & 2x_1 & 2y_1 \\ x_2^2 & 2x_2 y_2 & y_2^2 & 2x_2 & 2y_2 \\ x_3^2 & 2x_3 y_3 & y_3^2 & 2x_3 & 2y_3 \\ x_4^2 & 2x_4 y_4 & y_4^2 & 2x_4 & 2y_4 \\ x_5^2 & 2x_5 y_5 & y_5^2 & 2x_5 & 2y_5 \end{bmatrix}, x = \begin{bmatrix} a_1 \\ a_2 \\ a_3 \\ a_4 \\ a_5 \end{bmatrix}, b = \begin{bmatrix} -1 \\ -1 \\ -1 \\ -1 \\ -1 \end{bmatrix}.$$

求解该方程组，得到椭圆方程的系数. 在命令窗口输入 MATLAB 程序：

x＝[5.764；6.286；6.759；7.168；7.408]；
y＝[0.648；1.202；1.823；2.526；3.360]；
A＝[x.^2，2＊x.＊y，y.^2，2＊x，2＊y]；
b＝[−1；−1；−1；−1；−1]；
a＝A\b
syms x y
ff＝ a(1)＊x^2＋2＊a(2)＊x＊y＋a(3)＊y^2＋2＊a(4)＊x＋2＊a(5)＊y＋1；
ezplot(ff,[3，8，−1.5，6.5])

运行程序后得到计算结果为

a＝
    0.0508
    −0.0351
    0.0381
    −0.2265
    0.1321

根据计算结果，椭圆方程为

$0.050\,8x^2+2\times(-0.035\,1)xy+0.038\,1y^2+2\times(-0.226\,5)x+$
$2\times0.132\,1y+1=0.$

在图形窗口输出图形，如图 3—1 所示.

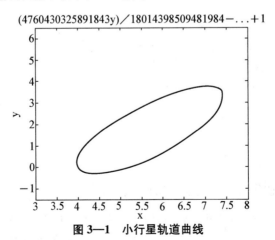

图 3—1 小行星轨道曲线

例 3—4 化学方程式的配平 化学方程式描述了被消耗和新生成物质之间的定量关系. 例如, 化学实验结果表明, 硫酸和氢氧化铁反应生产硫酸铁和水, 其化学反应方程式为

$$x_1 H_2SO_4 + x_2 Fe(OH)_3 \rightarrow x_3 Fe_2(SO_4)_3 + x_4 H_2O,$$

其中 x_1, x_2, x_3, x_4 为待定系数.

要配平这个化学方程式, 必须找到适当的系数 x_1, x_2, x_3, x_4, 使得反应式左右两边的四种元素氢、硫、氧、铁的元素个数相等.

配平化学方程式的标准方法是建立一个方程组, 每个方程分别描述一种原子在反应前后的数目. 在上面的方程式中, 有氢、硫、氧、铁四种元素必须配平, 构成了四个方程. 方程式有四种物质, 其数量用变量 x_1, x_2, x_3, x_4 来表示, 将每种物质分子中的原子数按氢、硫、氧、铁的次序排成列向量, 可以表示为

$$H_2SO_4: \begin{pmatrix} 2 \\ 1 \\ 4 \\ 0 \end{pmatrix}, Fe(OH)_3: \begin{pmatrix} 3 \\ 0 \\ 3 \\ 1 \end{pmatrix}, Fe_2(SO_4)_3: \begin{pmatrix} 0 \\ 3 \\ 12 \\ 2 \end{pmatrix}, H_2O: \begin{pmatrix} 2 \\ 0 \\ 1 \\ 0 \end{pmatrix}.$$

要配平这个化学反应方程式, 变量 x_1, x_2, x_3, x_4 必须满足

$$x_1 \begin{pmatrix} 2 \\ 1 \\ 4 \\ 0 \end{pmatrix} + x_2 \begin{pmatrix} 3 \\ 0 \\ 3 \\ 1 \end{pmatrix} = x_3 \begin{pmatrix} 0 \\ 3 \\ 12 \\ 2 \end{pmatrix} + x_4 \begin{pmatrix} 2 \\ 0 \\ 1 \\ 0 \end{pmatrix},$$

将所有项移到左端, 写成矩阵相乘的形式, 则有

$$\begin{pmatrix} 2 & 3 & 0 & -2 \\ 1 & 0 & -3 & 0 \\ 4 & 3 & -12 & -1 \\ 0 & 1 & -2 & 0 \end{pmatrix} \begin{pmatrix} x_1 \\ x_2 \\ x_3 \\ x_4 \end{pmatrix} = \begin{pmatrix} 0 \\ 0 \\ 0 \\ 0 \end{pmatrix},$$

即

$$Ax = 0.$$

对矩阵 A 进行行初等变换, 在命令窗口输入程序:

```
A=[2 3 0 -2;1 0 -3 0;4 3 -12 -1;0 1 -2 0];  % 定义系数矩阵
B=rref(A)                                    % 对系数矩阵进行行初等变换
```

显示计算结果为

B＝

1.0000	0	0	−0.5000
0	1.0000	0	−0.3333
0	0	1.0000	−0.1667
0	0	0	0

矩阵 B 对应的方程组为

$$\begin{cases} x_1 - 0.5x_4 = 0 \\ x_2 - 0.333\,3x_4 = 0, \\ x_3 - 0.166\,7x_4 = 0 \end{cases}$$

其中 x_4 是自由变量. 由于化学家们喜欢把方程式的系数取为最小可能的整数，由此可取 $x_4 = 6$，则 $x_1 = 3$，$x_2 = 2$，$x_3 = 1$，因此配平的化学方程式为

$$3H_2SO_4 + 2Fe(OH)_3 = Fe_2(SO_4)_3 + 6H_2O.$$

要配平比较复杂的有多种物质参与作用的化学方程式，就要求解比较复杂的线性方程组. 对于比较复杂的反应方程式，为了便于得到最小的整数解，在求解反应化学方程式配平的线性方程组时，可以利用 MATLAB 中的有理分式格式，即先输入命令 format rat，然后输入其他程序，得到的计算结果为

B＝

1	0	0	−1/2
0	1	0	−1/3
0	0	1	−1/6
0	0	0	0

这样就很容易看出先令 $x_4 = 6$，其他几个变量的整数取值就一目了然了.

3.2 矩阵特征值问题的计算

在线性代数中，如果 n 阶方阵 A、n 维非零列向量 α 和复数 λ 满足关系式 $A\alpha = \lambda\alpha$，则称 λ 为矩阵 A 的一个特征值，α 是与 λ 对应的矩阵 A 的一个特征向量，同时称多项式 $\det(\lambda E - A)$ 为矩阵 A 的特征多项式，方程 $\det(\lambda E - A) = 0$ 为矩阵 A 的特征方程，其中 E 为单位矩阵. MATLAB 求解矩阵特征值问题的简单

命令是 eig( )，其命令使用格式有如下两种方式：

● D＝eig(A)：求出矩阵 A 的特征值并赋值给变量 D，D 是 n 个特征值组成的 n 维列向量；

● [V，D]＝eig(A)：同时计算出矩阵的特征值和特征向量，其中矩阵 V 的列向量是由矩阵 A 的 n 个特征向量组成的，矩阵 D 是矩阵 A 的 n 个特征值组成的对角矩阵．

例 3—5 计算 4 阶 Hilbert 矩阵的特征值与特征向量．

在命令窗口输入命令：

```
A＝hilb(4);          % 产生 4 阶 Hilbert 矩阵
D1＝eig(A)           % 计算矩阵的特征值
[V，D]＝eig(A)       % 计算矩阵的特征值与特征向量
```

计算结果为

```
D1＝
    0.0001
    0.0067
    0.1691
    1.5002
V＝
    0.0292      0.1792     －0.5821      0.7926
   －0.3287    －0.7419      0.3705      0.4519
    0.7914      0.1002      0.5096      0.3224
   －0.5146      0.6383      0.5140      0.2522
D＝
    0.0001      0          0          0
    0          0.0067      0          0
    0          0          0.1691      0
    0          0          0          1.5002
```

MATLAB 也提供了通过计算矩阵特征方程的根来计算特征值的方法．其命令格式如下

```
P＝poly(A).
```

该命令可求出矩阵 A 的特征多项式，其中矩阵 A 必须为方阵，输出变量 P 是

矩阵 A 的特征多项式的系数向量. 用命令 roots(P) 计算出矩阵 A 的所有特征值.

例 3—6　人口迁移问题　假设一个城市的总人口数是固定的. 人口的分布则因居民在市区和郊区之间迁移而变化. 假设每年有 10% 的市区居民搬到郊区去住, 而有 5% 的郊区居民搬到市区去住. 开始时有 30% 的居民住在市区, 70% 的居民住在郊区, 问 10 年后市区和郊区的居民比例是多少? 30 年、40 年、50 年后又如何?

人口迁移问题可以用矩阵乘法来描述. 令向量 $x_k=(x_{1k}, x_{2k})^T$ 表示第 k 年该城市人口的比例, 其中 x_{1k} 表示市区人口所占比例, x_{2k} 表示郊区人口所占比例. 当 $k=0$ 时的初始状态为 $x_0=(0.3, 0.7)^T$. 一年以后, 市区人口比例为 $x_{11}=(1-0.1)x_{10}+0.05x_{20}$, 郊区人口比例为 $x_{21}=0.1x_{10}+(1-0.05)x_{20}$, 用矩阵乘法表示为

$$x_1=\begin{bmatrix} x_{11} \\ x_{21} \end{bmatrix}=\begin{pmatrix} 0.9 & 0.05 \\ 0.1 & 0.95 \end{pmatrix}\begin{pmatrix} x_{10} \\ x_{20} \end{pmatrix}=Ax_0=\begin{pmatrix} 0.305 \\ 0.695 \end{pmatrix}.$$

从初始时间到第 k 年, 如果此迁移人口比例关系保持不变, 则上述算式可递推为

$$x_k=Ax_{k-1}=A^2 x_{k-2}=\cdots=A^k x_0.$$

在命令窗口输入 MATLAB 程序:

```
A=[0.9 0.05;0.1 0.95];
x0=[0.3;0.7];
x10=A^10*x0
x30=A^30*x0
x40=A^40*x0
x50=A^50*x0
```

程序计算结果分别为

$$x_{10}=\begin{pmatrix} 0.326\ 8 \\ 0.673\ 2 \end{pmatrix}, x_{30}=\begin{pmatrix} 0.333\ 1 \\ 0.666\ 9 \end{pmatrix}, x_{40}=\begin{pmatrix} 0.333\ 3 \\ 0.666\ 7 \end{pmatrix}, x_{50}=\begin{pmatrix} 0.333\ 3 \\ 0.666\ 7 \end{pmatrix}.$$

无限增加时间 k, 市区和郊区人口比例将趋向一组常数 (0.333 3, 0.666 7). 为了弄清楚为什么这个过程趋向于一个稳定值, 先计算矩阵 A 的特征值和特征向量, 在命令窗口输入

[V, D]=eig(A),

得到计算结果为

$$V=$$
$$\begin{matrix} -0.7071 & -0.4472 \\ 0.7071 & -0.8944 \end{matrix}$$

$$D=$$
$$\begin{matrix} 0.8500 & 0 \\ 0 & 1.0000 \end{matrix}$$

令 $u_1=(-1,1)^T$，$u_2=(1,2)^T$，它们分别与矩阵 A 的两个特征向量成比例并构成整数向量，则

$$Au_1=0.85u_1, \quad Au_2=u_2,$$

初始向量 $x_0=(0.3, 0.7)^T$ 写成这两个向量 u_1 和 u_2 的线性组合，即

$$x_0=\frac{1}{30}u_1+\frac{1}{3}u_2,$$

因此

$$x_k=A^kx_0=A^k(\frac{1}{30}u_1+\frac{1}{3}u_2)=\frac{1}{30}(0.85)^ku_1+\frac{1}{3}u_2,$$

式中右端第一项会随着 k 的增大趋向于零，如果只取小数点后四位，则只要 $k>$ 36，第一项就可以忽略不计而得到

$$x_k|_{k>36}=A^kx_0=\frac{1}{3}u_2=\binom{0.333\,3}{0.666\,7}.$$

这个应用问题实际上是马尔可夫过程的一个类型，所得到的向量序列 $\{x_k\}$ 称为马尔可夫链.

例 3—7 动物繁殖问题 种群的数量问题是当今世界上引起普遍关注的一个问题. 要预测种群的未来数量，最重要的是根据当前种群的数量分析今后一段时间内种群的增长状况和环境因素. 由于当种群数量增加到一定程度后，种群在有限的生存空间进行竞争，种群的增长状况会随着种群数量的增加而减少. 生物数学中的数学模型能够定量分析生命物质运动的过程，通过对数学模型的分析和求解，获得有关的数据和结论. 生物学家莱斯利（P. H. Leslie）于 1945 年提出了用于预测单种群生物数量增长的数学模型.

某农场饲养的某种动物所能达到的最大年龄为 15 岁，将其分成三个年龄组：

第一组，0～5 岁；第二组，6～10 岁；第三组，11～15 岁．动物从第二个年龄组开始繁殖后代，经过长期统计，第二年龄组的动物在其年龄段平均繁殖 4 个后代，第三年龄组的动物在其年龄段平均繁殖 3 个后代．第一年龄组和第二年龄组的动物能顺利进入下一个年龄组的存活率分别为 0.5 和 0.25．假设农场现有三个年龄段的动物各 1 000 头，计算：

(1) 在 5 年后、10 年后、15 年后农场三个年龄段的动物各有多少头？

(2) 根据有关生物学研究结果，对于足够长的时间值 k，有 $x^{(k+1)} \approx \lambda x^{(k)}$，其中向量 $x^{(k)}$ 表示在时刻 k 各个年龄组的动物数量，请检验这一结果是否正确，如果正确给出适当的 k 值？

(3) 如果每 5 年平均向市场供应动物数 $c=(s, s, s)^{\mathrm{T}}$，在 20 年后农场动物不至灭绝的前提下，c 应取多少为好？

首先给出问题的分析．

在初始时刻 0～5 岁、6～10 岁、11～15 岁的三个年龄段动物数量分别为

$$x_1^{(0)}=1\,000, x_2^{(0)}=1\,000, x_3^{(0)}=1\,000,$$

以 5 年为一个时间段，记

$$x^{(k)}=(x_1^{(k)}, x_2^{(k)}, x_3^{(k)})^{\mathrm{T}}(k=0,1,2,\cdots)$$

为第 k 个时间段动物数量分布向量．根据第二年龄组和第三年龄组动物的繁殖年龄，以及第一年龄组和第二年龄组的存活率，可以得到三个年龄组动物在第 $k+1$ 个时间段的动物数量递推公式

$$x_1^{(k+1)}=4x_2^{(k)}+3x_3^{(k)}, x_2^{(k+1)}=0.5x_1^{(k)}, x_3^{(k+1)}=0.25x_2^{(k)}\,(k=0,1,2,\cdots).$$

改成矩阵形式为

$$\begin{bmatrix} x_1^{(k+1)} \\ x_2^{(k+1)} \\ x_3^{(k+1)} \end{bmatrix} = \begin{bmatrix} 0 & 4 & 3 \\ 0.5 & 0 & 0 \\ 0 & 0.25 & 0 \end{bmatrix} \begin{bmatrix} x_1^{(k)} \\ x_2^{(k)} \\ x_3^{(k)} \end{bmatrix} \ (k=0,1,2,\cdots).$$

由此得向量 $x^{(k+1)}$ 与 $x^{(k)}$ 的递推关系式为

$$x^{(k+1)}=Lx^{(k)},$$

其中，矩阵

$$L = \begin{bmatrix} 0 & 4 & 3 \\ 0.5 & 0 & 0 \\ 0 & 0.25 & 0 \end{bmatrix}$$

称为莱斯利矩阵，进一步有

$$x^{(k+1)} = L^{k+1} x^{(0)}.$$

为了计算 5 年后、10 年后、15 年后农场三个年龄段的动物数量，输入初始数据和莱斯利矩阵，在 MATLAB 命令窗口输入命令：

```
x=[1000;1000;1000]; P=x;        % 赋值
L=[0 4 3;0.5 0 0; 0 0.25 0];    % 定义莱斯利矩阵
for k=1:10
    x=L * x;                    % 计算不同时间的不同年龄组的动物数量
    P=[P,x];
end
results=fix(P)
subplot(1,3,1); bar(P(1,:)), title('第一年龄组动物的数量')
subplot(1,3,2); bar(P(2,:)), title('第二年龄组动物的数量')
subplot(1,3,3); bar(P(3,:)), title('第三年龄组动物的数量')
```

计算结果和显示图形（见图 3—2）如下：

```
results=
1000  7000  2750  14375  8125   29781  21640  62609  54449  133333  132376
1000   500  3500   1375  7187    4062  14890  10820  31304   27224   66666
1000   250   125    875   343    1796   1015   3722   2705    7826    6806
```

根据计算结果，可以看出，5 年后、10 年后、15 年后农场三个年龄段的动物数量除了第三年龄组的动物数量减少外，第一年龄组和第二年龄组的动物数量均增加. 计算到第 10 个时间段，其规律也不是非常明显. 下面三个图形是三个年龄组从开始到第 10 个时间段的数量变化条形图，动物数量的增加或减少无明显规律.

根据有关生物学家的研究结果，动物数量变化的规律性可以通过莱斯利矩阵的特征值和特征向量反映出来，模型中莱斯利矩阵 L 的最大特征值为 $\lambda = 1.5$，为了验证 $x^{(k+1)} \approx \lambda x^{(k)}$，在命令窗口输入以下命令：

```
y=L * x;d=1.5; y1=d * x;
k=1;
while max(abs(y-y1))>0.00001
    x=y;
```

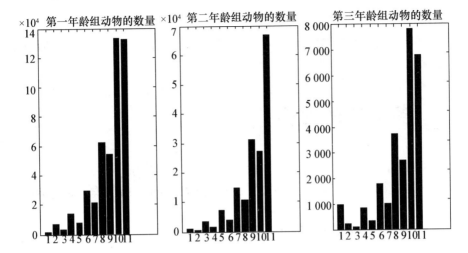

图 3—2　三种年龄组动物数量的变化图

```
            y＝L＊x；
            y1＝d＊x；
            k＝k＋1；
    end
    k
```

根据计算结果，当 $k=285$ 时，有结论 $x^{(k+1)}\approx\lambda x^{(k)}$ 成立.

如果每 5 年平均向市场提供动物数 $c=(s，s，s)^{\mathrm{T}}$，则动物数量分布向量的变化规律为

$$x^{(i)}=Lx^{(i-1)}-c \ (i=1,2,3,4)，$$

所以有

$$x^{(4)}=L^4x^{(0)}-(L^3+L^2+L+I)c，$$

考虑到 20 年后动物不灭绝，应有

$$x^{(4)}>0，$$

即有

$$(L^3+L^2+L+I)c<L^4x^{(0)}.$$

由于向量 c 为常数向量，简单求解不等式组，可取

$$c=(152,152,152)^{\mathrm{T}},$$

这说明每 5 年农场平均向市场供应三个年龄段的动物各 152 头，20 年后农场各年龄段的动物不会绝种.

3.3 多项式的运算

多项式理论及其计算在很多学科的计算中有着重要的应用. MATLAB 系统提供了多项式的多种运算，包括多项式的表示、求根、分解、拟合与插值等运算.

3.3.1 多项式的表示

在 MATLAB 中，多项式

$$P(x)=a_nx^n+a_{n-1}x^{n-1}+\cdots+a_1x+a_0$$

用下面的一个行向量

$$P=(a_n,a_{n-1},\cdots,a_1,a_0)$$

来表示，这样就可以把多项式问题转化为向量问题来处理.

由于 MATLAB 中的多项式是以向量的形式储存的，因此，最简单的多项式输入即为直接的向量输入，MATLAB 自动将向量元素按降幂顺序依次分配给各系数值. 向量可以是行向量，也可以是列向量.

例 3—8 输入多项式 $P(x)=x^4+3x^3+5x+1$.

在命令窗口直接输入命令：

P＝[1 3 0 5 1];

P＝poly2sym(P)   ％ 将多项式向量表示为符号多项式形式

运算结果为

P＝

x^4＋3＊x^3＋5＊x＋1

【说明】用向量表示多项式时，必须包括具有零系数的项. 程序中的 poly2sym( ) 是符号工具箱中的函数，可将多项式向量表示为符号多项式形式.

创建多项式的另一个方法是通过利用矩阵求其特征多项式获得，由函数 poly( ) 来实现.

例 3—9　求矩阵 $A = \begin{bmatrix} 1 & 5 & 1 \\ 2 & 3 & 1 \\ 1 & 2 & 1 \end{bmatrix}$ 的特征多项式.

在命令窗口输入如下程序：

```
A＝[1 5 1;2 3 1;1 2 1];     ％ 输入矩阵 A
p＝poly(A)                  ％ 计算矩阵 A 的特征多项式
poly2sym(p)
```

运算结果为

```
p＝
    1.0000    －5.0000    －6.0000    3.0000
ans＝
    x^3－5＊x^2－6＊x＋3
```

创建多项式也可以由给定的根产生，由函数 poly( ) 来实现.

例 3—10　创建一个多项式，其根为 1，2，2＋i，2－i.

在命令窗口输入程序：

```
roots＝[1，2，2＋i，2－i];
p＝poly(roots)
poly2sym(p)
```

运算结果为

```
p＝
    1    －7    19    －23    10
ans＝
    x^4－7＊x^3＋19＊x^2－23＊x＋10
```

3.3.2　多项式的计算

下面介绍多项式的基本运算.

1. 多项式的值和根的计算

计算多项式的值有两种形式，对应着两种算法：一种是输入变量以数组为单元代入多项式计算，此时的计算函数为 polyval( )；另一种是以矩阵为计算单元，进行矩阵式运算，此时的计算函数为 polyvalm( ). 这两种计算在数值上有很大的区别，这主要是由于矩阵计算和数组计算的差别.

例 3—11 对同一多项式及变量值分别求矩阵计算值和数组计算值.

在命令窗口直接输入程序：

```
A＝rand(3);            ％ 创建 3 阶随机矩阵
p＝poly(A)             ％ 计算矩阵 A 的特征多项式
pa＝polyval(p,A)       ％ 将矩阵 A 的每一个元素带入多项式 p 来计算
pm＝polyvalm(p,A)      ％ 将矩阵 A 作为变量带入多项式 p 来计算
```

运行结果为

```
p＝
    1.0000    －2.6628    1.9560    －0.4289
pa＝
   －0.1166     0.0075     0.0042
   －0.1067    －0.0929    －0.3936
    0.0009    －0.0422    －0.0647
pm ＝
    1.0e－015 ∗
    0.2776     0.5810     0.0937
    0.0808     0.2776     0.0619
    0.2992     0.6373     0.1665
```

MATLAB 系统计算多项式的根有两种方法：一种是直接调用函数 roots()；另一种是通过建立多项式的伴随矩阵后再求伴随矩阵的特征值的方法得到多项式的所有根.

例 3—12 用两种方法计算方程 $x^4-4x^3+5x^2-x-9=0$ 的根.

在命令窗口输入如下程序：

```
p＝[1, －4, 5, －1, －9];        ％ 输入多项式向量
r＝roots(p)                     ％ 计算多项式的根
A＝compan(p)                    ％ 求多项式的伴随矩阵
a＝eig(A)                       ％ 计算矩阵 A 的特征值
```

运行结果如下

```
r＝
    2.7465
    1.0871 ＋ 1.5418i
```

$$1.0871 - 1.5418\mathrm{i}$$
$$-0.9207$$

A=

4	-5	1	9
1	0	0	0
0	1	0	0
0	0	1	0

a=

$$2.7465$$
$$1.0871 + 1.5418\mathrm{i}$$
$$1.0871 - 1.5418\mathrm{i}$$
$$-0.9207$$

2. 多项式的四则运算与求导数

MATLAB 中，多项式的加减运算没有直接的函数，直接对多项式对应的向量进行加减运算即可. 需要注意的是，两个多项式向量维数必须相同.

两个多项式的乘法可以调用函数 conv()，两个多项式的除法可以调用函数

$$[q, r] = \mathrm{deconv}(p1, p2),$$

用于对多项式 p1 和 p2 进行除法运算，其中 q 表示多项式 p1 除以 p2 的商式，r 表示余式.

例 3—13 计算两个多项式 $f(x) = x^4 + 3x^3 - 2x^2 + 5x - 1$ 和 $g(x) = x^3 - x^2 + x + 1$ 的乘积以及相除的商式与余式.

在命令窗口输入如下程序：

```
p1=[1,3,-2,5,-1];
p2=[1,-1,1,1];
p3=conv(p1,p2)
[q,r]=deconv(p1,p2)
```

运行结果为

p3=

1	2	-4	11	-5	4	4	-1

q=

1	4

r＝

$$0 \quad\quad 0 \quad\quad 1 \quad\quad 0 \quad\quad -5$$

MATLAB 为 n 次多项式求导数提供了内部函数 polyder（），计算结果是一个长度为 n 的向量（$n-1$ 次多项式）.

例 3—14 对上例中的多项式 p3 进行求导数运算.

在命令窗口输入程序：

```
poly2sym(p3)
p＝polyder(p3)
poly2sym(p)
```

运行结果如下

ans＝

$$x^7+2*x^6-4*x^5+11*x^4-5*x^3+4*x^2+4*x-1$$

p＝

$$7 \quad 12 \quad -20 \quad 44 \quad -15 \quad 8 \quad 4$$

ans＝

$$7*x^6+12*x^5-20*x^4+44*x^3-15*x^2+8*x+4$$

3.3.3 多项式的拟合与插值

在大量的数据处理中，数据的函数拟合与插值是一项很重要的工作. MATLAB 系统提供的多项式拟合与插值在工程计算与科学研究中都有广泛的应用. 首先介绍多项式的拟合问题.

多项式拟合问题可以描述为，给定 m 个离散数据点坐标（x_i，y_i）（$i=1$，2，$\cdots$，m），求出一元 n 次多项式（$n<m$）

$$P(x)=a_1 x^n+a_2 x^{n-1}+\cdots+a_n x+a_{n+1},$$

使得函数

$$S(a_1,\cdots,a_{n+1})=\sum_{i=1}^{m}(y_i-P(x_i))^2$$

取最小值，我们称 $P(x)$ 为多项式拟合函数. 显然多项式拟合的数学原理是求解超定方程组的最小二乘法，残差平方和为 $S(a_1，\cdots，a_{n+1})$. 多项式拟合问题一方面可以通过用矩阵的除法求解超定方程组来实现；另一方面 MATLAB 系统还提供了专用的多项式拟合函数 polyfit()，它是根据一组已知的数据，应用最小二乘法求出多项式的拟合曲线，其具体的调用格式为：

- polyfit(x，y，n)，其中 x，y 是拟合数据，n 是拟合多项式的次数；
- [p，s]=polyfit(x，y，n)，其中 p 是拟合多项式的系数向量，s 是系数向量的结构信息.

例 3—15 用 4 次多项式对函数 $y=\sin x (x\in[0，2\pi])$ 进行拟合.

在命令窗口直接输入如下程序：

```
x＝0：pi/20：pi；              % 创建横坐标向量
y＝sin(x)；                   % 计算纵坐标向量
p＝polyfit(x,y,4)            % 进行 4 次多项式拟合
x1＝0：pi/30：2 * pi；
y1＝sin(x1)；
y2＝p(1). * x1. ^4＋p(2). * x1. ^3＋p(3). * x1. ^2＋p(4). * x1＋p(5)；
plot(x1，y1，'b−'，x1，y2，'r * ')    % 绘制原曲线和拟合曲线图形
legend('原曲线'，'拟合曲线')
axis([0,7,−1.2,2])
```

运行结果和显示图形如下：

p＝

　　0.0369　　−0.2318　　0.0502　　0.9859　　0.0006

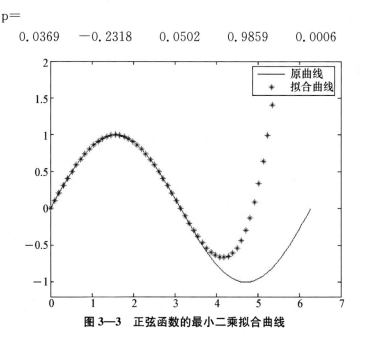

图 3—3　正弦函数的最小二乘拟合曲线

【说明】 一般说来，多项式拟合中的多项式次数越大，拟合的精度就越高．

下面介绍多项式的插值问题．

前面介绍的多项式拟合问题是研究如何寻找平滑的曲线能够很好地拟合那些给定的数据点，并不要求拟合曲线都要经过这些数据点．而插值就不同了，它是在认定所给的数据点是完全正确的情况下，利用这些给定的数据点，根据各种插值多项式估算新的数据点．多项式插值函数位于 MATLAB 的 polyfun 目录下．下面分别介绍一维多项式插值、二维多项式插值和高维多项式插值．

在 MATLAB 中，一维插值有两种类型：多项式插值和基于快速傅立叶变换的插值．一维多项式插值函数 interp1( ) 的调用格式为

$$y1 = interp1(x, y, x1, 'method'),$$

其中 x，y 是已知数据点的坐标，x1 表示需要插值的数据点组成的向量，y1 表示根据插值算法求得的与 x1 对应的数据值；method 表示指定的所使用的插值算法．

多项式插值算法有四类：最近点插值、线性插值、样条插值和立方插值．最近点插值（nearest）根据已知插值点与已知数据点的远近程度进行插值，插值点优先选择较近的数据点进行插值操作．线性插值（linear）是默认的插值方法，它是把与插值点靠近的两个数据点用直线连接起来，然后在直线上选取对应插值点的数值．样条插值（spline）利用已知的数据来求出样条函数，然后利用样条函数进行插值．立方插值（cubic）根据已知数据求出一个三次多项式，然后根据该多项式进行插值．

基于快速傅立叶变换的插值只适用于周期函数创建的数据插值，该类函数的调用格式为

$$y = interpft(x, n),$$

其中 x 为待求数据点序列，y 为 n 个等间距数据点的计算结果．

例 3—16 比较采用不同插值方法的一维多项式插值．

在命令窗口直接输入命令：

```
x=1:10;
y=[0, 0.9, 0.5, 1.1, 0.4, 0.2, −0.4, −0.8, −0.9, −0.2];
                               % 创建原始数据点
x1=1: 0.1: length(y)−1;        % 创建插值数据点
y1=interp1(x, y, x1,'nearest');  % 最近点插值
y2=interp1(x, y, x1,'linear');   % 线性插值
```

y3＝interp1(x，y，x1，$'$spline$'$)；　　　　％ 样条插值

y4＝interp1(x，y，x1，$'$cubic$'$)；　　　　　％ 立方插值

plot(x，y，$'*'$，x1，y1，$'$:b$'$，x1，y2，$'-r'$，x1，y3，$'--g'$，x1，y4，$'. -r'$)

　　　　　　　　　　　　　　　　％ 绘制图形

legend($'$原始数据$'$，$'$最近点插值$'$，$'$线性插值$'$，$'$样条插值$'$，$'$立方插值$'$)

　　　　　　　　　　　　　　　　％ 图形标识

图形窗口显示如图 3—4 所示.

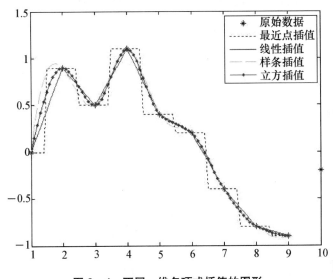

图 3—4　不同一维多项式插值的图形

【说明】　　输入向量 x，y 是已知数据向量，向量 x 的数据必须是单调（递增或递减）方式排列，x1 是插值点的自变量坐标向量，假如 x1 中的元素超出 x 定义的范围，那么相对应的 yi 的元素将取 NaN.

　　二维插值主要用于图像处理与数据的可视化，与一维插值有类似的基本思想. 在 MATLAB 中，二维插值是对二维数据进行插值，它是通过函数 interp2（　）来实现的. 该函数的调用格式为

　　　　z1＝interp2(x，y，z，x1，y1，$'$method$'$)，

其中 x，y 是已知数据构成的向量组，它们的维数相同，z 为已知数据点对应值组成的矩阵；x1，y1 是用于插值的数据向量，z1 表示根据插值算法求得的插值数据；method 表示指定的所使用的插值算法.

二维插值有三种方法：最近点插值、双线性插值和双立方插值. 与一维插值相似, 最近点插值 (nearest) 把距离插值点最近的已知点的函数值赋给插值点, 并求得插值结果. 双线性插值 (bilinear) 是默认的插值方法, 它利用已知数据点拟合出一个双线性曲面, 然后该方法根据插值点的坐标插值, 利用距离每个插值点最近的 4 个点来近似给出插值点的数值. 双立方插值 (bicubic) 通过已知数据拟合一个双立方体, 插入点的数据取自最邻近的 6 个点的组合, 插值点处的数值和导数都连续. 该插值方法比双线性插值方法效果好, 在图像处理中有广泛的应用.

例 3—17 比较采用不同插值方法的二维多项式插值.

在命令窗口直接输入如下程序：

```
[x,y]=meshgrid(-5:1:5);
z=peaks(x,y);
surf(x,y,z)
[x1,y1]=meshgrid(-5:0.25:5);
z1=interp2(x, y, z, x1,y1,'nearest');
surf(x1,y1,z1)
z2=interp2(x, y, z, x1,y1,'bilinear');
surf(x1,y1,z2)
z3=interp2(x, y, z, x1, y1,'bicubic');
surf(x1,y1,z3)
```

图形窗口显示的图 3—5, 图 3—6, 图 3—7, 图 3—8 分别为二维多项式插值的原始图形、最近点插值图形、双线性插值图形和双立方插值图形.

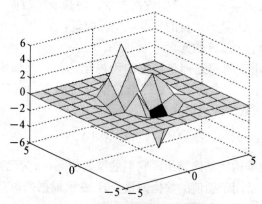

图 3—5　二维多项式原始数据图形

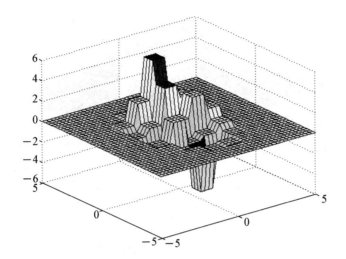

图 3—6　二维多项式最近点插值图形

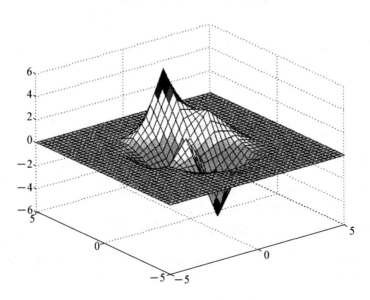

图 3—7　二维多项式双线性插值图形

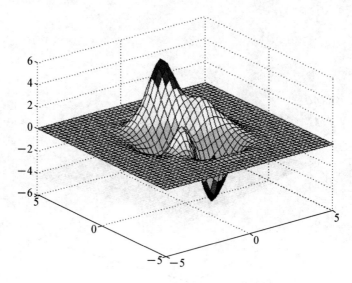

图 3—8　二维多项式双立方插值图形

3.4 符号矩阵的创建及其运算

MATLAB 语言具有强大的符号运算功能，如创建符号矩阵和符号函数，并完成符号矩阵和符号函数的基本运算等. 我们将在第四章对符号计算进行详细的说明，本节主要介绍符号矩阵的创建及其基本运算.

3.4.1 符号矩阵的创建

符号矩阵的创建主要通过调用 sym() 函数与直接输入两种方法.

1. 用 sym() 函数创建符号矩阵

例 3—18　建立符号矩阵，并进行运算.

在 MATLAB 命令窗口直接输入程序：

```
A＝sym('[a b c;1 2 3;1/2 1/3 1/4]')        % 创建符号矩阵
B＝A+1
C＝inv(A)
```

计算结果为

A＝

$$[\ \ a,\ \ b,\ \ c]$$
$$[\ \ 1,\ \ 2,\ \ 3]$$
$$[\ 1/2, 1/3, 1/4]$$

B＝

$$[a+1, b+1, c+1]$$
$$[\ \ 2,\ \ \ 3,\ \ \ \ 4]$$
$$[\ \ 3/2,\ 4/3,\ 5/4]$$

C＝

$$[6/(6*a-15*b+8*c),(3*b-4*c)/(6*a-15*b+8*c),$$
$$-(36*b-24*c)/(6*a-15*b+8*c)]$$
$$[-15/(6*a-15*b+8*c),-(3*a-6*c)/(6*a-15*b+8*c),(36*a-12*c)/(6*a-15*b+8*c)]$$
$$[8/(6*a-15*b+8*c),(4*a-6*b)/(6*a-15*b+8*c),$$
$$-(24*a-12*b)/(6*a-15*b+8*c)]$$

【说明】上面计算出来的矩阵都是符号矩阵.

2. 直接输入法创建符号矩阵

例 3—19　用直接输入法创建一个符号矩阵.

在命令窗口直接输入命令：

```
syms x y z a b c;          % 定义符号变量
B=[x y z; a b c; 1 2 3]    % 符号矩阵赋值
```

直接输出计算结果为

B＝

$$[x, y, z]$$
$$[a, b, c]$$
$$[1, 2, 3]$$

3. 把数值矩阵转换为符号矩阵

例 3—20　把数值矩阵转换为符号矩阵.

在命令窗口直接输入如下命令：

```
A=magic(3)                 % 创建一个 3 阶幻方数值矩阵
```

B＝sym(A)   ％ 把矩阵 A 转换为符号矩阵
C＝[1 1/2 1/3; 1/4 1/5 1/6; 1/7 1/8 1/9]
D＝sym(C)

计算结果分别为

A＝

    8   1   6
    3   5   7
    4   9   2

B＝

[8, 1, 6]
[3, 5, 7]
[4, 9, 2]

C＝

1.0000   0.5000   0.3333
0.2500   0.2000   0.1667
0.1429   0.1250   0.1111

D＝

[1, 1/2, 1/3]
[1/4, 1/5, 1/6]
[1/7, 1/8, 1/9]

3.4.2 符号矩阵的运算

符号矩阵的基本运算包括加、减、乘、除四则运算及乘方运算，MATLAB 为符号矩阵的运算提供了大量的函数.

例 3—21 求下列符号矩阵的基本运算.

在命令窗口直接输入如下命令：

A＝sym(magic(3))   ％ 创建一个 3 阶幻方符号矩阵
B＝sym([1 1/2 1/3;1/4 1/5 1/6;1/7 1/8 1/9])
C＝A＋B   ％ 两个符号矩阵相加
D＝A＊B   ％ 两个符号矩阵相乘
E＝A/B   ％ 两个符号矩阵相除

d＝det(B)   ％ 计算矩阵 B 的行列式
F＝A. ^ B
g＝sum(B)   ％ 对矩阵 B 的每列分别求和

计算结果如下：

A＝   B＝
$$\begin{bmatrix} 8, & 1, & 6 \end{bmatrix}$$ $$\begin{bmatrix} 1, & 1/2, & 1/3 \end{bmatrix}$$
$$\begin{bmatrix} 3, & 5, & 7 \end{bmatrix}$$ $$\begin{bmatrix} 1/4, & 1/5, & 1/6 \end{bmatrix}$$
$$\begin{bmatrix} 4, & 9, & 2 \end{bmatrix}$$ $$\begin{bmatrix} 1/7, & 1/8, & 1/9 \end{bmatrix}$$

C＝   D＝
$$\begin{bmatrix} 9, & 3/2, & 19/3 \end{bmatrix}$$ $$\begin{bmatrix} 255/28, & 99/20, & 7/2 \end{bmatrix}$$
$$\begin{bmatrix} 13/4, & 26/5, & 43/6 \end{bmatrix}$$ $$\begin{bmatrix} 21/4, & 27/8, & 47/18 \end{bmatrix}$$
$$\begin{bmatrix} 29/7, & 73/8, & 19/9 \end{bmatrix}$$ $$\begin{bmatrix} 183/28, & 81/20, & 55/18 \end{bmatrix}$$

E＝   F＝
$$\begin{bmatrix} 78, & -1240, & 1680 \end{bmatrix}$$ $$\begin{bmatrix} 8, & 1, & 6^{\wedge}(1/3) \end{bmatrix}$$
$$\begin{bmatrix} 31/3, & -1000/3, & 532 \end{bmatrix}$$ $$\begin{bmatrix} 3^{\wedge}(1/4), & 5^{\wedge}(1/5), & 7^{\wedge}(1/6) \end{bmatrix}$$
$$\begin{bmatrix} -250/3, & 4120/3, & -1792 \end{bmatrix}$$ $$\begin{bmatrix} 4^{\wedge}(1/7), & 9^{\wedge}(1/8), & 2^{\wedge}(1/9) \end{bmatrix}$$

d＝
1/3360

g＝
$$\begin{bmatrix} 39/28, & 33/40, & 11/18 \end{bmatrix}$$

例 3—22　求 $\dfrac{\mathrm{d}}{\mathrm{d}x}\begin{pmatrix} a & t^3 \\ t\cos x & \ln x \end{pmatrix}$、$\dfrac{\mathrm{d}^2}{\mathrm{d}t^2}\begin{pmatrix} a & t^3 \\ t\cos x & \ln x \end{pmatrix}$ 和 $\dfrac{\mathrm{d}^2}{\mathrm{d}x\mathrm{d}t}\begin{pmatrix} a & t^3 \\ t\cos x & \ln x \end{pmatrix}$.

在命令窗口直接输入如下命令：

```
syms a t x;                  ％ 定义符号变量
A＝[a, t^3; t*cos(x), log(x)];％ 定义符号矩阵 A
D1＝diff(A)                   ％ 对矩阵 A 的每个元素关于 x 求导数
D2＝diff(A, t, 2)             ％ 对矩阵 A 的每个元素关于 t 求二阶导数
D12 ＝diff(diff(A,x),t)
```

显示计算结果为

D1＝
$$\begin{bmatrix} 0, & 0 \end{bmatrix}$$

$$D2=\begin{array}{l}[-t*\sin(x),\ 1/x]\\ {}[0,6*t]\\ {}[0,\quad 0]\end{array}$$

$$D12=\begin{array}{l}[\qquad 0,0]\\ {}[-\sin(x),0]\end{array}$$

例 3—23　求 $\displaystyle\int\begin{bmatrix}ax & bx^2\\ \dfrac{1}{x} & \sin x\end{bmatrix}\mathrm{d}x$. 演示积分指令对符号矩阵的作用.

在命令窗口直接输入如下命令:

syms ab x;	% 定义符号变量
A＝[a＊x, b＊x^2; 1/x, sin(x)];	% 定义符号矩阵 A
D＝int(A)	% 对矩阵 A 的每个元素求积分

显示计算结果为

$$D=\begin{array}{l}[(a*x^2)/2,\ (b*x^3)/3]\\ {}[\quad \log(x),\quad -\cos(x)]\end{array}$$

3.5　矩阵的分解与变换

　　矩阵分解是将一个矩阵分解为比较简单的或具有某种特性的若干矩阵的和或乘积，这是矩阵理论及其应用中常见的方法. 一方面矩阵的这些特殊的分解形式反映了原矩阵的某些数值特性，如矩阵的秩、特征值等；另一方面矩阵的分解方法与过程往往为某些有效的数值计算和理论分析提供了重要的依据.

　　MATLAB 强大的数学能力大部分是从它的矩阵函数派生出来的，其中一部分是 MATLAB 的内部函数，还有一些是由用户为了满足自己的特殊用途加进去的. 其他功能函数在 help 程序或命令手册中都可以找到. 本节介绍矩阵的几种基本分解和初等变换.

3.5.1　矩阵的三角分解

矩阵的三角分解是将矩阵分解为一个下三角矩阵和一个上三角矩阵的乘积. 计算方法用高斯变量消元法. MATLAB 中矩阵的三角分解函数是 lu 函数. 其调用格式有以下两种常用命令:

● [L, U]=lu(A): 该命令将矩阵 A 分解为交换下三角矩阵 L (即下三角矩阵和置换矩阵的乘积) 和上三角矩阵 U 的乘积, 即 A=LU;

● [L, U, P]=lu(A): 该命令将矩阵 A 分解为变换形式下的下三角矩阵 L 和上三角矩阵 U 的乘积, 其中 P 是置换矩阵, 满足 PA=LU.

例 3—24　计算矩阵 $A=\begin{bmatrix} 1 & 2 & 3 \\ 4 & 5 & 6 \\ 5 & 7 & 9 \end{bmatrix}$ 的三角分解.

在命令窗口输入如下程序:

```
A=[1 2 3; 4 5 6; 5 7 9]; % 输入矩阵 A
[L1,U1]=lu(A)
[L2,U2,P]=lu(A)
```

显示计算结果为

```
L1=
    0.20      -1.00       1.00
    0.80       1.00          0
    1.00          0          0
U1=
    5.00       7.00       9.00
       0      -0.60      -1.20
       0          0       0.00
L2=
    1.00          0          0
    0.80       1.00          0
    0.20      -1.00       1.00
U2=
    5.00       7.00       9.00
       0      -0.60      -1.20
```

$$P=\begin{matrix} 0 & 0 & 0.00 \\ \\ 0 & 0 & 1.00 \\ 0 & 1.00 & 0 \\ 1.00 & 0 & 0 \end{matrix}$$

3.5.2 矩阵的正交分解

矩阵的正交分解，即 QR 分解，就是将矩阵分解为一个酉矩阵 Q（实的酉矩阵就是正交矩阵）和一个上三角矩阵 R 的乘积. 对矩阵 A 进行 QR 分解的命令是 [Q，R]=qr(A)，即 A=QR. 其调用格式有以下几种常见形式：

● [Q，R]=qr(A)：产生酉矩阵 Q 和上三角矩阵 R，使得 A=QR；

● [Q，R，E]=qr(A)：产生酉矩阵 Q、上三角矩阵 R 和置换矩阵 E，使得 AE=QR；

● [Q，R]=qr(A，0)；

● [Q，R，E]=qr(A，0).

例 3—25 计算矩阵 $A=\begin{bmatrix} 1 & 2 & 1 \\ 2 & 1 & -2 \\ 2 & 5 & 4 \end{bmatrix}$ 的 QR 分解.

在命令窗口直接输入如下程序：

```
A=[1 2 1;2 1 −2;2 5 4];
[Q1,R1]=qr(A)
[Q2,R2,E]=qr(A)
```

计算结果分别为

```
Q1=
    −0.3333    0.1550    −0.9300
    −0.6667   −0.7362     0.1162
    −0.6667    0.6587     0.3487
R1=
    −3.0000   −4.6667    −1.6667
         0     2.8674     4.2624
         0          0     0.2325
```

Q2＝

−0.3651	−0.1204	−0.9231
−0.1826	−0.9631	0.1978
−0.9129	0.2408	0.3297

R2＝

−5.4772	−3.6515	−2.5560	
0	0	2.7689	−1.5650
0	0	0	0.1319

E＝

0	0	1
1	0	0
0	1	0

3.5.3 矩阵的奇异值分解

设矩阵 A 是 $m \times n$ 阶复矩阵，$A^H A$ 的特征值为 λ_1，$\cdots$，λ_n，则称 $\sigma_i = \sqrt{\lambda_i}$ （$i=1$，2，$\cdots$，n）为矩阵 A 的奇异值. 矩阵 A 的奇异值分解是存在 m 阶酉矩阵 U 和 n 阶酉矩阵 V，使得

$$A = U \begin{pmatrix} D & 0 \\ 0 & 0 \end{pmatrix} V^H,$$

其中对角矩阵 $D = \text{diag}(\sigma_1, \cdots, \sigma_n)$.

在 MATLAB 中计算矩阵 A 的奇异值分解调用的命令有以下几种格式：

● ［U，D，V］＝svd(A)：计算矩阵的奇异值分解的三个矩阵，满足A＝UDV^T；
● S＝svd(A)：向量 S 包含了矩阵分解所得的全部奇异值；
● S＝svds(A，k)：向量 S 包含了矩阵分解所得的 k 个最大的奇异值；
● ［U，D，V］＝svds(A，k)：给出 A 的 k 个最大的奇异值分解的三个矩阵；
● S＝svds(A，k，0)：向量 S 包含了矩阵分解所得的 k 个最小的奇异值；
● ［U，D，V］＝svds(A，k，0)：给出 A 的 k 个最小的奇异值分解的三个矩阵.

例 3—26 计算矩阵 $A = \begin{bmatrix} 1 & 2 & 3 & 4 \\ 2 & 3 & 4 & 5 \\ 3 & 4 & 5 & 6 \end{bmatrix}$ 的奇异值分解.

在命令窗口输入如下程序：

A＝［1 2 3 4；2 3 4 5；3 4 5 6］；

$$[U, D, V] = svd(A)$$

计算结果为

U=

−0.4177	−0.8117	0.4082
−0.5647	−0.1201	−0.8165
−0.7118	0.5716	0.4082

D=

13.0112	0	0	0
0	0.8419	0	0
0	0	0.0000	0

V=

−0.2830	0.7873	−0.3741	0.4001
−0.4132	0.3595	0.7970	−0.2546
−0.5434	−0.0683	−0.4717	−0.6910
−0.6737	−0.4962	0.0488	0.5455

在矩阵 A 的奇异值分解中产生三个矩阵因子 U，D 与 V，使得

$$A = UDV^H,$$

其中矩阵 U，V 是酉矩阵. 矩阵的奇异值分解还可以被其他几种函数使用，包括广义逆矩阵 pinv(A)、秩 rank(A)、欧几里得矩阵范数 norm(A，2) 和矩阵的条件数 cond(A)，等等.

3.5.4　矩阵的 Cholesky 分解

如果矩阵 A 为 n 阶对称正定矩阵，则存在唯一一个对角线元素为正数的上三角矩阵 R，使得 $A = R^T R$，这种分解称为矩阵的 Cholesky 分解. 在 MATLAB 中，这种分解由函数 chol( ) 来实现.

例 3—27　计算矩阵 $A = \begin{bmatrix} 4 & -1 & 1 \\ -1 & 4.25 & 2.75 \\ 1 & 2.75 & 3.5 \end{bmatrix}$ 的 Cholesky 分解.

在命令窗口输入如下程序：

```
A=[4 -1 1;-1 4.25 2.75;1 2.75 3.5]; % 输入矩阵
R=chol(A)                           % 计算 A 的 Cholesky 分解
```

    R′ * R   ％ 检验计算结果的准确性

计算结果为

    R＝
    2.0000   −0.5000   0.5000
         0   2.0000   1.5000
         0   0   1.0000
    ans＝
    4.0000   −1.0000   1.0000
   −1.0000   4.2500   2.7500
    1.0000   2.7500   3.5000

3.5.5　矩阵的 Jordan 分解

　　Jordan 标准形是一个"近乎对角"矩阵的集合，称为 Jordan 矩阵，它包括对角矩阵．在代数学中，我们知道任意一个方阵都相似于一个 Jordan 矩阵，即存在一个可逆矩阵 V，使得 $V^{-1}AV=J$，其中 J 为 Jordan 矩阵，V 的列向量组是矩阵 A 的广义特征向量．在 MATLAB 中，这种分解由函数 jordan( ) 来实现．

　　例 3—28　对亏损矩阵进行 Jordan 分解．

　　在命令窗口直接输入如下命令：

    A＝gallery(5)   ％ 定义亏损矩阵
    [V,J]＝jordan(A)   ％ 计算矩阵的 Jordan 分解
    [V1,D,C_eig]＝condeig(A)   ％ 等价于[V1, D]＝eig(A), C_eig＝condeig(A)
    C_equ＝cond(A)   ％ 计算矩阵的条件数

计算结果为

    A ＝
        −9   11   −21   63   −252
        70   −69   141   −421   1684
      −575   575   −1149   3451   −13801
      3891   −3891   7782   −23345   93365
      1024   −1024   2048   −6144   24572
    V＝
         0   −4   11   −9   1

$$\begin{array}{ccccc} -84 & 243 & -230 & 70 & 0 \\ 568 & -1710 & 1717 & -575 & 0 \\ -3892 & 11675 & -11674 & 3891 & 0 \\ -1024 & 3072 & -3072 & 1024 & 0 \end{array}$$

J=

$$\begin{array}{ccccc} 0 & 1 & 0 & 0 & 0 \\ 0 & 0 & 1 & 0 & 0 \\ 0 & 0 & 0 & 1 & 0 \\ 0 & 0 & 0 & 0 & 1 \\ 0 & 0 & 0 & 0 & 0 \end{array}$$

V1=

$$-0.0000 \quad -0.0000 + 0.0000i \quad -0.0000 - 0.0000i$$
$$0.0000 + 0.0000i \quad 0.0000 - 0.0000i$$
$$0.0206 \quad 0.0206 + 0.0001i \quad 0.0206 - 0.0001i$$
$$0.0207 + 0.0001i \quad 0.0207 - 0.0001i$$
$$-0.1398 \quad -0.1397 + 0.0001i \quad -0.1397 - 0.0001i$$
$$-0.1397 + 0.0000i \quad -0.1397 - 0.0000i$$
$$0.9574 \quad 0.9574 \quad 0.9574$$
$$0.9574 \quad 0.9574$$
$$0.2519 \quad 0.2519 - 0.0000i \quad 0.2519 + 0.0000i$$
$$0.2519 - 0.0000i \quad 0.2519 + 0.0000i$$

D=

$$\begin{array}{ccccc} -0.0405 & 0 & 0 & 0 & 0 \\ 0 & -0.0118 + 0.0383i & 0 & 0 & 0 \\ 0 & 0 & -0.0118 - 0.0383i & 0 & 0 \\ 0 & 0 & 0 & 0.0320 + 0.0228i & 0 \\ 0 & 0 & 0 & 0 & 0.0320 - 0.0228i \end{array}$$

C_eig=

$$1.0e+010 \ *$$
$$2.1969$$
$$2.1468$$
$$2.1468$$
$$2.0688$$

       2.0688

C_equ=

       5.1611e+018

3.5.6 矩阵的初等变换

在线性代数中，常把矩阵通过初等行变换化为行简化的阶梯形矩阵，即非零的行向量的第一个元素为 1，且包含这些元素的列的其他元素均为 0. 利用矩阵的行简化的阶梯形矩阵，可以计算出矩阵的秩、矩阵的逆矩阵、向量组的最大线性无关组等，在 MATLAB 中调用函数 rref(A) 就可以把矩阵 A 化为行简化的阶梯形矩阵，其格式为：

- R=rref(A)：给出矩阵 A 的行简化的阶梯形矩阵；
- [R, jb]=rref(A)：jb 是一个向量，r=length(jb) 是矩阵的秩，jb 表示矩阵 A 的列向量组的最大线性无关组向量所在的列.

例 3—29 将矩阵 $A=\begin{bmatrix} 1 & 2 & 3 & 4 \\ 2 & 3 & 4 & 5 \\ 3 & 4 & 5 & 6 \end{bmatrix}$ 化为行简化的阶梯形矩阵.

在命令窗口直接输入如下程序：

A=[1 2 3 4；2 3 4 5；3 4 5 6];
R1=rref(A)
[R2, jb]=rref(A)

计算结果如下：

       R1 =
           1   0   -1   -2
           0   1   2   3
           0   0   0   0
       R2 =
           1   0   -1   -2
           0   1   2   3
           0   0   0   0
       jb=
           1   2

习　题

1. 创建一个 4 阶单位矩阵和 5 阶幻方矩阵，并把它们转化为符号矩阵.

2. 设矩阵 $A = \begin{pmatrix} 1 & 1 & 0 \\ 3 & 0 & 6 \\ 2 & 3 & 7 \end{pmatrix}$，$B = \begin{pmatrix} 4 & 1 & 9 \\ 1 & 6 & 0 \\ 0 & 2 & 6 \end{pmatrix}$，求 $A+B$、AB、A/B、$A \backslash B$、A^2 的值.

3. 求方程组 $\begin{cases} x_1 + 3x_2 + 5x_3 - 4x_4 = 1 \\ x_1 + 3x_2 + 2x_3 - 2x_4 + x_5 = -1 \\ x_1 - 2x_2 + x_3 - x_4 - x_5 = 3 \\ x_1 - 4x_2 + x_3 + x_4 - x_5 = 3 \\ x_1 + 2x_2 + x_3 - x_4 + x_5 = -1 \end{cases}$　的解.

4. 求矩阵 $A = \begin{pmatrix} 1 & 1 & 0 \\ 3 & 0 & 6 \\ 2 & 3 & 7 \end{pmatrix}$ 的特征值和特征向量.

5. 求向量组 $\alpha_1 = (1, -1, 2, 4)$，$\alpha_2 = (0, 3, 1, 2)$，$\alpha_3 = (3, 0, 7, 14)$，$\alpha_4 = (1, -1, 2, 0)$ 的一个最大线性无关组，并把其余向量用这个最大线性无关组表示.

6. 求多项式 $p(x) = x^4 + x^3 - x^2 + x + 1$ 与多项式 $q(x) = 3x^3 + 2x^2 - x + 2$ 的和及其乘积.

7. 用 5 次多项式对 $[0, 2]$ 上的函数 $f(x) = e^x$ 进行多项式拟合.

8. 设矩阵 $A = \begin{pmatrix} a_{11} & a_{12} \\ a_{21} & a_{22} \end{pmatrix}$，$B = \begin{pmatrix} b_{11} & b_{12} \\ b_{21} & b_{22} \end{pmatrix}$，求 $A+B$、AB、A/B、$A \backslash B$、A^{-1} 的值.

9. 求矩阵 $A = \begin{pmatrix} 1 & 1 & 2 & 2 \\ 1 & 2 & 1 & 3 \\ 2 & 2 & 4 & 1 \\ 1 & 3 & 2 & 4 \end{pmatrix}$ 的三角分解和正交分解.

10. 求矩阵 $A = \begin{pmatrix} 6 & 1 & 2 & 2 \\ 1 & 6 & 3 & 3 \\ 2 & 3 & 4 & 1 \\ 2 & 3 & 1 & 8 \end{pmatrix}$ 的奇异值分解和 Cholesky 分解.

11. 把矩阵 $A = \begin{pmatrix} 1 & 1 & 2 & 2 \\ 1 & 3 & 5 & 3 \\ 2 & 2 & 4 & 1 \\ 7 & 3 & 2 & 4 \end{pmatrix}$ 化为行简化的阶梯形矩阵.

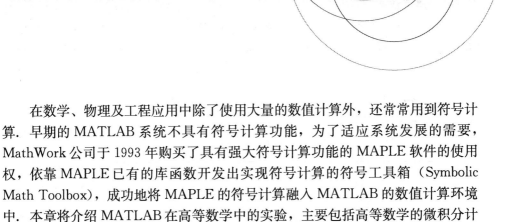

第四章

高等数学实验

在数学、物理及工程应用中除了使用大量的数值计算外,还常常用到符号计算. 早期的 MATLAB 系统不具有符号计算功能,为了适应系统发展的需要,MathWork 公司于 1993 年购买了具有强大符号计算功能的 MAPLE 软件的使用权,依靠 MAPLE 已有的库函数开发出实现符号计算的符号工具箱 (Symbolic Math Toolbox),成功地将 MAPLE 的符号计算融入 MATLAB 的数值计算环境中. 本章将介绍 MATLAB 在高等数学中的实验,主要包括高等数学的微积分计算、函数极限与微分方程的计算等方面的内容.

4.1 符号计算概述

在数值计算过程中,参与输入、输出和中间计算过程的所有变量都是数值变量,它们在直接或间接地被赋予数据后参与计算;而符号计算以符号形式处理数学表达式,其不仅用于数学研究,还用于工程计算等科学领域,符号变量在没有赋值的情况下可以参与计算,但是在符号计算之前必须首先定义符号变量.

4.1.1 符号变量

符号变量在使用之前需进行定义,定义方法是使用函数 sym( ) 或 syms,其功能如表 4—1 所示.

表 4—1 符号变量的定义

命令	功能	例
sym	定义单个符号变量	x＝sym('x')
syms	定义多个符号变量	syms x y x

命令 syms 可以一次定义多个符号变量，多个符号变量之间使用空格. 命令 syms 比 sym 使用广泛，但 sym 使用更灵活.

用 sym( ) 函数可以定义一个符号变量，常用的使用格式为

$\qquad$ x＝sym('x').

如果不存在变量 x，则 x＝sym('x')创建了一个名为 x 的符号变量，变量值为单引号内的字符或字符串，这里，字符'x'和符号变量名相同. 带有属性的使用格式为

$\qquad$ x＝sym('x'，'flag')，

其中 flag 表示限制性选项，常见选项见表 4—2.

表 4—2 符号变量属性列表

flag	real	unreal	positive
属性	实符号变量	非实符号变量	正实符号变量

类似的，pi＝sym('pi')和 delta＝sym('1/5')建立符号数，这种方式避免了浮点数本身的近似，建立的符号数是数值的精确表示.

如果存在变量 A，可以利用 A 来定义符号变量，常见的使用格式为

$\qquad$ S＝sym(A，flag)，

这一命令可以将一个数值常数或矩阵转化为符号形式，其中 flag 选项有四项参数，如表 4—3 所示.

表 4—3 转换符号变量时的属性列表

flag	'r'	'f'	'e'	'd'
属性	最接近的有理数	最接近的十六进制数	估计误差	最接近的十进制数

其中，'r'为缺省项，即 S＝sym(A，'r')和 S＝sym(A) 作用相同.

例 4—1 创建一个 2 阶数值矩阵，并将其转换为一个符号变量.

在命令窗口输入如下程序：

```
A＝[1 1/2;1/3 1/4]        % 创建 2 阶数值矩阵 A
A＝sym(A)                 % 创建符号变量 A
```

显示结果为

　　　　A＝

　　　　　1. 0000　　0. 5000

　　　　　0. 3333　　0. 2500

　　　　A＝

　　　　　[　1, 1/2]

　　　　　[1/3, 1/4]

两个变量表示的数据有明显差别, 前者是近似的, 后者是准确的.

定义多个符号变量的命令为 syms, 它是多次使用 sym( )的一种速写形式. 例如,

　　　　syms　arg1　arg2 …

是多次使用命令 sym( )

　　　　arg1＝sym('arg1'); arg2＝sym('arg2'); …

的结果.

命令

　　　　syms　arg1　arg2 … real

是多次使用命令 sym( )

　　　　arg1＝sym('arg1', 'real'); arg2＝sym('arg2', 'real'); …

的结果.

符号运算可以获得任意精度的解, 但同时需要耗费较多的计算机资源.

4.1.2　符号表达式的创建与运算

符号表达式由符号变量、数学函数、常数以及运算符等组成. 用已经定义的符号变量可以创建多个符号表达式, 数学表达式可以用符号表达式表示, 用以计算或绘图.

例 4—2　编写程序如下:

```
syms a b c x                %定义多个符号变量
f＝a＊x^3＋b＊x^2＋c          % 定义符号表达式
```

该程序定义了一个三次多项式的符号表达式.

在符号表达式中，通常默认 x 为自由变量，如果符号表达式中没有变量 x，则以最靠近 x 的字母为自由变量. 用函数 findsym（表达式）可以确定表达式中的所有自由变量，函数 findsym（表达式，n）可以得到表达式中最靠近 x 的 n 个自由变量.

例 4—3 符号表达式如例 4—2，确定表达式的符号变量.

在命令窗口输入命令

    findsym(f)

得到四个符号变量

    a,b,c,x

重新输入命令

    findsym(f, 2)

得到两个符号变量

    x,c

符号表达式的运算是对表达式对象进行操作，运算符和基本函数与数值运算中的运算符和基本函数几乎完全相同，所以符号运算的操作指令都比较直观、简单.

MATLAB 进行符号运算时常常得到非常复杂的表达式，需要用函数 simplify( )等将复杂表达式转化为简单的表达形式.

例 4—4 用符号运算验证三角函数等式 $\sin(x_1+x_2)=\sin x_1\cos x_2+\cos x_1\sin x_2$.

在命令窗口输入如下程序：

    syms x1 x2   % 定义两个符号变量
    y＝simple(sin(x1) * cos(x2)＋cos(x1) * sin(x2))

输出运算结果为

    y ＝sin(x1＋x2)

其他化简命令如表 4—4 所示.

表 4—4　　　　　　　　　　　**各种化简函数及其功能**

函数	函数功能	函数	函数功能
factor	多项式因式分解	horner	多项式嵌套分解
expand	多项式展开	simply	利用恒等式进行化简
collect	多项式降幂排列	simple	获得最短表达形式

符号表达式的运算是对表达式的对象进行操作，常见的符号表达式操作不仅包括计算和绘图，还包括变量的替换.

要将符号表达式中的某个变量替换为一个数或另一个变量，可以用命令格式

$$S1 = subs(S, 'old', 'new'),$$

其中 S 表示为变量替换前的符号表达式，S1 为替换后的新的符号表达式，变量 old 为 S 的某个变量，而 new 为数据或新的变量.

例 4—5 设参数 $a=0.2, 0.4$，分别绘制衰减振荡函数 $f(x)=e^{-ax}\sin(0.5x)$ 的图形.

编写程序如下：

```
syms a x                        % 定义符号变量
f=exp(-a*x)*sin(0.5*x);         % 定义衰减振荡函数
f1=subs(f, a, 0.2);             % 替换变量 a=0.2 后的符号表达式
figure(1), ezplot(f1,[0,8*pi]) % 绘图
f2=subs(f, a, 0.4);             % 替换变量 a=0.4 后的符号表达式
figure(2),ezplot(f2,[0,8*pi])
```

运行程序在图形窗口输出图形如图 4—1 和图 4—2 所示。

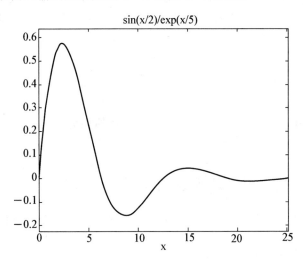

图 4—1　参数 $a=0.2$ 的图形

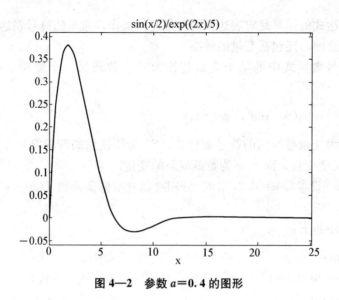

图 4—2　参数 $a=0.4$ 的图形

4.2　数值积分与微分

在工程实践与科学应用中，经常要计算函数的积分与微分(导数). 求已知函数的积分时，理论上可以利用牛顿-莱布尼茨公式来计算，但在实践应用中经常会遇到许多函数找不到其原函数，或者有些函数的原函数非常复杂的情形，在利用公式求解时非常困难，有时根本计算不出来. 此时，就必须利用数值积分对函数进行积分. 在高等数学中，求函数的微分一般比较容易，但对由给出的离散点拟合所得的函数求导数就困难多了，此时就要运用数值微分来求函数的导数. 下面，我们介绍 MATLAB 如何实现数值积分与数值微分.

MATLAB 的数值计算定积分的方法可以解决大量的定积分计算问题.

4.2.1　单变量函数的数值积分

连续函数 $f(x)$ 的数值积分 $\int_a^b f(x)\mathrm{d}x$ 常用的 MATLAB 命令使用的格式为

$$\text{quad}('\text{function}', a, b, \text{tol})$$

其中，function 是被积函数表达式或函数文件名；a，b 是函数积分的上下限；tol是计算精度，缺省值为 $1\mathrm{e}-6$，在 MATLAB 5.3 版本中 tol 的缺省项为 $1\mathrm{e}-3$.

数值积分函数还有一种常见形式为 quad8( )，其用法和 quad( ) 函数基本相同.

例 4—6 求积分 $\int_0^{3\pi} e^{-0.5x}\sin(x+\frac{\pi}{6})dx$.

先建立一个函数 M 文件 fun. m：

```
function y=fun(x)
y=exp(-0.5*x).*sin(x+pi/6) ;
return
```

在 MATLAB 命令窗口输入

```
quad('fun', 0, 3*pi)              ％ 函数名应加字符引号
```

计算结果为

```
ans=
    0.9008
```

离散函数 $f(x)$ 的数值积分 $\int_a^b f(x)dx$ 常用的 MATLAB 命令使用的格式有：

● trapz(x, y)：利用梯形法求积分，其中函数关系 $y=f(x)$，给出 y 相对于 x 的积分值；

● cumsum(y)：利用欧拉法求积分，cumsum 对 y 的列向量进行积分计算，等距离单位步长，但积分精度较差.

例 4—7 用 trapz 函数求积分 $\int_0^{3\pi} e^{-0.5x}\sin(x+\frac{\pi}{6})dx$.

在 MATLAB 命令窗口输入如下程序：

```
x=0:0.02*pi:3*pi;
y=exp(-0.5*x).*sin(x+pi/6) ;
trapz(x,y)
```

计算结果为

```
ans=
    0.9006
```

4.2.2 二元函数的数值积分

对于二元函数的积分 $\iint\limits_D f(x,y)dxdy$，设其积分区域为矩形区域，可以用不等

式组

$$\begin{cases} a \leqslant x \leqslant b \\ c \leqslant y \leqslant d \end{cases} \quad (a,b,c,d \text{ 均为常数})$$

来表示，则上述积分可以化为如下累次积分

$$\iint_D f(x,y)\mathrm{d}x\mathrm{d}y = \int_a^b \left(\int_c^d f(x,y)\mathrm{d}y \right) \mathrm{d}x.$$

MATLAB 提供了函数 dblquad 来求解二重积分，该函数的调用格式为

dblquad('function', a, b, c, d, tol, trace)

其中，function 是被积函数表达式或函数文件名；a，b，c，d 分别是内外层积分的上限和下限；tol 是计算精度，缺省值为 1e−6；trace 非零时绘制积分函数的点轨迹，等于零时不绘制积分函数的点轨迹.

例 4—8　求积分 $\int_0^1 \int_0^1 e^{2x^2+y^2} \mathrm{d}x\mathrm{d}y.$

在 MATLAB 命令窗口输入如下程序：

```
f=inline('exp(2 * x. ^2+y. ^2)');        % 定义积分函数
x=0:0.01:1;
y=0:0.01:1;
[xi,yi]=meshgrid(x,y);
zi=f(xi,yi);
mesh(xi,yi,zi)% 绘制积分函数图形
dblquad(f,0,1,0,1)                        % 计算积分
```

显示图形如图 4—3 所示.

计算结果为

```
ans=
    3.4584
```

积分区域为一般区域的二元函数的积分 $\iint_D f(x,y)\mathrm{d}x\mathrm{d}y$ 可以化为如下累次积分

$$\iint_D f(x,y)\mathrm{d}x\mathrm{d}y = \int_a^b \left(\int_{c(x)}^{d(x)} f(x,y)\mathrm{d}y \right) \mathrm{d}x.$$

MATLAB 提供了函数 quad2d 来求解一般区域二重积分的数值解，该函数

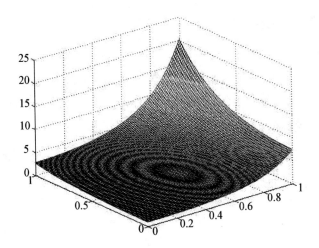

图4—3 积分函数图形

的调用格式为

quad2d('function', a, b, c(x), d(x), tol, trace)

其中，function 是被积函数表达式或函数文件名；a, b, c(x), d(x) 分别是内外层积分的上限和下限；tol 是计算精度，缺省值为 1e—6；trace 非零时绘制积分函数的点轨迹，等于零时不绘制积分函数的点轨迹.

例4—9 计算二重积分 $S = \int_0^2 \left(\int_0^{e^{-x^2/2}} \sqrt{4-x^2-y^2}\, e^{-x^2-y^2}\, dy \right) dx$.

在命令窗口输入如下命令：

```
fun=@(x,y)sqrt(4-x.^2-y.^2).*exp(-x.^2-y.^2);
% 定义积分函数,其中自变量为 x,y
d=@(x) exp(-x.^2/2);
format long
quad2d(fun,0,2,0,d)
```

计算结果为

ans=
　　1.063300927066817 + 0.000000169061254i

4.2.3 三元函数的数值积分

三元函数 $f(x, y, z)$ 的数值积分 $\int_{x\min}^{x\max} \int_{y\min}^{y\max} \int_{z\min}^{z\max} f(x, y, z)\mathrm{d}x\mathrm{d}y\mathrm{d}z$ 常用的

MATLAB 命令使用的格式为

$$\text{triplequad}('\text{function}', \text{xmin}, \text{xmax}, \text{ymin}, \text{ymax}, \text{zmin}, \text{zmax}, \text{tol})$$

其中，function 是被积函数表达式或函数文件名；xmin, xmax, ymin, ymax, zmin, zmax 分别是积分的上限和下限；tol 是计算精度，缺省值为 1e−6.

例 4—10 求数值积分 $\int_0^2 \int_0^\pi \int_0^\pi 4xz\,e^{2x^2y-z^2}\,\mathrm{d}x\mathrm{d}y\mathrm{d}z$.

用 inline( ) 函数表达被积函数，通过下面的语句可以求出三重定积分值.

$$\text{triplequad}(\text{inline}('4 * x. * z. * \exp(-2 * x.^2. * y - z.^2)'), 0, 2, 0, \text{pi}, 0, \text{pi})$$

计算结果为

```
ans=
    1.9006
```

4.2.4 数值微分

函数的微分也是进行科学计算的重要组成部分，但由于计算中很少出现稳定性和精度问题，所以相应的算法也较少. MATLAB 通过调用函数 diff(f(x))、diff(f(x), n) 可以分别实现函数 f(x) 的一阶微分与 n 阶微分的计算. 具体调用格式如下：

● diff(x)：对向量 x，返回的结果为向量 [x(2)−x(1), x(3)−x(2), …, x(n)−x(n−1)]；

● diff(X)：对矩阵 X，返回的结果为矩阵列向量的差分，其值为 [X(2: n,:)−X(1: n−1, :)]；

● diff(x)：对数组 x，返回的是沿第一非独立维的差分值；

● diff(x, n)：求 n 阶差分值，如果 n⩾size(x, dim)，diff 函数将先计算可能的连续差分值，直到 size(x, dim)=1，然后 diff 沿任意 n+1 维进行差分计算；

● diff(x, n, dim)：求 n 阶差分值，如果 n⩾size(x, dim)，diff 函数返回空数组.

例 4—11 计算函数 $f(x)=e^x$ 的导数，然后画出导函数的曲线图.

在命令窗口输入如下程序：

```
x=0:0.1:3;
y=exp(x);
```

y1＝diff(y)./diff(x)； ％ 计算差分并使用数组除法

x1＝x(1:length(x)−1)；％ 由于 y1 比 y 的维数少 1,所以生成新的 x 轴数据

plot(x1,y1)

得到的导函数图形如图 4—4 所示.

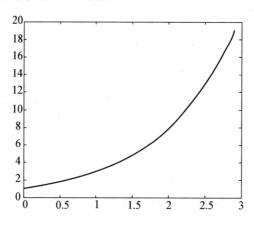

图 4—4 函数导函数的图形

例 4—12 求函数 $f(x)＝\sin(x)＋5e^x$ 的 1～4 阶差分.

在 MATLAB 命令窗口输入以下命令：

x＝linspace(0,2 * pi,10)；

y＝sin(x)＋5 * exp(x)；

y1＝diff(y)   ％ 计算一阶差分

y2＝diff(y,2)   ％ 计算二阶差分

y3＝diff(y,3)   ％ 计算三阶差分

y4＝diff(y,4)   ％ 计算四阶差分

显示计算结果为

y1＝

 1.0e＋003 *

 0.0057 0.0105 0.0203 0.0405 0.0817 0.1652 0.3329 0.6697 1.3460

y2＝

 4.7997 9.7910 20.2009 41.2582 83.4105 167.7381 336.7989 676.3382

y3＝

 4.9914 10.4099 21.0573 42.1523 84.3276 169.0608 339.5394 y4＝

    5.4185   10.6474   21.0950   42.1754   84.7331   170.4786

4.3 函数极限 ∠

极限是高等数学的基础和出发点，在 MATLAB 中，函数极限的求解可由 limit 函数来实现，其调用格式如下：

- limit(F, x, a)：计算符号表达式 F 在 x→a 条件下的极限；
- limit(F, a)：计算符号表达式中由 findsym(F) 返回的独立变量趋向于 a 的极限值；
- limit(F)：计算符号表达式 F 在 a＝0 条件下的极限；
- limit(F, x, a,′right′)：计算符号表达式 F 在 x→a 条件下的右极限；
- limit(F, x, a,′left′)：计算符号表达式 F 在 x→a 条件下的左极限.

例 4—13 求 $\lim\limits_{x\to1}\left(\dfrac{1}{x^2+2}-\dfrac{4}{x^3+2x}\right)$.

在 MATLAB 命令窗口输入如下命令：

```
syms x;                        % 定义符号变量
f=1/(x^2+2)-4/(x^3+2*x);       % 创建符号表达式
limit(f,x,1)
```

计算结果为

    ans＝

        -1

例 4—14 求 $\lim\limits_{x\to0}\dfrac{2\tan x-\sin x}{x}$.

在 MATLAB 命令窗口输入如下命令：

```
syms x;                        % 定义符号变量
f=(2*tan(x)-sin(x))/x;         % 创建符号表达式
limit(f)
```

计算结果为

    ans＝

    1

4.4　高等数学的符号计算

函数微分和积分的数值计算有误差，而符号计算的结果是准确的，MAT-LAB 符号计算可以实现高等数学中大部分函数的符号微分计算、符号积分计算和符号级数计算等内容. 本节主要介绍高等数学的基本符号运算.

4.4.1　级数的符号计算

级数一般形式为 $\sum\limits_{k=a}^{b} S_k$，其中 S_k 是级数的通项，a 和 b 是两个正整数（$a<b$），b 可以取无穷大（级数收敛）. MATLAB 中级数求和的调用命令为

symsum(S, k, a, b)，

其中，S 必须是包含符号变量 k 的符号表达式，a 和 b 是求和的下限和上限，如果 a 和 b 省略，系统默认为 a＝0，b＝$n-1$.

例 4—15　分别求级数 $\sum\limits_{k=1}^{n} k$，$\sum\limits_{k=1}^{n} k^2$，$\sum\limits_{k=1}^{n} k^4$ 的和.
在 MATLAB 命令窗口输入如下命令：

```
syms k n
S1＝symsum(k,k,1,n); S1＝simple(S1)
S2＝symsum(k∧2,k,1,n); S2＝simple(S2)
S3＝symsum(k∧4,k,1,n); S3＝simple(S3)
```

计算结果分别为

S1＝
　　n∧2/2 ＋ n/2
S2＝
　　n∧3/3 ＋ n∧2/2 ＋ n/6
S3＝
　　n∧5/5 ＋ n∧4/2 ＋ n∧3/3 － n/30

例 4—16　求符号序列 $\sum\limits_{t=0}^{t-1} (t, k^3)$，$\sum\limits_{k=1}^{\infty} \left(\dfrac{1}{(2k-1)^2}, \dfrac{(-1)^k}{k}\right)$ 的和.

在 MATLAB 命令窗口输入如下命令：

```
syms k t;
f1=[t, k^3]; f2=[1/(2*k-1)^2, (-1)^k/k];
s1=simple(symsum(f1))
s2=simple(symsum(f2,1,inf))
```

显示计算结果为

```
s1=
    [ t^2/2 - t/2, k^3*t]
s2=
    [ pi^2/8, -log(2)]
```

4.4.2 微分的符号计算

函数的微分运算包括函数的导数、高阶导数和偏导数等运算，MATLAB 求微分的命令格式为

```
diff(f, x, n),
```

其中 f 是函数表达式，x 是指定的符号变量，n 是函数导数的阶数.

例 4—17 验证求导数公式：$\sin^{(k)} x = \sin\left(x + \dfrac{k\pi}{2}\right)$，对 $k=1$，2，3 成立.

在 MATLAB 命令窗口输入如下命令：

```
syms x;
d1=[diff(sin(x),1), sin(x+pi/2)]; d1=simple(d1)
d2=[diff(sin(x),2), sin(x+pi)]; d2=simple(d2)
d3=[diff(sin(x),3), sin(x+3/2*pi)]; d3=simple(d3)
```

输出计算结果为

```
d1=
    [ cos(x), cos(x)]
d2=
    [ -sin(x), -sin(x)]
d3=
    [ -cos(x), -cos(x)]
```

例 4—18　计算函数 $f(x)=\dfrac{1}{5+4\cos x}$ 的导函数，并绘制原函数和导函数的图形.

在 MATLAB 命令窗口输入如下命令：

```
syms x;
f＝1/(5＋4 * cos(x))；          % 创建符号表达式
f1＝diff(f,x,1)                % 函数求导数
subplot(1,2,1), ezplot(f)     % 绘制原函数图形
subplot(1,2,2), ezplot(f1)    % 绘制导函数图形
```

计算结果和输出图形（见图 4—5）分别为

```
f1＝
    (4 * sin(x))/(4 * cos(x) ＋ 5)^2
```

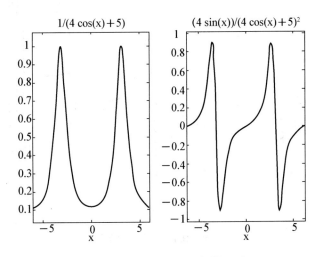

图 4—5　函数及其导函数的图形

通过对函数导数的研究，可以清楚地知道函数的变化趋势，从而可以简单地求出函数的极值点、凹凸性及其拐点，并通过函数的这些特点画出函数的图像.

例 4—19　讨论函数 $f(x)=\dfrac{x^2}{1+x^2}$ 的极值和单调性.

在 MATLAB 命令窗口输入如下命令：

```
syms x y dy d2y;              % 定义符号变量
y＝x^2/(1+x^2)；              % 创建函数表达式
```

dy＝diff(y)；dy＝simple(dy)　　　　　％ 函数求一阶导数并简化
d2y＝diff(y,2)；d2y＝simple(d2y)　　％ 函数求二阶导数并简化
subplot(1,3,1)；ezplot(y)；
subplot(1,3,2)；ezplot(dy)；
subplot(1,3,3)；ezplot(d2y,[－10,10])；

运行结果为

dy＝

　　$(2*x)/(x^2+1)^2$

d2y＝

　　$-(2*(3*x^2-1))/(x^2+1)^3$

绘制的图形如图 4—6 所示.

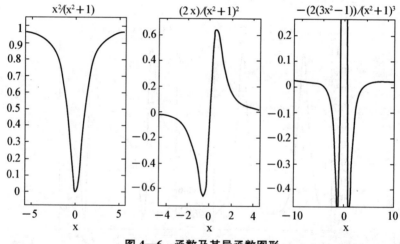

图 4—6　函数及其导函数图形

4.4.3　积分的符号计算

函数的积分运算包括求函数的不定积分和定积分. MATLAB 中求不定积分 $\int f(x)\mathrm{d}x$ 的命令使用的格式为

　　int(f) 或 int(f, x),

前一种格式默认 x 为积分变量，后一种格式指定 x 为积分变量. 求定积分 $\int_a^b f(x)\mathrm{d}x$ 的命令使用的格式为

int(f，x，a，b)．

定积分的符号计算结果仍是符号表达式，可以用命令 double（ ）将符号表达式转换为数值数据．

例 4—20　计算不定积分 $\int e^{ax}\sin bx\,dx$．

在 MATLAB 命令窗口输入如下命令：

syms a b x　　　　　　　% 定义符号变量 a,b,x
f＝exp(a＊x)＊sin(b＊x)；　% 创建符号表达式
F＝int(f)　　　　　　　　% 计算不定积分

输出的计算结果为

F＝
　　$-(\exp(a*x)*(b*\cos(b*x)-a*\sin(b*x)))/(a\wedge2+b\wedge2)$

例 4—21　用符号表达式的替换命令求定积分 $\int_0^3 e^{ax}\sin bx\,dx$ 当 $a=1$，$b=2$ 时的值．

在 MATLAB 命令窗口输入如下命令：

syms a b x　　　　　　　　　　% 定义符号变量
f＝exp(a＊x)＊sin(b＊x)；　　　% 创建符号表达式
f＝subs(f,a,1)；f＝subs(f,b,3)；　% 替换表达式中 a,b 的值
F＝int(f,x,0,3)　　　　　　　% 计算定积分
F1＝double(F)　　　　　　　　% 将符号表达式转换为数值

输出的计算结果为

F＝
3/10 － (exp(3)＊(3＊cos(9) － sin(9)))/10
F1＝
　　6.6179

二重积分的计算可以用二次积分方法两次重复使用定积分命令来实现符号计算，最简单的是矩形区域的二重积分计算，非矩形区域上的二重积分需要分析首次积分所需要的积分限．三重积分类似．

例 4—22　计算二重积分 $\iint\limits_D x\sin y\,dx\,dy$，其中 $D=\{0\leqslant x\leqslant1,0\leqslant y\leqslant\pi\}$．

首先将二重积分化为二次积分 $\int_0^\pi(\int_0^1 x\sin y\,dx)\,dy$，然后在命令窗口输入如下

程序：

```
syms x y;
f=x * sin(y);
F=int(int(f,x,0,1),y,0,pi)
```

输出结果为

F=

   1

例 4—23　计算二重积分 $\iint\limits_{D} x^2 \mathrm{d}x\mathrm{d}y$，其中 D 是由曲线 $y = x^2$ 和 $y = 2 - x^2$ 所围成的闭区域.

在 MATLAB 命令窗口输入如下命令：

```
fplot('[x^2, 2−x^2]', [−2 2   −0.5 2.5])      % 绘制积分区域
syms x y;                                       % 定义符号变量
f=x^2;                                          % 定义符号表达式
S=int(int(f, y,x^2, 2−x^2),x, −1,1)             % 计算定积分
S1=double(S)                                    % 将符号表达式转换为数值
```

计算结果和显示图形如下（见图 4—7）.

S=

   8/15

S1=

   0.5333

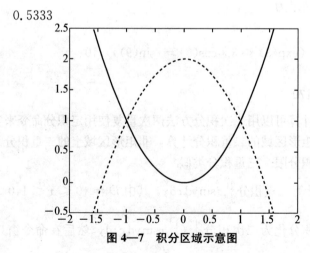

图 4—7　积分区域示意图

4.5 常微分方程(组)的符号计算

含有未知的函数及其某些阶的导数以及自变量本身的方程称为微分方程. 如果未知函数是一元函数, 称为常微分方程. 如果未知函数是多元函数, 称为偏微分方程. 联系一些未知函数的一组微分方程称为微分方程组. 微分方程中出现的未知函数的导数的最高阶数称为微分方程的阶. 本节主要讨论常微分方程(组)的符号计算.

常微分方程(组)的符号计算适用范围较广, 可用于不带初始条件的常微分方程(组), 也可用于带初始条件的常微分方程(组). 在 MATLAB 中求解常微分方程时, 微分方程所用的求导符号与符号微分不同. 例如, 对于常微分方程 $y'' + y' + y = \sin x$, 求解命令为

D2y+Dy+y=sin(x).

MATLAB 规定常微分方程(组)中的导数描述规则为: 一阶导数为 Dy, 二阶导数为 D2y, 三阶导数为 D3y, 以此类推.

4.5.1 无初始条件的常微分方程的求解

不带初始条件的微分方程的求解命令为

dsolve('eqn') 或 dsolve('eqn', 'var'),

MATLAB 默认的自变量为 t, 后一命令指定微分方程中未知函数的自变量为 var. 这两种格式可用于求解常微分方程的通解.

例 4—24 求常微分方程 $\dfrac{\mathrm{d}x}{\mathrm{d}t} = -ax$ 的通解.

在命令窗口输入如下命令:

x=dsolve('Dx=−a∗x')

输出结果为

x=
　　C3/exp(a∗t)

由上可知, 该方程的通解为 $x = C_3 \mathrm{e}^{-at}$, 其中 C_3 为任意常数.

例 4—25 求常微分方程 $\dfrac{\mathrm{d}^2 y}{\mathrm{d}x^2} + 2x = 2y$ 的通解.

在命令窗口输入如下命令：

$$y=dsolve('D2y+2*x-2*y=0','x')$$

输出结果为

$$y=$$
$$x + C4*exp(2^{(1/2)}*x) + C5/exp(2^{(1/2)}*x)$$

由上可知，该方程的通解为 $y=x+C_4 e^{\sqrt{2}x}+C_5 e^{-\sqrt{2}x}$，其中 C_4，C_5 为任意常数.

例 4—26　图示微分方程 $y=xy'-(y')^2$ 的通解和奇解的关系.

在命令窗口输入如下命令：

```
y=dsolve('y=x*Dy-(Dy)^2','x')
clf, hold on, ezplot(y(2),[-6,6,-4,8],1)
cc=get(gca,'Children');
set(cc,'Color','r','LineWidth',5)
for k=-2:0.5:2; ezplot(subs(y(1),'C1',k),[-6,6,-4,8],1); end
hold off, title('通解和奇解')
```

计算结果和显示图形如下（见图 4—8）.

$$y=$$
$$x^2/4$$
$$C5*x - C5^2$$

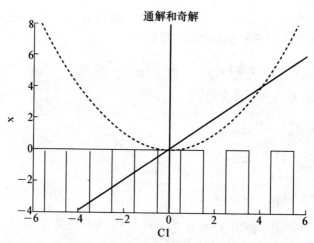

图 4—8　微分方程的通解和奇解

4.5.2　带初始条件的常微分方程的求解

在常微分方程求解问题中，常常需要求出方程的特解，特解需要满足初始条件. 求解常微分方程时需要将初始条件附加到命令格式中去，其命令使用的格式为

$$\text{dsolve}('\text{eqn}', '\text{condition1}, \text{condition2}, \cdots, \text{conditionN}', '\text{var}'),$$

初始条件的描述仍然是常微分方程求解的描述方式. 用符号 D 表示求导数，$Dy(a)=b$ 表示初始条件 $y'(a)=b$.

例 4—27　求常微分方程 $\dfrac{d^2 y}{dx^2}+2x=2y$ 满足初始条件 $y(2)=5$，$y'(2)=2$ 的特解.

在命令窗口输入如下命令：

$$y=\text{dsolve}('\text{D2y}+2*x-2*y=0', 'y(2)=5, \text{Dy}(2)=2', 'x')$$

输出结果为

y=

x+(exp(2^(1/2)*x)*(2^(1/2) + 6))/(4*exp(2*2^(1/2)))
+(2^(1/2)*exp(2*2^(1/2))*(3*2^(1/2) − 1))/(4*exp(2^(1/2)*x))

所以微分方程的特解为

$$y=x+\frac{e^{\sqrt{2}x}(6+\sqrt{2})}{4e^{2\sqrt{2}}}+\frac{\sqrt{2}e^{2\sqrt{2}}(3\sqrt{2}-1)}{4e^{\sqrt{2}x}}.$$

4.5.3　求解带初始条件的常微分方程组

MATLAB 中求解多个未知函数的常微分方程组的命令使用的格式为

$$\text{dsolve}('\text{eqn1}, \text{eqn2}, \cdots, \text{eqnM}', '\text{condition1}, \text{condition2}, \cdots, \text{conditionN}', '\text{var}').$$

例 4—28　求解常微分方程组

$$\begin{cases} \dfrac{df}{dt}=f+g \\ \dfrac{dg}{dt}=-f+g \end{cases}$$

满足初始条件 $f(0)=1$，$g(0)=2$ 的特解.

MATLAB 默认自变量为 t，在命令窗口输入如下命令：

$$[f,g]=dsolve('Df = f + g',\ 'Dg = -f + g',\ 'f(0) = 1',\ 'g(0) = 2')$$

输出计算结果为

f=

$$\exp(t) * \cos(t) + 2 * \exp(t) * \sin(t)$$

g=

$$2 * \exp(t) * \cos(t) - \exp(t) * \sin(t)$$

例 4—29 求解常微分方程组

$$\begin{cases} \dfrac{\mathrm{d}u}{\mathrm{d}x}=v \\[2mm] \dfrac{\mathrm{d}v}{\mathrm{d}x}=w \\[2mm] \dfrac{\mathrm{d}w}{\mathrm{d}x}=-u \end{cases}$$

满足初始条件 $u(0)=0$，$v(0)=0$，$w(0)=1$ 的特解.

在命令窗口输入如下命令：

$$[u,v,w]=dsolve('Du=v,\ Dv=w,\ Dw=-u',\ 'u(0)=0,\ v(0)=0,$$
$$w(0)=1',\ 'x')$$

输出结果为

u=

$$1/(3 * \exp(x)) - (\cos((3^\wedge(1/2) * x)/2) * \exp(x)^\wedge(3/2))/(3 * \exp(x)) + (3^\wedge(1/2) * \sin((3^\wedge(1/2) * x)/2) * \exp(x)^\wedge(3/2))/(3 * \exp(x))$$

v=

$$(\cos((3^\wedge(1/2) * x)/2) * \exp(x)^\wedge(3/2))/(3 * \exp(x)) - 1/(3 * \exp(x)) + (3^\wedge(1/2) * \sin((3^\wedge(1/2) * x)/2) * \exp(x)^\wedge(3/2))/(3 * \exp(x))$$

w=

$$1/(3 * \exp(x)) + (2 * \cos((3^\wedge(1/2) * x)/2) * \exp(x)^\wedge(3/2))/(3 * \exp(x))$$

下面介绍常微分方程组的一个应用.

例 4—30 狐狸与野兔(捕食者与被捕食者)问题 在生态系统中，捕食与被捕食的关系无处不在，它们相互依存，相互制约，在自然选择的条件下，只要经过足够长的时间，物种的数量关系就会达到动态的平衡，而这种平衡与初始状态下各物种的数量无关.

在一个封闭的大草原上生长着一群狐狸和野兔. 在大自然和谐的环境中，野兔并没有因为有狐狸的捕食而灭绝. 当野兔数量增加时，狐狸有足够的野兔捕食，数量也会增加；但当狐狸的数量增加时导致大量的野兔被捕食，这样野兔的数量就会减少，狐群进入饥饿状态又会使其数量下降；狐群数量下降导致野兔被捕食的机会减少，兔群处于相对安全时期从而导致数量上升. 狐狸和野兔的数量交替增减，循环往复，形成生态的动态平衡. 意大利生物学家 Volterra 研究这一现象时，建立了微分方程的数学模型，数学实验对于两个不同种群的初始数量，建立了微分方程的数学模型，并对生态系统进行仿真计算.

假设有足够多的野草供野兔生活，而狐狸仅以野兔为食物. 设 $x(t)$，$y(t)$ 分别表示时刻 t 时野兔和狐狸的数量. 假定在没有狐狸的情况下，野兔的增长率为 100%；如果没有野兔，狐狸将被饿死，死亡率为 100%. 狐狸与野兔的相互关系是，狐狸的存在使兔子受到死亡的威胁，且狐狸越多兔子增长受到的阻碍越大. 设兔子数量的负增长系数为 0.015；而兔子的存在又为狐狸提供食物，设狐狸数量的增长与兔子的数量成正比，比例系数设为 0.01. Volterra 建立的数学模型为

$$\begin{cases} \dfrac{\mathrm{d}x(t)}{\mathrm{d}t}=x-0.015xy \\ \dfrac{\mathrm{d}y(t)}{\mathrm{d}t}=-y+0.01xy \end{cases},t\in(0,20),$$

假设开始时兔子的数量是 200，狐狸的数量是 25.

上面的一阶微分方程组由方程的右端项表达式 $x-0.015xy$ 和 $-y+0.01xy$ 完全确定，创建 MATLAB 函数文件 fox.m 用于描述微分方程的右端项，具体编程如下：

```
function z=fox(t,y)
z(1,:)=x-0.015*y(1).*y(2);
z(2,:)=-y(2)+0.01*y(1).*y(2);
```

利用 MATLAB 命令 ode23( ) 调用函数文件 fox( )，求得向量函数 $Y(t)=(x(t),y(t))$ 的数值结果. 利用数值结果绘制两个函数的图形，观察分析不同的初始值导致的不同数值结果，寻找生态规律.

仿真程序的功能是调用已经创建并保存在 MATLAB 工作目录下的函数文件 fox.m，求微分方程组的数值解并绘制函数图形. 由于计算结果的数据量较大，

只输出函数解的最小值和最大值. 具体编程如下:

```
Y0=[200,25];
[t,Y]=ode23('fox',[0,20],Y0);
x=Y(:,1);y=Y(:,2);
figure(1),plot(t,x,'b',t,y,'r')
figure(2),plot(x,y)
[min(x),max(x);min(y),max(y)]
```

计算结果和显示图形（见图 4—9 和图 4—10）分别为

ans=

| 24.0535 | 263.1620 |
| 15.9972 | 175.4423 |

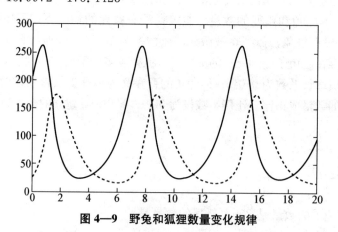

图 4—9　野兔和狐狸数量变化规律

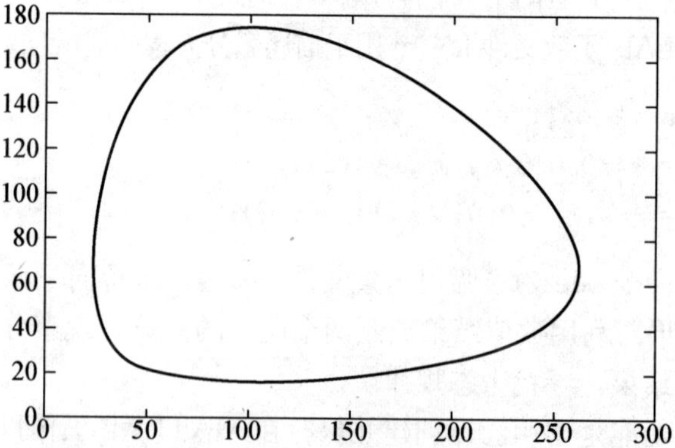

图 4—10　野兔和狐狸数量周期性变化规律图

当初始值取 $x(0)=200$，$y(0)=25$ 时，仿真程序计算输出结果表明，野兔数量的最小值和最大值分别为 24.053 5，263.162 0；狐狸数量的最小值和最大值分别为 15.997 2，175.442 3. 野兔数量和狐狸数量的变化规律如图 4—9 所示，而图 4—10 称为相位图，表明野兔和狐狸数量在变化过程中呈现动态平衡的周期性.

当初始值取 $x(0)=25$，$y(0)=16$ 时，计算结果表明，野兔数量的最小值和最大值分别为 11.060 5，359.660 5；狐狸数量的最小值和最大值分别为 7.335 3，239.917 9. 野兔数量和狐狸数量的变化规律如图 4—11 所示，图 4—12 表明野兔和狐狸数量在变化过程中呈现动态平衡的周期性.

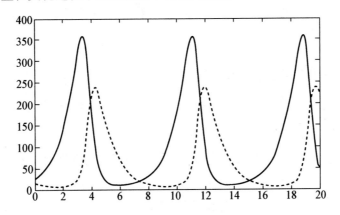

图 4—11 野兔和狐狸数量变化规律

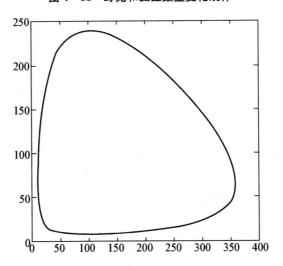

图 4—12 野兔和狐狸数量周期性变化规律图

实验结果表明，当模型中参数确定时，初值对微分方程组的求解结果有一定影响，但两个种群的最大数量的比值几乎是不变的，大约是 3∶2.

将这一数学模型导致的结果引入农林业的病虫害防治有重要的实际意义，当两种昆虫中一种是害虫而另一种是害虫的天敌时，如果施农药过度，虽然杀死大量害虫，但天敌数量也会锐减，天敌锐减的后果是害虫数量增加.

4.6 其他符号计算

MATLAB 的其他符号计算包括泰勒级数有限项展开、符号代数方程（组）求解运算等.

4.6.1 函数的泰勒级数展开

一元函数 $f(x)$ 的泰勒（Taylor）级数展开的命令格式为

taylor(f, n, a),

其中 f 为函数表达式，参数 n 确定级数展开的最高项的次数为 n-1，a 表示 f 在该点展开. 常用方法见表 4—5.

表 4—5 常用的泰勒级数展开命令

taylor(f)	函数 f 的 5 阶麦克劳林多项式展开
taylor(f, n)	函数 f 的 n-1 阶麦克劳林多项式展开
taylor(f, a)	函数 f 的关于点 a 的泰勒多项式展开
taylor(f, x)	对自变量 x 作泰勒级数展开

例 4—31 对下列函数进行泰勒级数展开.

(1) $f(x)=e^x$ 在 $x=0$ 处作 5 阶展开；

(2) $f(x)=\ln x$ 在 $x=1$ 处作 5 阶展开；

(3) $f(x)=\sin(x)$ 在 $x=\dfrac{\pi}{2}$ 处作 5 阶展开；

(4) $f(x)=x^t$ 在 $t=0$ 处作 3 阶展开.

在命令窗口直接输入如下程序：

```
syms x t;
T1=taylor(exp(x))
T2=taylor(log(x),6,1)
```

T3＝taylor(sin(x),6,pi/2)

T4＝taylor(x^t,4,t)

显示的计算结果为

T1＝

x^5/120 ＋ x^4/24 ＋ x^3/6 ＋ x^2/2 ＋ x ＋ 1

T2＝

x － (x－1)^2/2 ＋ (x－1)^3/3 － (x－1)^4/4 ＋ (x－1)^5/5 － 1

T3＝

(pi/2 － x)^4/24 － (pi/2 － x)^2/2 ＋ 1

T4＝

(t^3 * log(x)^3)/6 ＋ (t^2 * log(x)^2)/2 ＋ t * log(x) ＋ 1

由上可知

$$e^x \approx 1+x+\frac{x^2}{2!}+\frac{x^3}{3!}+\frac{x^4}{4!}+\frac{x^5}{5!},$$

$$\ln(x) \approx (x-1)-\frac{(x-1)^2}{2}+\frac{(x-1)^3}{3}-\frac{(x-1)^4}{4}+\frac{(x-1)^5}{5},$$

$$\sin(x) \approx 1-\frac{\left(x-\frac{\pi}{2}\right)^2}{2}+\frac{\left(x-\frac{\pi}{2}\right)^4}{24},$$

$$x^t \approx 1+(\ln x)t+\frac{(\ln x)^2 t^2}{2!}+\frac{(\ln x)^3 t^3}{3!}.$$

4.6.2　代数方程(组)的符号计算

工具箱 Symbolic Toolbox 中还提供了线性方程(组)的符号求解函数，如 linsolve()，solve()．此方法可以得到方程(组)的准确解，所得的解析解可由函数 vpa 转换成浮点近似数值．

例 4—32　符号求解方程组 $\begin{cases} 10x-y=9 \\ -x+10y-2z=7. \\ -2y+10z=6 \end{cases}$

在命令窗口输入如下程序：

[x,y,z]＝solve('10 * x－y=9, －x+10 * y－2 * z=7, －2 * y+10 * z=6')

x＝vpa(x),y＝vpa(y),z＝vpa(z)

显示的计算结果为

x＝473/475   y＝91/95   z＝376/475

x＝

　　0.99578947368421052631578947368421

y＝

　　0.95789473684210526315789473684211

z＝

　　0.79157894736842105263157894736842

例 4—33   求解线性方程组 $\begin{cases} ax+2y+z=1 \\ x+by+z=2 \\ 2x-y-z=1 \end{cases}$.

在命令窗口输入如下程序：

```
syms a b;
A＝[a 2 1;1 b 1;2 −1 −1];      ％ 创建符号系数矩阵
c＝[1;2 ;1];
linsolve(A,c)
```

显示的计算结果为

ans ＝

　　　　−(2*b − 5)/(a − 2*b − a*b + 5)

　　　　−(3*a)/(a − 2*b − a*b + 5)

　　(2*a − 2*b + a*b + 5)/(a − 2*b − a*b + 5)

所以方程组的准确解为

$$x=\frac{-(2b-5)}{a-2b-ab+5}, \quad y=\frac{-3a}{a-2b-ab+5}, \quad z=\frac{2a-2b+ab+5}{a-2b-ab+5}.$$

将命令 linsolve（A，c）替换为命令 A＼c 也可求出相同结果.

　　MATLAB 中求解非线性方程组的函数是 solve（ ），该函数能求解一般的代数方程，包括线性方程(组)、非线性方程(组)和超越方程. 其调用格式为

solve('eqn1', 'eqn2', ⋯ 'eqnN'),

是对缺省变量求解 N 个方程. 对 N 个给定变量求解方程组用如下命令：

$$\text{solve}('eqn1', 'eqn2', \cdots 'eqnN', 'Var1, Var2, \cdots, VarN'),$$

表示对 N 个指定变量 Var1，Var2，…，VarN 求解 N 个方程.

例 4—34 解非线性方程组 $\begin{cases} x^3 + y^3 = 2 \\ x + y = 1 \end{cases}$.

在命令窗口输入如下程序：

$$[x,y] = \text{solve}('x^\wedge 3 + y^\wedge 3 = 2', 'x + y = 1')$$

运行结果为

    x=
        21^(1/2)/6 + 1/2
        1/2 − 21^(1/2)/6
    y=
        1/2 − 21^(1/2)/6
        21^(1/2)/6 + 1/2

4.7 符号积分变换

符号积分变换是通信类、电子类等专业的数学基础. 本节介绍几类常见的积分变换方法，主要包括 Fourier 积分变换及其逆变换、Laplace 变换及其逆变换、坐标系变换的 Jacobian 矩阵变换等. 首先介绍 Fourier 积分变换及其逆变换.

4.7.1 Fourier 积分变换及其逆变换

Fourier 积分变换在数学与工程技术中有广泛的应用. Fourier 积分变换是如下的积分运算结果

$$F(\omega) = \int_{-\infty}^{+\infty} f(x) e^{-i\omega x} dx,$$

其中，函数 $F(\omega)$ 是积分变换的像，而 $f(x)$ 是积分变换的原像. 对函数 $f(x)$ 进行 Fourier 变换使用的一般格式为

$$F = \text{fourier}(f, u, v),$$

其中，u 是原像的自变量，v 是像的自变量. 在 MATLAB 中，对函数 $f(x)$ 进

行 Fourier 积分变换使用的简单格式为

F＝fourier(f),

其中默认函数 f 的自变量(积分变量)是 x，变换后的像的默认自变量是 w. 事实上，Fourier 积分变换也可以用如下符号积分来计算

F(w)＝int(f(x) * exp(−i * w * x), x, −inf, +inf).

下面使用的格式

F＝fourier(f, v)

用自变量 v 代替像的默认自变量 w，即用符号积分表示为

F(v)＝int(f(x) * exp(−i * v * x), x, −inf, +inf).

例 4—35 求函数 $f(x)=e^{-|x|}$ 的 Fourier 积分变换.
在命令窗口直接输入如下命令：

```
syms x w
F=fourier(exp(−abs(x)),x,w)
```

显示结果为

F＝
　　2/(w^2 + 1)

由此可得

$$F(\omega) = \int_{-\infty}^{+\infty} f(x)e^{-i\omega x}\,dx = \frac{2}{1+\omega^2}.$$

Fourier 逆变换是如下的积分运算结果

$$f(x) = \frac{1}{2\pi}\int_{-\infty}^{+\infty} F(\omega)e^{i\omega x}\,d\omega,$$

其中 $F(\omega)$ 是 Fourier 积分变换的像，而 $f(x)$ 是积分变换的原像. 对函数 $F(\omega)$ 进行 Fourier 逆变换使用的一般格式为

f＝ifourier(F, v, x)

其中 x 是原像 f 的自变量，v 是像 F 的自变量. 在 MATLAB 中，Fourier 逆变换使用的简单格式为

f＝ifourier(F)，

上面命令中默认原像函数 f 的自变量为 x，而像函数 F 的默认自变量为 ω. 事实上，Fourier 逆变换可以用下面的符号积分计算

$$f(x) = 1/(2*pi) * int(F(w)*exp(i*w*x), w, -inf, inf).$$

例 4—36 求函数 $F(\omega)=e^{-\frac{\omega^2}{4}}$ 的 Fourier 逆变换.

在命令窗口输入以下命令：

syms w a；   ％ 定义符号变量
F＝exp(−w^2/4)；   ％ 创建像函数的符号表达式
f＝ifourier(F,w,x)；
f＝simplify(f)

显示结果为

f＝
    exp(−x^2)/pi^(1/2)

计算结果表明，该函数的 Fourier 逆变换为

$$f(x)=\frac{1}{\sqrt{\pi}}e^{-x^2}.$$

4.7.2 Laplace 变换及其逆变换

Laplace 变换的计算公式为

$$L(s) = \int_0^{+\infty} f(t)e^{-st}dt,$$

记为 $F(s)=L[f(t)]$，则称 $F(s)$ 为 $f(t)$ 的 Laplace 变换，相应地称 $f(t)$ 为 $F(s)$ 的 Laplace 逆变换，即

$$f(t)=L^{-1}[F(s)].$$

在 MATLAB 中，函数 Laplace( ) 调用的格式通常有以下几种方式：

● L＝laplace(f)：计算默认符号自变量 t 的表达式 f 的 Laplace 变换，函数 L 的默认自变量为 s；如果 f＝f(s)，则命令 laplace(f) 返回自变量为 t 的函数 L，相应的 Laplace 变换定义为 $L(t) = \int_0^{+\infty} f(s)e^{-st}ds.$

- L＝laplace(f, t)：函数 L 为自变量 t 的函数，满足 $L(t) = \int_0^{+\infty} f(x)e^{-tx}\,dx$.

- L＝laplace(f, w, z)：以 z 代替 s 的 Laplace 变换，满足 $L(z) = \int_0^{+\infty} f(w)e^{-zw}\,dw$.

例 4—37　对下列函数分别进行 Laplace 变换.

(1) $f＝t^5$；(2) $f＝e^{as}$；(3) $f＝\sin(wx)$；(4) $f＝x^{\frac{3}{2}}$.

在命令窗口输入以下命令，计算结果见右边.

```
syms a s t w x
laplace(t^5)                returns   120/s^6
laplace(exp(a * s))         returns   1/(t-a)
laplace(sin(w * x),t)       returns   w/(t^2+w^2)
laplace(x^sym(3/2),t)       returns   3/4 * pi^(1/2)/t^(5/2)
```

下面简单介绍 Laplace 逆变换.

在 MATLAB 中 Laplace 逆变换的常用命令使用的格式有以下几种方式：

- f＝ilaplace(L)：输出函数 f＝f(t) 为默认自变量 s 的函数 L 的 Laplace 逆变换；如果 L＝L(t)，则 ilaplace(L) 函数返回值为自变量 x 的函数 f(x).

- f = ilaplace(L, y)：函数 f 为变量 y 的函数，定义为 $f(y) = \int_{c-i\infty}^{c+i\infty} L(y)e^{sy}\,ds$.

- f＝ilaplace(L, y, x)：函数 f 为变量 x 的函数，L 为变量 y 的函数，$f(x) = \int_{c-i\infty}^{c+i\infty} L(y)e^{xy}\,dy$.

例 4—38　对下列函数进行 Laplace 逆变换.

(1) $L＝\dfrac{1}{s-1}$；(2) $L＝\dfrac{1}{t^2+1}$；(3) $L＝\dfrac{y}{y^2+w^2}$.

在命令窗口输入如下命令，计算结果见右边.

```
syms s t w x y
ilaplace(1/(s-1))              返回   exp(t)
ilaplace(1/(t^2+1))            返回   sin(x)
ilaplace(y/(y^2 + w^2),y,x)    返回   cos(w * x)
```

4.7.3　Jacobian 矩阵变换

在高等数学中，直角坐标系 (x, y, z) 和 (r, θ, φ) 之间的转换矩阵称

为 Jacobian 矩阵，从直角坐标系到球坐标系的变换公式为

$$\begin{cases} x=r\cos\theta\cos\varphi \\ y=r\cos\theta\sin\varphi , \\ z=r\sin\theta \end{cases}$$

于是，Jacobian 矩阵的数学表达式为 $\dfrac{\partial\,(x,\ y,\ z)}{\partial\,(r,\ \theta,\ \varphi)}.$

在 MATLAB 中，Jacobian 矩阵可以通过函数 Jacobian( )来计算，函数的调用格式为：

    R＝jacobian(f，v)，

计算 f 对 v 的 Jacobian 矩阵，其中 f 为符号单值函数表达式或符号列向量，v 为一个符号行向量，输出矩阵 $R=(r_{ij})$ 的元素 $r_{ij}=\dfrac{\mathrm{d}f(i)}{\mathrm{d}v(j)}.$

例 4—39 计算直角坐标系到球坐标系变换的 Jacobian 矩阵.

在命令窗口输入如下命令：

```
syms r a b                          % 定义符号变量
x＝r * cos(a) * cos(b)；             % 定义变换函数
y＝r * cos(a) * sin(b)；
z＝r * sin(a)；
J＝jacobian([x；y；z]，[r,a,b])      % 计算 Jacobian 矩阵
```

显示的计算结果为

    J＝

$$\begin{bmatrix} \cos(a)*\cos(b), & -r*\cos(b)*\sin(a), & -r*\cos(a)*\sin(b) \\ \cos(a)*\sin(b), & -r*\sin(a)*\sin(b), & r*\cos(a)*\cos(b) \\ \sin(a), & r*\cos(a), & 0 \end{bmatrix}$$

习 题

1. 用 sym( )函数和直接输入法分别创建一个 5 阶的符号矩阵.

2. 创建一个 4 阶的随机矩阵，并将该矩阵转化为符号矩阵，比较它们的不同.

3. 建立符号函数 $y=\sin x+x^4+ax+b$ 和 $y=\cos x+x^{\ln x}+\sin(ax)+b^3.$

4. 建立两个符号矩阵，并求它们的加、减、乘、除、乘方等基本运算.

5. 计算下列极限：

(1) $\lim\limits_{x\to 0}\dfrac{1-\cos x}{x^2}$；(2) $\lim\limits_{n\to\infty}\left(\dfrac{\sqrt[n]{2}+\sqrt[n]{3}}{2}\right)^n$；

(3) $\lim\limits_{x\to 0^+}\left[\sqrt{\dfrac{1}{x}+\sqrt{\dfrac{1}{x}+\sqrt{\dfrac{1}{x}}}}-\sqrt{\dfrac{1}{x}-\sqrt{\dfrac{1}{x}+\sqrt{\dfrac{1}{x}}}}\right]$.

6. 计算下列函数的导数：

(1) $y=x^3+ax^2+x+c$；(2) $y=\dfrac{1-\cos x}{x^2}$；(3) $y=\sin x+x^4+\sqrt{x+2}$.

7. 计算下列函数的积分：

(1) $s=\displaystyle\int \sin x+x^2\,\mathrm{d}x$；(2) $s=\displaystyle\int_0^\pi \sin 2x+x^3\,\mathrm{d}x$；(3) $s=\displaystyle\int_0^3 x\mathrm{e}^{x+1}\,\mathrm{d}x$.

8. 计算 $f(x)=\sin(ax)$ 的 Fourier 积分变换及其逆变换.

9. 计算 $f(x)=x^3$ 的 Laplace 变换及其逆变换.

10. 将函数 $f(x)=\sin x$ 展开成 $\left(x-\dfrac{\pi}{4}\right)$ 的幂级数.

11. 求下列方程组的符号解.

$$\begin{cases} 2x-y+3z=1 \\ 4x+2y+5z=4. \\ 2x+y+2z=5 \end{cases}$$

12. 计算下列微分方程：

(1) $\dfrac{\mathrm{d}y}{\mathrm{d}x}=x+y$；(2) $y'-xy'=a(x^2+y')$；(3) $y'=-x\dfrac{\sin x}{\cos y}$，$y(2)=1$.

13. 计算微分方程组 $\begin{cases} \dfrac{\mathrm{d}x}{\mathrm{d}t}=\sin x \\ \dfrac{\mathrm{d}y}{\mathrm{d}t}=\sin y \end{cases}$ 满足初始条件 $x(0)=2$，$y(2)=5$ 的解.

14. 绘制符号函数 $y=x^3+4\sin x+\cos x$ 的图形.

第五章

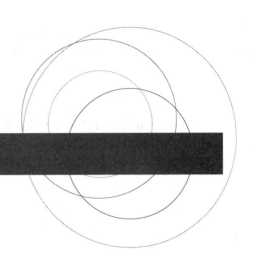

概率统计实验

概率论与数理统计是一门研究随机现象及其规律的学科，广泛应用于社会、经济、科学等各个领域. MATLAB 中的统计工具箱（Statistics Toolbox）包含了几百个用于概率统计方面的功能函数.

通过本章的学习，读者能利用统计工具箱中相关函数进行统计量的计算、参数估计、假设检验、方差分析和回归分析等，并利用 MATLAB 绘制常见的统计图，直观地认识随机变量的分布特征.

5.1 随机数与统计图

5.1.1 随机数

1. 引言

随机数是随机试验的结果. 在统计学的诸多技术中都会用到随机数，比如从总体中做随机抽样、将实验动物分配到不同的试验组中、进行蒙特卡罗（Monte Carlo）模拟计算，等等. 产生随机数有很多方法，这些方法称为随机数发生器. 随机数最重要的特性是它在产生时后面的数与前面的数毫无关系.

真正的随机数是通过物理现象产生的，比如掷骰子、转轮盘、使用电子元件的噪音、核裂变等. 这样的随机数发生器叫做物理性随机数发生器，用它产生随机数的技术要求比较高. 在实际应用中往往使用伪随机数就可以了. 用这种方法产生的数"似乎"是随机的，实际上它们是通过一个固定的、可以重复的计算方法产生的，因此不是真正的随机数，但是具有类似于随机数的统计特征．这样的发生器叫做伪随机数发生器．只有在真正关键性的应用中（如密码学），才会使用真正的随机数．

2. 伪随机数产生的原理

用数学方法在计算机上产生的随机数称为伪随机数．为了产生服从一定分布的随机数，一般按下面的步骤：

步骤 1　生成服从均匀分布的随机数．如用递推公式 $r_i = (ar_{i-1} + c) \bmod m$，给定初值 r_0，可迭代出均匀随机数 r_1，r_2，$\cdots$，r_n，再对它们进行标准化，就可以得到服从 $[0,1]$ 上均匀分布的随机数．一般计算机上都有专门的程序实现这一步骤．

步骤 2　进行数字转换生成具有一定分布的随机数．如逆转换法、组合法、近似法．

容易证明如下定理：

定理 5.1　若 $F_X(x)$ 是随机变量 X 的概率分布函数，$R = F_X(X)$，则 R 服从 $[0,1]$ 上的均匀分布．

逆转换法：根据上面的定理得逆转换法．若 r 是 $[0,1]$ 上服从均匀分布的随机数，$F(x)$ 是随机变量的概率分布函数，令 $x = F^{-1}(r)$，则 x 是服从 $F(x)$ 的随机数．

例 5—1　设 r 是 $[0,1]$ 上服从均匀分布的随机数，用逆转换法产生服从参数为 λ（$\lambda > 0$）的指数分布的随机数．

参数为 λ 的指数分布的概率分布函数为：$F(x) = 1 - \mathrm{e}^{-\lambda x}$，令 $F(x) = r$，解得 $x = -\dfrac{1}{\lambda} \ln(1-r)$，则 x 为服从参数为 λ 的指数分布的随机数．

组合法：利用某些容易产生随机数列的随机变量，通过组合得到所求的随机数．

例 5—2　利用指数分布产生服从泊松分布的随机数列．

我们知道，若相继两个事件出现的时间间隔服从指数分布，则在某一时间间隔内事件出现的次数服从泊松分布．设 x_1，x_2，$\cdots$，x_n 服从参数为 λ 的指数分布，那么满足关系式

$$\sum_{i=1}^{y} x_i \leqslant 1 \leqslant \sum_{i=1}^{y+1} x_i$$

的 y 就是服从参数为 λ 的泊松分布的随机数．

近似法：一般用于随机变量的分布函数无法求出的情况．

例 5—3　产生正态分布的随机数.

正态分布 $N(\mu, \sigma^2)$ 的分布函数为 $F(x) = \dfrac{1}{\sqrt{2\pi}\sigma}\displaystyle\int_{-\infty}^{x}\exp\left[\dfrac{1}{2}\left(\dfrac{x-\mu}{\sigma}\right)^2\right]\mathrm{d}x$

无法求出. 由中心极限定理：当 M 充分大时，M 个独立的随机变量 ξ_1, ξ_2, $\cdots$, ξ_M 之和的概率分布为正态分布，即若 ξ_i 的均值为 μ_i，方差为 σ_i^2，则 $\displaystyle\sum_{i=1}^{M}\xi_i \sim$ $N\left(\displaystyle\sum_{i=1}^{M}\mu_i, \sum_{i=1}^{M}\sigma_i^2\right)$.

设 r_i 为服从 $[0, 1]$ 上的均匀分布的随机数列（$i=1, 2, \cdots, M$），则 r_i 的均值为 $\dfrac{1}{2}$，方差为 $\dfrac{1}{12}$，所以 $\displaystyle\sum_{i=1}^{M}r_i \sim N\left(\dfrac{M}{2}, \dfrac{M}{12}\right)$，从而 $\dfrac{\displaystyle\sum_{i=1}^{M}r_i - \dfrac{M}{2}}{\sqrt{\dfrac{M}{12}}} \sim N(0, 1)$.

令 $\dfrac{x-\mu}{\sigma} = \dfrac{\displaystyle\sum_{i=1}^{M}r_i - \dfrac{M}{2}}{\sqrt{\dfrac{M}{12}}}$，得 $x = \mu + \sigma\dfrac{\displaystyle\sum_{i=1}^{M}r_i - \dfrac{M}{2}}{\sqrt{\dfrac{M}{12}}}$，则 x 为服从正态分布 $N(\mu, \sigma^2)$ 的随机数. 实践表明，当 $M=12$ 时，已能获得很好的近似.

3. 产生随机数的 MATLAB 函数

MATLAB 的统计工具箱（Statistics Toolbox）提供了产生特定分布的随机数函数（以 rnd 结尾）以及产生通用分布的随机数函数 random. 表 5—1 给出了产生服从常见分布的随机数的 MATLAB 函数的调用格式.

表 5—1　　　　　　　　　　常见分布的随机数产生函数的调用格式

函数	分布	调用格式		
		格式一	格式二	格式三
rand	(0, 1) 均匀分布	rand(n)	rand(m, n)	rand(m, n, p, …)
randi	离散均匀分布	randi(imax, n)	randi(imax, m, n)	randi(imax, p1, …, pn)
randn	标准正态分布	randn(n)	randn(m, n)	randn(m, n, p, …)
binornd	二项分布	binornd(N, P)	binornd(N, P, m, n, …)	binornd(N, P, [m, n, …])
chi2rnd	卡方分布	chi2rnd(V)	chi2rnd(V, m, n, …)	chi2rnd(V, [m, n, …])

续前表

函数	分布	调用格式		
		格式一	格式二	格式三
exprnd	指数分布	exprnd(mu)	exprnd（mu，m，n，…）	exprnd（mu，[m，n，…]）
frnd	F 分布	frnd(V1，V2)	frnd(V1，V2，m，n，…)	frnd(V1，V2，[m，n，…])
geornd	几何分布	geornd(P)	geornd(P，m，n，…)	geornd(P，[m，n，…])
normrnd	正态分布	normrnd（mu，sigma)	normrnd（mu，sigma，m，n，…)	normrnd（mu，sigma，[m，n，…]）
poissrnd	泊松分布	poissrnd(lambda)	poissrnd（lambda，m，n，…）	poissrnd（lambda，[m，n，…]）
trnd	学生氏 t 分布	trnd(V)	trnd(V，m，n，…)	trnd（V，[m，n，…]）
unidrnd	离散均匀分布	unidrnd(N)	unidrnd（N，m，n，…）	unidrnd(N，[m，n，…]）
unifrnd	连续均匀分布	unifrnd(A，B)	unifrnd（A，B，m，n，…）	unifrnd(A，B，[m，n，…]）

例5—4 产生正态分布的随机数.

用 normrnd 函数产生服从正态分布的随机数. 它的调用格式和说明如下：

r＝normrnd(mu，sigma) 产生均值为 mu、标准差为 sigma 的正态分布随机数. mu 和 sigma 可以是大小相同的矢量、矩阵或多维数组. r 的大小与它们相同. 输入为标量时，扩展为与其他输入维数相同的常数数组.

r＝normrnd(mu，sigma，m，n，…) 或 r＝normrnd(mu，sigma，[m，n，…]) 产生维数为 m×n×… 的正态分布随机数组，均值为 mu，标准差为 sigma. 例如：

```
n1＝normrnd(1:6,1./(1:6))
n1＝
   2.1650   2.3134   3.0250   4.0879   4.8607   6.2827
n2＝normrnd([1 2 3;4 5 6],1,2,3)
n2＝
```

　　　0.9299　1.9361　2.9640

　　　4.1246　5.0577　5.9864

例 5—5 利用通用函数 random 产生指定分布的随机数.

random 函数的调用格式为:

　　　R=random(name,A,B,C,m,n,…)

　或　R=random(name,A,B,C,[m,n,…])

产生一个服从参数为 A，B，C 且名为 name 分布的 m×n×…的数组，这里 name 为分布的名称. 例如:

　　　R=random('Normal',0,1,2,4)

　　　R=

　　　1.1650　0.0751　−0.6965　0.0591

　　　0.6268　0.3516　　1.6961　1.7971

　　例 5—6 (掷硬币试验) 抛掷一枚均匀的硬币 N 次，观察正反面出现的次数，这个实验曾有很多著名的数学家做过，见表 5—2. 请用计算机模拟这一试验.

表 5—2　　　　　　　　　　　历史上掷硬币试验的若干结果

实验者	抛硬币次数	正面出现次数	正面出现频率
德摩根 (De Morgan)	2 048	1 061	0.518 1
蒲丰 (Buffon)	4 040	2 048	0.506 9
费勒 (Feller)	10 000	4 979	0.497 9
皮尔逊 (Pearson)	12 000	6 019	0.501 6
皮尔逊 (Pearson)	24 000	12 012	0.500 5

　　产生 $[0,1]$ 上的均匀随机数 x，定义函数:

$$r(x)=\begin{cases}1, & 0\leqslant x\leqslant 0.5 \\ 0, & 0.5< x\leqslant 1\end{cases}$$

表示出现正面的次数. 出现正面的频率为 r/N.

　　编写 M 文件 exam5_6.m 如下:

　　　N=input('N=\n\n');r=0;

```
for i=1:N
    x=rand; if 0<=x & x<=0.5  r=r+1;  end
end
r,f=r/N
```

运行结果如下：

N=   11984
24000   f=
r=   0.4993

注：由于例 5—4～例 5—6 产生的是随机数，所以读者运行的结果与这里的运行结果可能不一致.

5.1.2 统计图

统计图是根据统计数字，用几何图形、事物形象和地图等绘制的各种图形. 它具有直观、形象、生动、具体等特点. 统计图可以使复杂的统计数字简单化、通俗化、形象化，使人一目了然，便于理解和比较. 因此，统计图在统计资料整理与分析中占有重要地位，并得到广泛应用. MATLAB 提供了十多种常用的统计图. 下面介绍几种常用的统计图.

1. 直方图

在 MATLAB 中用 hist 函数绘制直方图.

该函数的调用格式为：hist(data，n)，其中 data 是数据，该函数利用 data 中最小数和最大数构成一个区间，并将该区间 n 等分，统计落入每个小区间的数据数，以数据数为高绘制小矩形，形成直方图. n 的缺省值为 10.

hist 函数还可以有输出参数，即 N=hist(data，n)，这种调用格式用于统计计算，输出参数 N 是 n 个数的一维数组，表示 data 中各个小区间的数据量. 值得注意的是，这种调用方式只计算而不绘图.

例 5—7 通过服从正态分布的随机数产生钟形曲线的直方图.

编写 M 文件 exam5_7.m 如下：

```
x=-4:0.1:4;y=randn(10000,1);hist(y,x)
```

运行结果如图 5—1 所示.

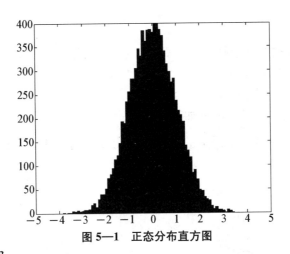

图5—1　正态分布直方图

2. 条形图

条形图是根据数据绘制的小矩形或小柱体. 可用 bar 函数绘制条形图，其调用格式为：bar(data) 或 bar3(data).

例 5—8　绘制条形图.

编写 M 文件 exam5_8.m 如下：

x=−2.9:0.2:2.9;subplot(121),bar(x,exp(−x.*x),'r'),subplot(122),bar3(x,exp(−x.*x),'r')

运行结果如图 5—2 所示.

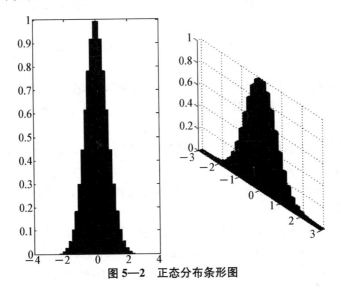

图5—2　正态分布条形图

3. 饼形图

饼形图是根据数据绘制的饼状图形. 可用 pie 函数绘制饼形图，其调用格式为：pie(data) 或 pie3(data).

例 5—9 绘制饼形图.

编写 M 文件 exam5_9.m 如下：

x=[1 3 0.5 2.5 2];explode=[0 1 0 0 0];subplot(121),pie(x),subplot(122),pie3(x)

运行结果如图 5—3 所示.

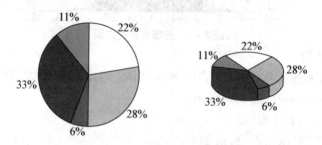

图 5—3 饼形图

4. 箱形图

箱形图可以比较清晰地表示数据的分布特征，它由 5 个部分组成：

（1）箱形图上、下的横线为样本的 25% 和 75% 分位数，箱形顶部和底部的差值为内四分位极差.

（2）箱形中间的横线为样本的中值. 若该横线没在箱形中央，则说明存在偏度.

（3）箱形向上或向下延伸的直线称为"触须"，若没有异常值，样本的最大值和最小值分别为上触须的顶部和下触须的底部. 默认情况下，距离箱形顶部或底部大于 1.5 倍内四分位极值的值称为异常值.

（4）图中顶部的加号表示该处数据为一异常值. 异常值可能是输入错误、测量失误或系统误差引起的.

（5）箱形两侧的 V 形槽口对应样本中值的置信区间. 默认情况下，箱形图没有 V 形槽口.

在 MATLAB 中，用 boxplot 函数绘制箱形图，其调用格式如下：

boxplot(X, notch, 'sym', vert, whis)，其中 X 为数据；notch=1，生成带 V 形槽口的箱形图，notch=0，生成不带 V 形槽口的箱形图，notch 的默认值为

0；'sym' 为图形标记（默认为'＋'）；vert＝0，箱形水平，vert＝1，箱形垂直；whis 用内四分位数极差（IQR）的函数来定义触须的长度，默认时，该函数为 $1.5 \times$ IQR，若 whis＝0，则用图形标记'sym'来显示所有箱形以外的数据.

例 5—10 绘制箱形图.

编写 M 文件 exam5_10. m 如下：

    x1＝normrnd(5,1,100,1)；x2＝normrnd(6,1,100,1)；x＝[x1,x2]；
    boxplot(x,1)

运行结果如图 5—4 所示：

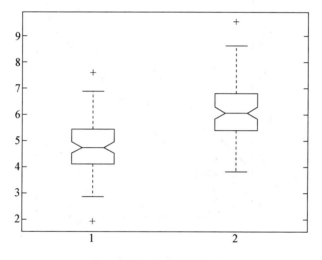

图 5—4 箱形图

另外，还有许多统计图，如 error 函数绘制误差条图，gscatter 函数根据分组数据绘制散点图，用 normplot 函数绘制正态概率图，用 pareto 函数绘制帕累托图，用 qqplot 函数绘制 QQ 图，等等. 这些函数的调用格式及其所绘制的图形的意义请读者自行查阅帮助文档.

5.1.3 应用举例

例 5—11 （相遇问题）有甲、乙两船在一天 24 小时内独立随机地到达某码头，如果甲船到达码头停留 4 小时后离开，乙船到达码头停留 3 小时后离开，那么甲、乙两船相遇的概率有多大？

设 X、Y 分别表示甲、乙两船到达码头的时刻，则 X、Y 都是服从 $[0, 24]$

上均匀分布的随机变量. 如图 5—5 所示，如果把（X,Y）看作是二维平面上的随机点，那么甲、乙两船到达码头的时刻落入边长为 24 的正方形区域 S 内，而甲、乙两船相遇的时刻落入区域 D 内，其中 $S=\{(X,Y)\,|\,0\leqslant X,Y\leqslant 24\}$，$D=\{(X,Y)\,|\,X-3\leqslant Y\leqslant X+4,0\leqslant X,Y\leqslant 24\}$. 因此，根据几何概型，甲、乙两船相遇的概率为：

$$P=\frac{D\ 的面积}{S\ 的面积}=\frac{24^2-0.5\times20^2-0.5\times21^2}{24^2}=0.27.$$

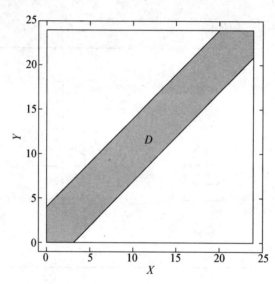

图 5—5　相遇问题示意图

下面用随机数模拟来计算甲、乙两船相遇的概率，编写函数 M 文件如下：

```
function P＝shipmeet(N)
if nargin＝＝0,N＝1000;end        % 默认产生 1 000 个服从均匀分布的
                                     随机数
T＝24 * rand(2,N);                % 生成随机数 X 和 Y
X＝T(1,:);Y＝T(2,:);
I＝find(X<＝Y&Y<＝X+4);
J＝find(Y<＝X&X<＝Y+3);          % 找到 D 中随机点的标号
P＝(length(I)＋length(J))/N;
plot(X,Y,'b.'),hold on           % 作图
plot([0 3 24 24 20 0 0],[0 0 21 24 24 4 0],'r','LineWidth',2)
```

```
hold on
plot([0 24 24 0 0],[0 0 24 24 0],'k','LineWidth',2)
axis([−1 25 −1 25])
xlabel('X');ylabel('Y')
```

在命令窗口中运行命令 P＝shipmeet(2000)，结果（包括图 5—6）如下：

P＝

0.2735

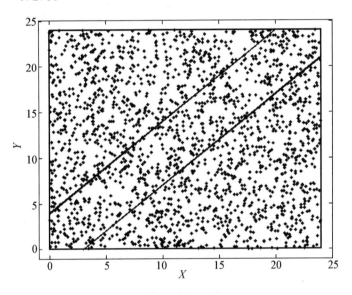

图 5—6 相遇问题计算机模拟（2 000 次）

例 5—12 （Galton 板，6 重伯努利试验）如图 5—7 所示，小球自顶部落下，在每一层遭遇隔板，以 1/2 的概率向右（左）下落，底部六个隔板，形成七个槽. 模拟 100 个小球依次落下，统计 Galton 板底部各槽中的小球数.

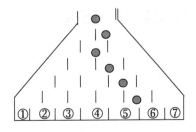

图 5—7 Galton 板，6 重伯努利试验

编写 M 文件如下：

$$X = fix(2 * rand(6,100)); \quad Y = sum(X) + 1; \quad N = hist(Y,7); \quad bar(N)$$

运行结果（包括图 5—8）如下：

N=

2 9 26 36 17 8 2

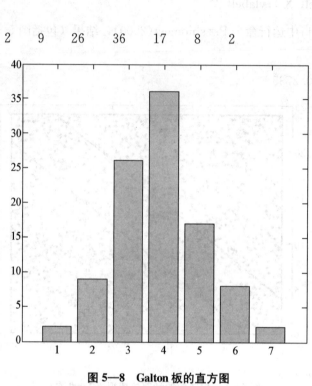

图 5—8 Galton 板的直方图

5.2 常见的统计分布量

5.2.1 概率密度函数与分布律

1. 数学概念

对于离散型和连续型随机变量，二者的概率密度函数定义不同. 对于离散型随机变量，一般称为概率分布或分布律.

2. 有关函数

在 MATLAB 中，可以用通用函数和专用函数计算概率密度函数或分布律的

值. 通用函数 pdf 的调用格式如下:

$$Y = pdf(name, X, A, B, C),$$

返回以 name 为分布, 参数为 A, B, C 在 X 值处的概率密度. name 的取值如表 5—3 所示.

表 5—3 **pdf 函数的输入参数 name 的部分取值**

name	注释	name	注释
bino	二项分布	norm	正态分布
chi2	卡方分布	poiss	泊松分布
exp	指数分布	t 或 T	t 分布
f 或 F	F 分布	unif	均匀分布
geo	几何分布	unid	离散分布

专用函数的函数名一般是由上面的 name 加上 pdf 结尾构成的 (见表 5—4).

表 5—4 **求随机变量的概率密度函数的专用函数**

函数名	调用格式	函数名	调用格式
binopdf	Y=binopdf(X, N, P)	normpdf	Y=normpdf(X, mu, sigma)
chi2pdf	Y=chi2pdf(X, v)	poisspdf	Y=poisspdf(X, lambda)
exppdf	Y=exppdf(X, mu)	tpdf	Y=tpdf(X, v)
fpdf	Y=fpdf(X, v1, v2)	unidpdf	Y=unidpdf (X, N)
geopdf	Y=geopdf(X, P)	unifpdf	Y=unifpdf (X, A, B)

例 5—13 在例 5—12 中, 计算 Galton 板的概率分布.

编写 M 文件如下:

n=6;x=0:n;Y=binopdf(x,n,0.5)

运行结果如下:

Y=

    0.0156   0.0938   0.2344   0.3125   0.2344   0.0938   0.0156

例 5—14 绘制卡方分布密度函数在 n 分别等于 1, 5, 15 时的图形.

编写 M 文件如下:

x＝0:.1:30;y1＝chi2pdf(x,1);y2＝chi2pdf(x,5);y3＝chi2pdf(x,15);
plot(x,y1,'：',x,y2,'－',x,y3,'－－'),axis([0 30 0 0.2])
legend('自由度为 1','自由度为 5','自由度为 15')

运行结果（包括图 5—9）如下：

Y＝

0.0156　0.0938　0.2344　0.3125　0.2344　0.0938　0.0156

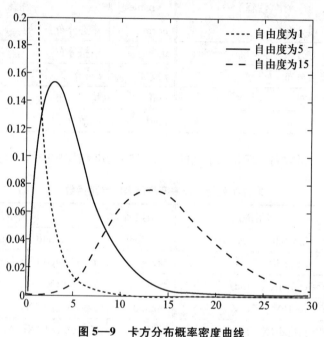

图 5—9　卡方分布概率密度曲线

5.2.2　概率分布函数

1. 数学概念

若 X 为随机变量，x 为任意实数，则函数 $F(x)＝P\{X\leqslant x\}$ 称为 X 的概率分布函数.

2. 有关函数

在 MATLAB 中，可以用通用函数和专用函数进行计算. 通用函数为 cdf，其调用格式与 pdf 类似，而专用函数的函数名也是由表 5—3 的 name 加上 cdf 结尾构成的（见表 5—5）.

表 5—5 求随机变量的概率分布函数的专用函数

函数名	调用格式	函数名	调用格式
binocdf	Y＝binocdf(X，N，P)	normcdf	Y＝normcdf(X，mu，sigma)
chi2cdf	Y＝chi2cdf(X，v)	poisscdf	Y＝poisscdf(X，lambda)
expcdf	Y＝expcdf(X，mu)	tcdf	Y＝tcdf(X，v)
fcdf	Y＝fcdf(X，v1，v2)	unidcdf	Y＝unidcdf(X，N)
geocdf	Y＝geocdf(X，P)	unifcdf	Y＝unifcdf(X，A，B)
hygecdf	Y＝hygecdf(X，M，K，N)		

5.2.3 逆概率分布函数（分位点函数）

求某一点处的概率值可以用概率分布函数（cdf），而已知概率值需要求这一点的值时，就要用到逆概率分布函数（inv）或称为分位点函数. MATLAB 函数的函数名是由表 5—3 的 name 加上 inv 结尾构成的.

例 5—15 有 1 000 名以上的小学生参加保险公司的平安保险，参加保险的小学生每人一年交保险费 50 元. 若一年内出现意外事故，保险公司赔付 1 万元. 统计表明，每年 1 000 名小学生中平均有两名学生出事故. 保险公司赔本的概率有多大？

小学生出意外事故的概率为 $p＝0.002$，设随机变量 X 为一年内出事故的小学生人数，则 X 服从二项分布 B(n，p)，其中 n 为投保人数. 由于对出事故的小学生，保险公司一次性赔付 1 万元，所以每年保险公司赔付费为：X（万元）. 如果一年中保险公司赔付费不超过总的保险收费，则会获利；如果赔付费超过总的保险收费，将会赔本. 每年保险公司所获利润为总保险收费减去总的赔付费.

编写函数 M 文件如下：

```
function [P,profits]=Insurance(n)      % n 为投保人数
p=0.002;                               % 一个小学生出事故的概率
Premium=50;                            % 每个小学生每年缴纳的保险费
Compensation=10000;                    % 保险公司赔给一个出事故小学
                                       %   生的费用
Premium_Total=Premium*n;               % 每年收取的保险费
k=fix(Premium_Total/Compensation);     % 保险公司不赔本的最大人数
P=1-binocdf(k,n,p);                    % 保险公司赔本的概率
puples=binornd(n,p,1,5);               % 模拟 5 年内出事故的小学生数
Pays=Compensation*puples;
```

profits＝Premium_Total-Pays;　　　　% 保险公司 5 年内的利润

在命令窗口键入命令：[P，profits]＝Insurance（1000），运行结果如下：

P＝

　　0.0165

profits＝

　　40000　　　30000　　　20000　　　10000　　　　0

5.2.4　随机变量的期望和方差

1. 数学概念
随机变量 X 的期望记为 $E(X)$.

(1) 若 X 是离散型随机变量，则 $E(X)=\sum_{k=1}^{\infty}x_k p_k$，其中 $P\{X=x_k\}=p_k$，$k=1，2，\cdots$ 为 X 的分布律. MATLAB 命令为：EX＝symsum（xk * pk，1，inf）.

(2) 若 X 是连续型随机变量，则 $E(X)=\int_{-\infty}^{\infty}xf(x)\mathrm{d}x$，其中 $f(x)$ 为 X 的概率密度函数. MATLAB 命令为：EX＝int（x * f(x)，inf，inf）.

(3) 随机变量 X 的方差 $D(X)=E(X-E(X))^2=E(X^2)-(E(X))^2$.

2. 有关函数
在 MATLAB 中，由表 5—3 中的 name 加上 stat 结尾构成的函数可用来直接求数学期望和方差. 具体见表 5—6.

表 5—6　　　　　　　　求随机变量的数学期望和方差的专用函数

函数名	调用格式	函数名	调用格式
binostat	[M，V]＝binostat(X，N，P)	normstat	[M，V]＝normstat(X，mu，sigma)
chi2stat	[M，V]＝chi2stat(X，v)	poisstat	[M，V]＝poisstat(lambda)
expstat	[M，V]＝expstat(X，mu)	tstat	[M，V]＝tstat(X，v)
fstat	[M，V]＝fstat(X，v1，v2)	unidstat	[M，V]＝unidstat (X，N)
geostat	[M，V]＝geostat(X，P)	unifstat	[M，V]＝unifstat (X，A，B)
hygestat	[M，V]＝hygestat(X，M，K，N)		

说明：M 为数学期望，V 为方差.

例 5—16　求二项分布参数为 $n=100$，$p=0.2$ 的数学期望与方差.

编写 M 文件如下：

    n＝100；p＝0.2；[M,V]＝binostat(n,p)

运行结果如下：

    M＝   V＝

      20   16

5.3 参数估计

利用样本对总体进行统计推断的基本问题有两大类：参数估计和假设检验. 本节讨论参数估计问题. 参数估计又可分为参数的点估计和区间估计.

5.3.1 基本数学原理

参数的点估计是用样本值来估计概率密度函数中的未知参数. 常用的方法有矩估计法和最大似然估计法. 矩估计法的基本思想是：用取自该总体的样本原点矩或样本原点矩的函数作为待估参数的估计. 最大似然估计的基本思想是：在待估参数的可能取值范围内进行挑选，使似然函数值（即样本取固定观察值或样本取值落在固定观察值邻域内的概率）最大的那个参数值作为待估参数的估计值.

参数的区间估计是根据样本值来估计概率密度函数中的未知参数的取值范围，使未知参数在区间内具有指定的概率 $1-\alpha$（称为置信度或置信水平）.

5.3.2 有关函数

在 MATLAB 的 Statistics Toolbox 中，常见分布的点估计和区间估计函数及其调用格式如表 5—7 所示.

表 5—7   求随机变量的数学期望和方差的专用函数

函数名	对应的分布	调用格式
binofit	二项分布	phat＝binofit(x, n) [phat, pci]＝binofit(x, n) [phat, pci]＝binofit(x, n, alpha)
expfit	指数分布	muhat＝expfit(x) [muhat, muci]＝expfit(x) [muhat, muci]＝expfit(x, alpha)

续前表

函数名	对应的分布	调用格式
normfit	正态分布	[muhat, sigmahat, muci, sigmaci]=normfit(x) [muhat, sigmahat, muci, sigmaci]=normfit(x, alpha)
normlike	正态对数似然函数	L=normlike(params, data)
poissfit	泊松分布	lambdahat=poissfit(x) [lambdahat, lambdaci]=poissfit(x) [lambdahat, lambdaci]=poissfit(x, alpha)
unifit	均匀分布	[ahat, bhat]=unifit(x) [ahat, bhat, aci, bci]=unifit(x) [ahat, bhat, aci, bci]=unifit(x, alphat)
mle	最大似然估计	phat=mle('dist', data) [phat, pci]=mle('dist', data) [phat, pci]=mle('dist', data, alpha) [phat, pci]=mle('dist', data, alpha, p1)

说明：phat 为返回点估计值，pci 为返回置信区间，alpha 为置信水平，缺省值为 95%，'dist' 为函数名，x 或 data 为数据样本.

例 5—17　随机取 8 个零件，测得它们的直径（单位：mm）分别为：

74.001　74.005　74.003　74.001　74.000　73.998　74.006　74.002

设测量值服从正态分布，求总体方差的矩估计值.

因为样本的二阶中心矩是总体方差的矩估计，所以可用 moment 函数求出样本的二阶中心矩，用它作为总体方差的矩估计值. moment 函数的调用格式为：m=moment(X, order) 或 moment(X, order, dim)，其中 X 为样本，order 是中心矩的阶数. 若 X 为向量，返回值 m 就是 X 的 order 阶中心矩；若 X 为矩阵，返回值 m 是 X 的每一列的 order 阶中心矩，后一种调用格式则是沿 dim 维返回 X 的 order 阶中心矩. 对本例可编写 M 文件如下：

X=[74.001,74.005,74.003,74.001,74.000,73.998,74.006,74.002];
m=moment(X,2),[u,s]=normfit(X) ,v=s^2

运行结果如下：

m=

6.0000e−006

u=

74.0020

s=

0.0026

v=

6.8571e−06

例 5—18 用最大似然估计法求解例 5—17.

编写 M 文件如下：

X＝[74.001,74.005,74.003,74.001,74.000,73.998,74.006,74.002];

p＝mle('norm',X)　　% 返回值 p 是 1×2 向量,分别是总体均值和标准
　　　　　　　　　　　　　　　差的最大似然估计值

v＝p(2) * p(2)

运行结果如下：

$$p=$$　　　　　　　　　　　　　　　　$$v=$$

　　74.0020　　0.0024　　　　　　　6.0000e−006

5.4　假设检验

在许多实际问题中，总体的分布函数是未知的，或者只知道分布函数的形式，但其参数是未知的，需要对它们作出可能的假设，然后根据样本数据对假设的正确性作出判断，这类问题称为假设检验问题.

5.4.1　单个正态总体的假设检验

1. 总体方差已知，对总体均值的检验（Z 检验法或 U 检验法）

总体 X 服从方差已知的正态分布 $N(\mu, \sigma^2)$，零假设 H_0：$\mu=\mu_0$，做 Z 检验. 检验函数为 ztest，其调用格式为：

[h, p, ci, zval]＝ztest(x, m, sigma, alpha, tail, dim),

其中输入参数 x 是样本；m 是均值；sigma 是标准差；alpha 是显著性水平，缺省值是 0.05；tail 为备择假设的类型，当取'both'时，备择假设是均值不等于 m，即双侧检验（这是缺省值），当取'right'时，备择假设是均值大于 m，即右侧检验，当取'left'时，备择假设是均值小于 m，即左侧检验；dim 是样本数据为矩阵时，沿 dim 维作检验.

输出参数 h＝1 时表示在显著性水平 alpha 下拒绝零假设，h＝0 时表示接受零假设；p 是检验统计量 $z=\dfrac{\bar{x}-\mu}{\sigma/\sqrt{n}}$ 的概率，其中 $\bar{x}$ 是样本均值，μ 是假设的总体均值 m，σ 是总体标准差，n 是样本容量；ci 是总体均值置信水平为 100 * (1−

alpha)％的置信区间；zval 是检验统计量 $z=\dfrac{\bar{x}-\mu}{\sigma/\sqrt{n}}$ 的值.

例 5—19 用打包机包装葡萄糖，每一袋葡萄糖的质量是一个随机变量，它服从正态分布. 当机器正常时，均值为 0.5 公斤，标准差为 0.015. 某日开工后检验包装机是否正常，随机抽取它包装的 9 袋葡萄糖，质量分别为：

$$0.497\quad 0.506\quad 0.518\quad 0.524\quad 0.498\quad 0.511\quad 0.52\quad 0.515\quad 0.512$$

问机器是否正常?

由题意知葡萄糖的质量 $X \sim N(\mu, 0.015^2)$，问题变成：根据样本值判断 $\mu=0.5$ 还是 $\mu \neq 0.5$. 作如下假设：

零假设 $H_0: \mu=\mu_0=0.5$，备择假设 $H_1: \mu \neq \mu_0$.

编写 M 文件如下：

X=[0.497,0.506,0.518,0.524,0.498,0.511,0.52,0.515,0.512];
[h,p,ci,zval]=ztest(X,0.5,0.015,0.05,'both')

运行结果如下：

```
h=                          ci=
   1                           0.5014      0.5210
p=                          zval=
   0.0248                      2.2444
```

h=1，说明在 0.05 的显著性水平下，拒绝零假设，即认为该日包装机工作不正常.

2. 总体方差未知，对总体均值的检验（t 检验法）

总体 X 服从方差未知的正态分布 $N(\mu, \sigma^2)$，零假设 $H_0: \mu=\mu_0$，做 t 检验，检验函数为 ttest，其调用格式为：

[h, p, ci, stats]=ttest(x, m, alpha, tail, dim),

其中输入参数 x，m，alpha，tail，dim 和输出参数 h，p，ci 的含义与 ztest 函数中的类似. 输出参数 stats 是一个结构数组，域 tstats 表示检验统计量 $t=\dfrac{\bar{x}-\mu}{s/\sqrt{n}}$ 的值，域 df 表示检验统计量 $t=\dfrac{\bar{x}-\mu}{s/\sqrt{n}}$ 的自由度，域 sd 是样本标准差.

例 5—20　在例 5—19 中如果不知道标准差，问机器是否正常？

编写 M 文件如下：

$$X=[0.497,0.506,0.518,0.524,0.498,0.511,0.52,0.515,0.512];$$
$$[h,p,ci,zval]=ttest(X,0.5,0.05,'both')$$

运行结果如下：

h=	ci=	
1	0.5040	0.5184
p=	stats=	
0.0071	tstat：3.5849	
df：8	sd：0.0094	

h=1，说明在 0.05 水平下，拒绝零假设，即认为该日包装机工作不正常.

3. 对总体方差的检验（χ^2 检验法）

总体 X 服从正态分布 $N(\mu,\sigma^2)$，其中 μ 和 σ^2 未知，对 σ^2 作 χ^2 检验. 检验函数为 vartest. 调用格式为：

$$[h, p, ci, stats]=vartest(x, v, alpha, tail, dim)$$

其中输入参数 x，v，alpha，tail，dim 和输出参数 h，p，ci 与前面类似，结构数组 stats 的域 chisqstat 表示检验统计量 $\chi^2=\dfrac{n-1}{\sigma_0^2}s^2$ 的值，域 df 表示检验统计量的自由度.

例 5—21　某工厂生产金属丝，产品指标为折断力. 折断力的方差被用作工厂生产精度的表征. 方差越小，表明精度越高. 以往工厂一直把该方差保持在 64 以下. 最近从一批产品中抽取 10 根做折断力试验，测得的结果（单位：kg）如下：

$$578\quad 572\quad 570\quad 568\quad 572\quad 570\quad 572\quad 596\quad 584\quad 570$$

为此，厂方怀疑金属丝折断力的方差变大了. 如确实变大了，表明生产精度不如以前了，从而需对生产流程做一番检验，以发现生产环节中存在的问题.

由题意作如下假设：

零假设 $H_0:\sigma^2\leqslant\sigma_0^2=64$，备择假设 $H_1:\sigma^2>\sigma_0^2$.

编写 M 文件如下：

$$X=[578,572,570,568,572,570,572,596,584,570];$$

$$[h,p,ci,stats]=vartest(X,64,0.05,'right')$$

运行结果如下：

h=
     0

p=
    0.3005

ci=
    40.2861   Inf

stats=

    chisqstat：10.6500

    df：9

    sd：0.0094

h=0，说明在 0.05 的显著性水平下，接受零假设，即认为样本方差的偏大是偶然因素造成的，生产流程正常，无需再做进一步的检查.

5.4.2 两个正态总体的假设检验

1. 对两个方差未知但相等的正态总体均值差的检验（t 检验法）

两个总体 X、Y 服从方差未知但相等的正态分布 $N(\mu_1, \sigma^2)$ 和 $N(\mu_2, \sigma^2)$，对它们的均值差作 t 检验. 零假设 H_0：$\mu_1 = \mu_2$. 检验函数为 ttest2，调用格式为：

$$[h, p, ci, stats]=ttest2(x, y, alpha, tail, vartype, dim),$$

其中输入参数 x 和 y 是独立的两个样本；alpha 是显著性水平，缺省值是 0.05；tail 为备择假设的类型，当取 'both' 时，备择假设为 H_1：$\mu_1 \neq \mu_2$，即双侧检验（这是缺省值），当取 'right' 时，备择假设为 H_1：$\mu_1 > \mu_2$，即右侧检验，当取 'left' 时，备择假设为 H_1：$\mu_1 < \mu_2$，即左侧检验；vartype 是零假设的类型，当取 'equal' 时，H_0：$\mu_1 = \mu_2$（这是缺省情况），当取 'unequal' 时，H_0：$\mu_1 \neq \mu_2$；dim 是样本数据为矩阵时，沿 dim 维作检验.

输出参数 h=1 时表示在显著性水平 alpha 下拒绝零假设，h=0 时表示接受零假设；p 是检验统计量 $t = \dfrac{\bar{x}-\bar{y}}{\sqrt{\dfrac{s_x^2}{n}+\dfrac{s_y^2}{m}}}$ 的概率（注：当 vartype 取 'equal' 时，$t =$

$\dfrac{\bar{x}-\bar{y}}{s\sqrt{\dfrac{1}{n}+\dfrac{1}{m}}}$，而 $s = \sqrt{\dfrac{(n-1)s_x^2+(m-1)s_y^2}{n+m-2}}$，其中 n、m 分别是 x 和 y 的样本容量，$s_x^2$、$s_y^2$ 分别是 x 和 y 的样本方差）；ci 是置信水平为 $100*(1-alpha)\%$ 的置信区间；stats 是一个结构数组，域 tstat 表示检验统计量 t 的值，df 表示检验统

计量的自由度，当 vartype 取$'$equal$'$时，域 sd 是 s 的值，当 vartype 取$'$unequal$'$时，域 sd 是分别是 s_x、s_y 的值.

例 5—22　某地某年高考后随机抽得 15 名男生、12 名女生的物理成绩如下：

男生：49　48　47　53　51　43　39　57　56　46　42　44　55　44　40
女生：46　40　47　51　43　36　43　38　48　54　48　34

这 27 名学生的成绩能说明这个地区男、女生的物理成绩不相上下吗？（显著性水平为 0.05）

把该地区男生和女生的物理成绩分别近似地看作是服从正态分布的随机变量 $X \sim N(\mu_1, \sigma^2)$ 与 $Y \sim N(\mu_2, \sigma^2)$，则这是一个双侧检验问题：

$$H_0: \mu_1 = \mu_2, H_1: \mu_1 \neq \mu_2.$$

编写 M 文件如下：

x=[49 48 47 53 51 43 39 57 56 46 42 44 55 44 40];
y=[46 40 47 51 43 36 43 38 48 54 48 34];
[h,p,ci,stats]=ttest2(x,y,0.05,$'$both$'$,$'$equal$'$)

运行结果如下：

h=
　　0

p=
　　0.1301

ci=
　　　　　　　　　　　　　　−1.1368　　8.3368

stats=
　　　　　　　　　　　　　　tstat：1.5653
　　　　　　　　　　　　　　df：25
　　　　　　　　　　　　　　sd：5.9383

h=0，说明在 0.05 的显著性水平下，接受零假设，即认为该地区男、女生的物理成绩不相上下.

2. 对正态总体方差是否相等的检验（F 检验法）

两个总体 X、Y 服从正态分布 $N(\mu_1, \sigma_1^2)$ 和 $N(\mu_2, \sigma_2^2)$，对它们的方差是否相等作检验. 零假设 $H_0: \sigma_1^2 = \sigma_2^2$. 检验函数为 vartest2，调用格式为：

$$[h, p, ci, stats] = vartest2(x, y, alpha, tail, dim),$$

其中 tail 为备择假设的类型，当取$'$both$'$时，备择假设为 $H_1: \sigma_1^2 \neq \sigma_2^2$，即双侧检验（这是缺省值）；当取$'$right$'$时，备择假设为 $H_1: \sigma_1^2 > \sigma_2^2$，即右侧检验；当取$'$left$'$时，备择假设为 $H_1: \sigma_1^2 < \sigma_2^2$，即左侧检验.

p 是检验统计量 $F=\dfrac{s_x^2}{s_y^2}$ 的概率，其中 s_x^2、s_y^2 分别是 x 和 y 的样本方差，stats 的域 fstat 表示检验统计量 F 的值，域 df1 与 df2 表示检验统计量的第一和第二自由度.

例 5—23 为比较甲、乙两种安眠药的疗效，将 20 名患者分成两组，每组 10 人，如服药后延长的睡眠时间分别服从正态分布，其数据为（单位：h）：

甲：5.5　4.6　4.4　3.4　1.9　1.6　1.1　　0.8　　0.1　−0.1
乙：3.7　3.4　2.0　2.0　0.8　0.7　0　−0.1　−0.2　−1.6

问：在显著性水平为 0.05 下两种药的疗效有无显著差别？

设两种药服用后延长的睡眠时间分别是 $X\sim N(\mu_1,\ \sigma_1^2)$ 与 $Y\sim N(\mu_2,\ \sigma_2^2)$，则这是一个双侧检验问题：

$$H_0:\sigma_1^2=\sigma_2^2,\ H_1:\sigma_1^2\neq\sigma_2^2.$$

编写 M 文件如下：

```
x=[5.5 4.6 4.4 3.4 1.9 1.6 1.1 0.8 0.1 −0.1];
y=[3.7 3.4 2.0 2.0 0.8 0.7 0 −0.1 −0.2 −1.6];
[h,p,ci,stats]=vartest2(x,y,0.05,'both')
```

运行结果如下：

h=
　　0

p=
　　0.6151

ci=

　　　　　　　　　　　　　　0.3509　　5.6874
stats=
　　　　　　　　　　　　　　fstat：1.4127
　　　　　　　　　　　　　　df1：9
　　　　　　　　　　　　　　df2：9

h＝0，说明在 0.05 的显著性水平下，接受零假设，即认为两种药的疗效无显著差别.

5.4.3　其他类型的假设检验

在数理统计中还有许多其他类型的假设检验问题。例如，峰度–偏度检验，Kolmogorov-Smirnov 检验.

1. 峰度–偏度检验

零假设 H_0：总体 X 服从期望和方差都未知的正态分布，备择假设 H_1：总体 X 不服从正态分布，做 Jarque-Bera 检验. 该检验基于样本的偏度和峰度. 对于正态分布数据，样本偏度接近于 0，样本峰度接近于 3，Jarque-Bera 检验用于检验样本偏度和峰度是否与它们的期望值相差较大. 要注意的是 Jarque-Bera 检验不能用于小样本的检验. 检验函数为 jbtest，其调用格式为：

$$[h, p, jbstat, critval] = jbtest(x, alpha),$$

p 是检验统计量 $JB = \dfrac{n}{6}\left(s^2 + \dfrac{(k-3)^2}{4}\right)$ 的概率，其中 n 是样本容量，s^2 是样本偏度，k 是样本峰度；jbstat 是检验统计量的值；critval 为确定是否拒绝零假设的临界值.

例 5—24　下面是 84 位男子的头颅的最大宽度（单位：mm），试检验这些数据是否服从正态分布.

```
141  148  132  138  154  142  150  146  155  158  150  140
147  148  144  150  149  145  149  158  143  141  144  144
126  140  144  142  141  140  145  135  147  146  141  136
140  146  142  137  148  154  137  139  143  140  131  143
141  149  148  135  148  152  143  144  141  143  147  146
150  132  142  142  143  153  149  146  149  146  142  149
142  137  134  144  146  147  140  142  140  137  152  145
```

编写 M 文件如下：

```
x=[141 148 132 138 154 142 150 146 155 158 150 140 147 148 144 150…
   149 145 149 158 143 141 144 144 126 140 144 142 141 140 145 135…
   147 146 141 136 140 146 142 137 148 154 137 139 143 140 131 143…
   141 149 148 135 148 152 143 144 141 143 147 146 150 132 142 142…
   143 153 149 146 149 146 142 149 142 137 134 144 146 147 140 142…
   140 137 152 145];
[h,p,jbstat,critval]=jbtest(x)
```

运行结果如下：

```
h=                    jbstat=
    0                     1.0960
p=                    critval=
    0.5000                5.3417
```

h＝0，p＞0.5（Warning：P is greater than the largest tabulated value, returning 0.5.），检验统计量的值 1.096 0 小于拒绝零假设的临界值，说明在 0.05 的显著性水平下，接受零假设，即认为服从正态分布.

2. Kolmogorov-Smirnov 检验

零假设 H_0：总体 X 服从标准正态分布 $N(0，1)$，备择假设 H_1：总体 X 不服从标准正态分布. 检验函数为 kstest，其调用格式为：

$$[h，p，ksstat，cv]＝kstest(x，CDF，alpha，type)$$

其中 CDF 是假设的连续分布的概率分布函数. type 为一字符串，当取′unequal′时，备择假设为概率分布函数 cdf 的值不等于假设概率分布函数 CDF 的值；当取′larger′时，备择假设为概率分布函数 cdf 的值大于假设概率分布函数 CDF 的值；当取′smaller′时，备择假设为概率分布函数 cdf 的值小于假设概率分布函数 CDF 的值.

p 是检验统计量 $\max(|F(x)-G(x)|)$ 的概率，其中 $F(x)$ 是经验分布函数，$G(x)$ 是标准正态分布函数；ksstat 是检验统计量的值；cv 为确定是否拒绝零假设的临界值.

例 5—25 分别用 randn、rand、normrnd 函数随机生成 100 个数据，检验它们是否服从标准正态分布.

编写 M 文件如下：

```
x1＝randn(100,1); x2＝rand(100,1); x3＝normrnd(2,0.1,100,1);
h1＝kstest(x1),h2＝kstest(x2),h2＝kstest(x3)
```

运行结果如下：

```
h1＝                      1
      0                h3＝
h2＝                      1
```

说明 x1 服从标准正态分布，x2 与 x3 不服从标准正态分布.

3. Lilliefors 检验

零假设 H_0：总体 X 服从期望和方差未知的正态分布，备择假设 H_1：总体 X 不服从正态分布. 这种检验把 X 的经验分布与 X 具有相同均值和方差的正态分布进行比较，类似于 Kolmogorov-Smirnov 检验，但其正态分布的参数值是由

X 估计而来的而不是预告指定的. 检验函数为 lillietest，其调用格式为：

$$[h, p, ksstat, critval]=lillietest(x, alpha, distr)$$

其中 distr 为一字符串，取值为 $'norm'$、$'exp'$ 或 $'ev'$，分别表示样本来自正态、指数或极值分布.

输出参数 p 是检验统计量 $KS=\max_x(\mid SCDF(x)-CDF(x)\mid)$ 的概率，其中 $SCDF(x)$ 是经验累加分布函数，$CDF(x)$ 是正态分布的概率分布函数，其均值和方差与样本均值和样本方差相等；ksstat 是检验统计量的值；critval 为确定是否拒绝零假设的临界值.

例 5—26　分别用 randn、rand、normrnd 函数随机生成 100 个数据，检验它们是否服从正态分布.

编写 M 文件如下：

$$x1=randn(100,1)；x2=rand(100,1)；x3=normrnd(2,0.1,100,1)；$$
$$h1=lillietest(x1)，h2=lillietest(x2)，h2=lillietest(x3)$$

运行结果如下：

```
h1=                              1
        0                   h3=
h2=                              0
```

说明 x1 与 x3 服从正态分布，x2 不服从正态分布.

5.5　描述性统计分析

数据是信息的载体，数据分析就是通过对数据的分析与处理推断出所研究的对象，即总体的信息. 试验中得到的数据可以看作是总体的样本观察值，要分析数据中的主要特征，然后再进行参数估计、假设检验等统计推断，以得到总体的信息. 数据的数字特征是指数据的集中位置、分散程度等一些属性.

5.5.1　数据的常用数字特征

常用的数字特征有均值、变异度、偏度与峰度、中位数与分位数等. 设 n 个

观察值为 x_1，x_2，$\cdots$，x_n，其中 n 称为样本容量.

1. 均值

均值表示数据的集中位置. 算术平均值称为样本均值：$\bar{x} = \dfrac{1}{n}\sum\limits_{i=1}^{n} x_i$ ；对于分组样本，样本均值为 $\bar{x} = \dfrac{1}{n}\sum\limits_{i=1}^{k} x_i f_i$ ，其中 k 为组数，x_i 为第 i 组的值，f_i 为第 i 组的频数.

2. 变异度

刻画数据变异度的量有样本极差、样本方差和样本标准差、变异系数.

样本极差：$R = x_{\max} - x_{\min}$ ；样本方差：$s^2 = \dfrac{1}{n-1}\sum\limits_{i=1}^{n}(x_i - \bar{x})^2$ ；样本标准差：$s = \sqrt{s^2}$ ；变异系数：$CV = 100 \times \dfrac{s}{\bar{x}}(\%)$.

极差只能刻画数据散布的范围，不能刻画数据在这个范围内的集中或离散程度. 样本方差与样本标准差可以刻画数据的集中或离散程度，并且样本标准差与数据的量纲一致. 比较两个样本的变异度，由于单位不同或均值不同，不能直接用标准差比较，要用变异系数比较.

3. 偏度与峰度

偏度与峰度是刻画数据的偏态、尾重的度量.

偏度：$G_1 = \dfrac{n}{(n-1)(n-2)s^3}\sum\limits_{i=1}^{n}(x_i - \bar{x})^3 = \dfrac{n^2 u_3}{(n-1)(n-2)s^3}$ ，

峰度：$G_2 = \dfrac{n(n+1)}{(n-1)(n-2)(n-3)s^4}\sum\limits_{i=1}^{n}(x_i - \bar{x})^4 - 3\dfrac{(n-1)^2}{(n-2)(n-3)}$

$\qquad = \dfrac{n^2(n+1)u_4}{(n-1)(n-2)s^4} - 3\dfrac{(n-1)^2}{(n-2)(n-3)}$ ，

其中 s 是标准差，$u_k = \dfrac{1}{n}\sum\limits_{i=1}^{n}(x_i - \bar{x})^k$ 是样本 k 阶中心矩. 偏度是刻画数据对称性的指标. 若 $G_1 = 0$，则数据关于均值对称；若 $G_1 > 0$，则数据右侧更分散（右尾长）；若 $G_1 < 0$，则数据左侧更分散（左尾长）. 峰度是刻画数据均值处峰值高低的指标，可用来检验分布的正态性. 当数据的总体分布为正态分布时，$G_2 = 0$；若两侧极端数据较多（粗尾），则 $G_2 > 0$；若两侧极端数据较少（细尾），则 $G_2 < 0$.

4. 中位数与分位数

数据的均值、方差、标准差等是总体数学期望、总体方差、总体标准差的一致估计，更适合来自正态总体的数据分析. 若总体分布未知，或者数据严重偏态，则应计算中位数、分位数的数字特征.

设 x_1，x_2，$\cdots$，x_n 是 n 个观测值，按其数值大小记为 $x_{(1)}$，$x_{(2)}$，$\cdots$，$x_{(n)}$，称为次序统计量. $x_{(1)} = \min\limits_{1 \leqslant i \leqslant n} x_i$ 与 $x_{(n)} = \max\limits_{1 \leqslant i \leqslant n} x_i$ 分别称为最小次序统计量与最大次序统计量.

$$\text{中位数：} M = \begin{cases} x_{\left(\frac{n+1}{2}\right)}, & n \text{ 为奇数} \\ \dfrac{1}{2}\left[x_{\left(\frac{n}{2}\right)} + x_{\left(\frac{n}{2}+1\right)}\right], & n \text{ 为偶数} \end{cases}$$

中位数是描述数据中心位置的数字特征.

$$p \text{ 分位数：} M_p = \begin{cases} x_{[np+1]}, & np \text{ 不是整数} \\ \dfrac{1}{2}\left(x_{[np]} + x_{[np+1]}\right), & np \text{ 是整数} \end{cases}$$

整个样本约有 $100p\%$ 的观测值不超过 p 分位数. 0.5 分位数即为中位数. 0.75 分位数和 0.25 分位数分别称为上、下四分位数，记为 Q_3、Q_1，即 $Q_3 = M_{0.75}$，$Q_1 = M_{0.25}$，$R_1 = Q_3 - Q_1$ 称为四分位极差（或半极差）.

当样本来自正态总体时，其总体的上、下四分位数为

$$\xi_{0.75} = \mu + 0.674\,5\sigma, \quad \xi_{0.25} = \mu - 0.674\,5\sigma,$$

总体四分位极差为 $r_1 = \xi_{0.75} - \xi_{0.25} = 1.349\sigma$. 当样本存在异常值时，标准差 s 缺乏稳健性. $\hat{\sigma} = \dfrac{R_1}{1.349}$ 是总体标准差 s 的稳健估计，称为四分位标准差.

均值和中位数都是描述数据集中位置的数字特征. 计算均值时用了样本的全部信息，而计算中位数仅用了数据分布的部分信息. 因此，在正常情况下，用均值比用中位数描述数据的集中位置的效果更优，但当存在异常值时，均值缺乏稳健性，可用三均值作为数据集中位置的数字特征. 三均值 $\hat{M}$ 的计算公式为：$\hat{M} = \dfrac{1}{4}Q_1 + \dfrac{1}{2}M + \dfrac{1}{4}Q_3$.

在探索性数据分析中，有一种判断数据为异常值的简便方法. 称 $Q_1 - 1.5R_1$ 和 $Q_3 + 1.5R_1$ 为数据的下、上截断点. 大于上截断点的数据为特大值，小于下截断点的数据为特小值，两者皆为异常值. 当总体服从正态分布 $N(\mu, \sigma^2)$ 时，理论下、上截断点分别为

$$\xi_{0.25}-0.15r_1=\mu-2.698\sigma, \quad \xi_{0.75}+0.15r_1=\mu+2.698\sigma,$$

数据落在上、下截断点之外的概率为 0.006 98. 对容量为 n 的正态样本，异常值的平均比率近似为 $0.006\ 98+\dfrac{0.4}{n}$.

5.5.2　常用数字特征的 MATLAB 实现

数据的数字特征可通过下面的程序实现：

```
function shuzhitezheng(x)
x＝x(:);
nans＝isnan(x);
ind＝find(nans);
x(ind)＝[];
junzhi＝mean(x);
disp(['均值：',num2str(junzhi)]);
fangcha＝var(x);
disp(['方差：',num2str(fangcha)]);
biaozhuncha＝std(x);
disp(['标准差：',num2str(biaozhuncha)]);
jicha＝range(x);
disp(['极差：',num2str(jicha)]);
bianyixishu＝100 * std(x)./mean(x);
disp(['变异系数：',num2str(bianyixishu)]);
piandu＝skewness(x,0);
disp(['偏度：',num2str(piandu)]);
fengdu＝kurtosis(x,0);
disp(['峰度：',num2str(fengdu)]);
zhongweishu＝prctile(x,50);
disp(['中位数：',num2str(zhongweishu)]);
xiasifenweishu＝prctile(x,25);
disp(['下四位数：',num2str(xiasifenweishu)]);
shangsifenweishu＝prctile(x,75);
disp(['上四位数：',num2str(shangsifenweishu)]);
```

sifenweijicha＝prctile(x,75)－prctile(x,25);

disp([′四分位极差:′,num2str(sifenweijicha)]);

sanjunzhi＝0.25 * (prctile(x,25)＋prctile(x,75))＋0.5 * prctile(x,50);

disp([′三均值:′,num2str(sanjunzhi)]);

xiajieduandian＝prctile(x,25)－1.5 * (prctile(x,75)－prctile(x,25));

disp([′下截断点:′,num2str(xiajieduandian)]);

shangjieduandian＝prctile(x,75)＋1.5 * (prctile(x,75)－prctile(x,25));

disp([′上截断点:′,num2str(shangjieduandian)]);

例 5—27 已知 1952—1996 年的人均国内生产总值（见表 5—8），计算其数字特征.

表 5—8 　　　　　　　　　人均国内生产总值

年份	1952	1953	1954	1955	1956	1957	1958	1959	1960	1961	1962	1963
人均GDP	119	142	144	150	165	168	200	216	218	185	173	181
年份	1964	1965	1966	1967	1968	1969	1970	1971	1972	1973	1974	1975
人均GDP	208	240	254	235	222	243	275	288	292	309	310	327
年份	1976	1977	1978	1979	1980	1981	1982	1983	1984	1985	1986	1987
人均GDP	316	339	379	417	460	525	580	692	853	956	1 104	1 355
年份	1988	1989	1990	1991	1992	1993	1994	1995	1996			
人均GDP	1 512	1 634	1 879	2 287	2 939	3 923	4 854	5 576	6 079			

编写 M 文件如下:

x＝[119 142 144 150 165 168 200 216 218 185 173 181 208 240 254 235 …
222 243 275 288 292 309 310 327 316 339 379 417 460 525 580 692 …
853 956 1104 1355 1512 1634 1879 2287 2939 3923 4854 5576 6079];

shuzhitezheng(x);

运行结果如下:

均值:965.4783　　　　　　　中位数:313

方差:2099532.4773　　　　　下四位数:216

标准差:1448.9764　　　　　　上四位数:956

极差:5960　　　　　　　　　　四分位极差:740

变异系数:150.0786　　　　　三均值:449.5

偏度:2.4149　　　　　　　　　下截断点:－894

峰度:8.248   上截断点:2066

2 287、2 939、3 923、4 854、5 576 和 6 079 是异常值,偏度为 2.414 9 显著右偏,峰度为 8.248,数据分布的右端有极端值. 均值、中位数和三均值相差较大,说明数据的分散性很大.

5.6 数据的分布描述

试验数据的数字特征刻画了数据的主要特征,而要描述数据的总体情况,就要研究数据的分布. 5.1 节给出的各种统计图都是描述数据分布的方法. 下面再介绍几种方法.

5.6.1 经验分布函数、茎叶图、QQ 图

1. 经验分布函数

数据的理论分布就是总体分布. 对于一般总体分布,可用经验分布函数来估计它的总体分布函数. 设 x_1,x_2,$\cdots$,x_n 是来自总体分布为 $F(x)$ 的样本观察值,将 x_1,x_2,$\cdots$,x_n 按从小到大的顺序排列,得到 $x_{(1)} < x_{(2)} < \cdots < x_{(n)}$,则经验分布函数定义为:

$$F_n(x) = \begin{cases} 0, & x < x_{(1)} \\ \dfrac{k}{n}, & x_{(i)} \leqslant x < x_{(i+1)} \\ 1, & x \geqslant x_{(n)} \end{cases}.$$

经验分布函数是非降阶梯函数,在 $x_{(i)}$ 处的跳跃度为 $\dfrac{1}{n}$ (若 $x_{(i)}$ 重复 k 次,则跳跃度为 $\dfrac{k}{n}$). 经验分布函数是总体分布的相合估计,因此,当 n 充分大时,$F_n(x) \approx F(x)$.

2. QQ 图

QQ 图可以鉴别样本的分布是否近似于某种类型的分布. 假定总体分布为正态分布 $N(\mu, \sigma^2)$. 对于样本 x_1,x_2,$\cdots$,x_n 按从小到大的顺序排列,得到 $x_{(1)} < x_{(2)} < \cdots < x_{(n)}$. 对应正态分布的 QQ 图是由以下的点构成的散点图:

$\left(\Phi^{-1}\left(\dfrac{i-0.375}{n+0.25}\right),\ x_{(i)}\right)$，$1\leqslant i\leqslant n$，其中 $\Phi(x)$ 是标准正态分布 $N(0，1)$ 的分布函数. 若样本数据近似于正态分布，在 QQ 图上这些点近似地在直线 $y=\sigma x+\mu$ 附近. 所以，利用正态分布可以做直观的正态性检验：若 QQ 图近似于一条直线，则认为样本数据来自正态总体. 用 QQ 图还可以获得偏度和峰度的有关信息.

3. 茎叶图

我们用下面的例子说明茎叶图的做法.

例 5—28　某公司的中层管理人员的年薪（单位：万元）为：40.6，39.6，37.8，36.2，38.8，38.6，39.6，40.0，34.7，41.7，38.9，37.9，37.0，35.1，36.7，37.1，37.7，39.2，36.9，38.3. 试作它的茎叶图.

步骤 1　排序. 将数据按从小到大的顺序排序为：34.7，35.1，36.2，36.7，36.9，37，37.1，37.7，37.8，37.9，38.3，38.6，38.8，38.9，39.2，39.6，39.6，40，40.6，41.7.

步骤 2　把数据分成茎和叶两部分. 如：34.7 的茎是 34，叶是 7.

步骤 3　作图. 竖线左边是茎，右边是叶.

34	7			
35	1			
36	2	7	9	
37	0	1	7	8	9
38	3	6	8	9
39	2	6	6	
40	0	6		
41	7			

5.6.2　经验分布函数图、茎叶图、QQ 图的 MATLAB 实现

1. 经验分布函数的 MATLAB 实现

根据经验分布函数的定义，可以编写程序如下：

```
function jingyanfenbu(x)
x=x(:)'; x=sort(x); n=length(x); xsui=ones(size(x));
B=cumsum(xsui); B=B/n;
xl=min(x)-(max(x)-min(x))*0.1;
```

```
xr＝max(x)＋(max(x)－min(x))＊0.1;
x＝[xl,x,xr]; y＝[0,B,1];h＝stairs(x,y)
set(h,'linewidth',2,'color','k')
gridon; axis([xl,xr,－0.05,1.05]); title('经验分布函数图')
```

2. QQ 图的 MATLAB 实现

根据 QQ 图的定义，可以编写程序如下：

```
function qqtu(x)
x＝x(:)';x＝sort(x);N＝length(x);
y＝norminv(((1:N)－0.375)./(N+0.25),0,1);
sigma＝std(x); mu＝mean(x);yy＝[min(y),max(y)];
xx＝mu+sigma＊yy; plot(y,x,'+b',yy,xx,'-.r'); title('QQ 图')
```

当然，也可以直接调用 qqplot 函数绘制 QQ 图.

3. 茎叶图的 MATLAB 实现

根据茎叶图的做法，可以编写程序如下：

```
function jingyetu(x,mtp)
if nargin<2   mtp＝1;   end
a＝x(:)＊mtp; a(isnan(a))＝[]; b＝a－mod(a,10);
b＝unique(b); b＝sort(b); N＝length(b);disp('茎叶图：')
for k＝1:N
    tmp＝b(k); TT＝sort(a'); TT(TT<tmp)＝[];
    TT(TT>＝tmp+10)＝[];
    ts＝mat2str(mod(TT,10)); ts(ts＝＝'[')＝[];
    ts(ts＝＝']')＝[];
    disp([int2str(tmp/mtp),' : ',ts]);
end
```

对例 5—28，编写 M 文件如下：

```
x＝[40.6 39.6 37.8 36.2 38.8 38.6 39.6 40.0 34.7…
    41.7 38.9 37.9 37.0 35.1 36.7 37.1 37.7 39.2 36.9 38.3];
jingyetu(x,10)
```

运行结果如下：

34：7	38：3 6 8 9
35：1	39：2 6 6
36：2 7 9	40：0 6
37：0 1 7 8 9	41：7

例 5—29 绘制例 5—27 中的 1952—1996 年人均国内生产总值的频数直方图、经验分布函数图和 QQ 图.

编写 M 文件如下：

```
x=[119 142 144 150 165 168 200 216 218 185 173 181 208 240 254 235 …
    222 243 275 288 292 309 310 327 316 339 379 417 460 525 580 692 …
    853 956 1104 1355 1512 1634 1879 2287 2939 3923 4854 5576 6079];
subplot(221);hist(x,8);title('频数直方图'),subplot(222);jingyanfenbu(x)
subplot(223);qqtu(x);subplot(224);qqplot(x)
```

运行结果（包括图 5—10）如下：

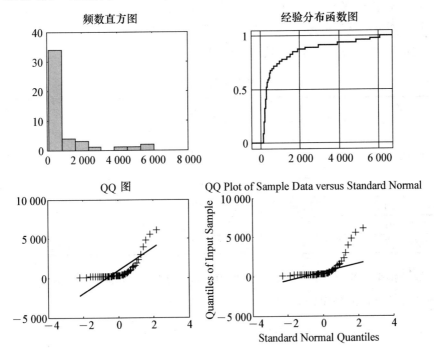

图 5—10 1952—1996 年我国人均国内生产总值的频数直方图、经验分布函数图和 QQ 图

从频数直方图、经验分布函数图和 QQ 图可以看出，该组数据不呈正态分布，而是显著右偏. 这与例 5—27 的计算结果是一致的.

5.7 方差分析

任何一个事件总会受到多种因素的影响，但每个因素对它的影响往往不同，并且同一因素在不同的水平影响也可能不同. 利用数据分析各个因素对事件的影响是否显著的方法称为方差分析.

如果仅考虑某一因素对事件的影响，称为单因素方差分析；如果考虑两个或两个以上的因素对事件的影响，称为双因素方差分析或多因素方差分析.

5.7.1 单因素方差分析

1. 数学原理

因素所处的状态称为水平. 设试验所考察的因素 A 有 s 个水平：A_1，A_2，$\cdots$，A_s，在水平 A_j 下进行了 n_j 次试验，可用表 5—9 表示.

表 5—9 　　　　　　　　　　单因素等水平试验数据表

水平	A_1	A_2	$\cdots$	A_s
观察结果	X_{11}	X_{12}	$\cdots$	X_{1s}
	X_{21}	X_{22}	$\cdots$	X_{2s}
	$\cdots$	$\cdots$		$\cdots$
	$X_{n_1 1}$	$X_{n_2 2}$	$\cdots$	$X_{n_s s}$
样本总和	$T_{\cdot 1}$	$T_{\cdot 2}$	$\cdots$	$T_{\cdot s}$
样本均值	$\bar{X}_{\cdot 1}$	$\bar{X}_{\cdot 2}$	$\cdots$	$\bar{X}_{\cdot s}$
总体均值	μ_1	μ_2	$\cdots$	μ_s

假设每个水平 A_j 下的样本来自均值不同、方差相同的正态总体 $N(\mu_j，\sigma^2)$. 单因素方差分析的数学模型为：

$$X_{ij}=\mu_j+\varepsilon_{ij}，\quad \varepsilon_{ij}\sim N(0,\sigma^2)，\quad i=1,\cdots,n_j，\ j=1,\cdots,s.$$

单因素方差分析的目的是检验 s 个总体的均值是否相等. 即检验假设：

$$H_0:\mu_1=\mu_2=\cdots=\mu_s；\quad H_1:\mu_1,\mu_2,\cdots,\mu_s\text{不全相等}$$

假设数据的总平均为 $\overline{X} = \dfrac{1}{n} \sum\limits_{j=1}^{s} \sum\limits_{i=1}^{n_j} X_{ij}$，其中 $n = \sum\limits_{j=1}^{s} n_j$；水平 A_j 下的样本均值

为 $\overline{X}_{.j} = \dfrac{1}{n_j} \sum\limits_{i=1}^{n_j} X_{ij}$．引入总偏差平方和（或总变差）：$SST = \sum\limits_{j=1}^{s} \sum\limits_{i=1}^{n_j} (X_{ij} - \overline{X})^2$；误

差平方和：$SSE = \sum\limits_{j=1}^{s} \sum\limits_{i=1}^{n_j} (X_{ij} - \overline{X}_{.j})^2$；效应平方和：$SSA = \sum\limits_{j=1}^{s} \sum\limits_{i=1}^{n_j} (\overline{X}_{.j} - \overline{X})^2$．

则有 $SST = SSE + SSA$，并且当 H_0 为真时，$F = \dfrac{SSA/(s-1)}{SSE/(n-s)} \sim F(s-1,\ n-s)$，

当 H_0 不为真时，F 的取值偏大．对于给定的显著性水平 α，拒绝域是 $F \geqslant F_\alpha(s-1,\ n-s)$．通常取 $\alpha = 0.01$ 或 0.05，若 $F \geqslant F_{0.01}$，则判定因素 A 高度显著，若 $F_{0.05} \leqslant F < F_{0.01}$，则判定因素 A 显著，若 $F < F_{0.05}$，则判定因素 A 不显著．一般把计算结果列成方差分析表（见表 5—10）．

表 5—10 单因素等水平方差分析表

方差来源	平方和	自由度	方差	F 值	F_α	显著性
因素 A	SSA	$s-1$	$MSA = \dfrac{SSA}{s-1}$	$F = \dfrac{MSA}{MSE}$	查表	
误差	SSE	$n-s$	$MSE = \dfrac{SSE}{n-s}$			
总和	SST	$n-1$				

2. 实现单因素分析的 MATLAB 函数

MATLAB 中的 anova1 函数实现单因素方差分析．其调用格式如下：

$$[\mathrm{p, table, stats}] = \mathrm{anova1}(X, \mathrm{group, displayout})$$

输入参数：X 的各列为彼此独立的样本观察值，其元素个数相同．group 数组中的元素用来标识箱形图中的坐标．displayout 有 on 和 off 两个值．on 为默认值，将自动给出方差分析表与箱形图．

输出参数：p 为各列均值相等的概率值，若 p 值接近于 0，则零假设受到质疑，说明至少有一列均值与其他各列的均值显著不同．table 为返回的方差分析表．stats 统计结果的结构体变量，包括每组均值等信息．

例 5—30 某公司采用四种方式销售产品．为检验不同销售方式的效果，随机抽样得表 5—11．

表 5—11　　　　　　　　　　　　不同销售方式的销售量

序号＼销售方式	方式一	方式二	方式三	方式四
1	77	95	71	80
2	86	92	76	84
3	81	78	68	79
4	88	96	81	70
5	83	89	74	82

为便于理解方差分析表，编写 M 文件如下：

```
function table＝danfangcha(X)
alpha1＝0.05;alpha2＝0.01;
[p,table]＝anova1(X,[],'off');
table(1,1:7)＝{'方差来源','偏差平方和','自由度',…
'方差','F 值',' Fα','显著性'};
table(2:4,1)＝{'因素 A';'误差 e';'总和'};
table{2,6}＝finv(1－alpha1,table{2,3},table{3,3});
table{3,6}＝finv(1－alpha2,table{2,3},table{3,3});
mark＝{'不显著','显著','高度显著'};
test＝1＋(p＜alpha1)＋(p＜alpha2);
table{2,7}＝mark{test};
```

在命令窗口输入如下命令：

```
X＝[77 95 71 80;86 92 76 84;81 78 68 79;88 96 81 70;83 89 74 82];
table＝danfangcha(X)
```

运行结果为：

table＝

'方差来源'	'偏差平方和'	'自由度'	'方差'	'F 值'	'Fα'	'显著性'
'因素 A'	[685]	[3]	[228.3333]	[7.3360]	[3.2389]	'高度显著'
'误差 e'	[498]	[16]	[31.1250]	[]	[5.2922]	[]
'总和'	[1183]	[19]	[]	[]	[]	[]

5.7.2 双因素方差分析

1. 无交互作用的双因素方差分析

设影响试验指标的有 A 和 B 两个因素. 因素 A 有 r 个水平：A_1，A_2，$\cdots$，A_r，因素 B 有 s 个水平：B_1，B_2，$\cdots$，B_s. 对每种水平的搭配方式 A_iB_j 各进行一次独立试验，共进行 $r \times s = n$ 次试验，试验数据为 x_{ij}，可用表 5—12 表示.

表 5—12   双因素无重复试验数据表

因素 A	因素 B			
	B_1	B_2	$\cdots$	B_s
A_1	X_{11}	X_{12}	$\cdots$	X_{1s}
A_2	X_{21}	X_{22}	$\cdots$	X_{2s}
$\cdots$	$\cdots$	$\cdots$	$\cdots$	$\cdots$
A_r	X_{r1}	X_{r2}	$\cdots$	X_{rs}

问：A、B 两个因素对试验指标有无显著影响？或因素 A 各水平之间有无显著差异，因素 B 各水平之间有无显著差异？

设 $X_{ij} \sim N(\mu_{ij}, \sigma^2)$ 下的样本来自均值不同、方差相同的正态总体 $N(\mu_j, \sigma^2)$. 则无交互作用的双因素无重复方差分析的数学模型为：

$$X_{ij} = \mu_j + \alpha_i + \beta_j + \varepsilon_{ij}$$
$$\varepsilon_{ij} \sim N(0, \sigma^2), \quad i = 1, \cdots, r, \ j = 1, \cdots, s$$
$$\sum_{i=1}^{r} \alpha_i = 0, \quad \sum_{j=1}^{s} \beta_j = 0.$$

要检验假设：

$$H_{01} : \alpha_1 = \alpha_2 = \cdots = \alpha_r = 0; \quad H_{11} : \alpha_1, \alpha_2, \cdots, \alpha_r \text{ 不全为零}$$
$$H_{02} : \beta_1 = \beta_2 = \cdots = \beta_s = 0; \quad H_{12} : \beta_1, \beta_2, \cdots, \beta_s \text{ 不全为零}$$

类似地，可得到无交互作用的双因素无重复的方差分析表（见表 5—13）.

表 5—13   双因素无重复方差分析表

方差来源	平方和	自由度	方差	F 值	F_α	显著性
因素 A	SSA	$r-1$	$MSA = \dfrac{SSA}{r-1}$	$F_A = \dfrac{MSA}{MSE}$	查表	

续前表

方差来源	平方和	自由度	方差	F 值	F_α	显著性
因素 B	SSB	$s-1$	$MSB=\dfrac{SSB}{s-1}$	$F_B=\dfrac{MSB}{MSE}$		
误差	SSE	$(r-1)(s-1)$	$MSE=\dfrac{SSE}{(r-1)(s-1)}$			
总和	SST	$n-1$				

2. 有交互作用的双因素方差分析

以上假设两因素是相互独立的,在双因素试验中,有时还存在两因素对试验结果的联合影响,这种联合影响称为交互作用,记作 $A \times B$.

设因素 A 有 r 个水平:A_1,A_2,$\cdots$,A_r,因素 B 有 s 个水平:B_1,B_2,$\cdots$,B_s. 对每种水平的搭配方式 A_iB_j 各进行 l 次试验,共进行 $r \times s \times l = n$ 次试验,试验数据为 x_{ijk},可用表 5—14 表示.

表 5—14　　　　　　　　　　双因素等重复试验数据表

因素 A	因素 B			
	B_1	B_2	$\cdots$	B_s
A_1	X_{111},X_{112},$\cdots$,X_{11l}	X_{121},X_{122},$\cdots$,X_{12l}	$\cdots$	X_{1s1},X_{1s2},$\cdots$,X_{1sl}
A_2	X_{211},X_{212},$\cdots$,X_{21l}	X_{221},X_{222},$\cdots$,X_{22l}	$\cdots$	X_{2s1},X_{2s2},$\cdots$,X_{2sl}
$\cdots$	$\cdots$	$\cdots$	$\cdots$	$\cdots$
A_r	X_{r11},X_{r12},$\cdots$,X_{r1l}	X_{r21},X_{r22},$\cdots$,X_{r2l}	$\cdots$	X_{rs1},X_{rs2},$\cdots$,X_{rsl}

分别检验因素 A、B 以及交互作用 $A \times B$ 对试验结果是否有显著影响,即检验假设:

H_{01}:因素 A 无显著影响

H_{02}:因素 B 无显著影响

H_{03}:交互作用 $A \times B$ 无显著影响

有交互作用的双因素等重复的方差分析表见表 5—15.

表 5—15　　　　　　　　　　双因素等重复方差分析表

方差来源	平方和	自由度	方差	F 值	F_α	显著性
因素 A	SSA	$r-1$	$MSA=\dfrac{SSA}{r-1}$	$F_A=\dfrac{MSA}{MSE}$	查表	

续前表

方差来源	平方和	自由度	方差	F 值	F_α	显著性
因素 B	SSB	$s-1$	$MSB=\dfrac{SSB}{s-1}$	$F_B=\dfrac{MSB}{MSE}$		
$A\times B$	$SS(A\times B)$	$(r-1)(s-1)$	$MS(A\times B)=\dfrac{SSB}{(r-1)(s-1)}$	$F_{A\times B}=\dfrac{MS(A\times B)}{MSE}$		
误差	SSE	$rs(l-1)$	$MSE=\dfrac{SSE}{rs(l-1)}$			
总和	SST	$n-1$				

3. 实现双因素分析的 MATLAB 函数

MATLAB 中的 anova2 函数实现双因素方差分析. 其调用格式如下:

$$[p,table,stats]=anova2(X,reps,displayout).$$

输入参数: reps 是试验重复的次数. displayout 有 on 和 off 两个值. on 为默认值, 将自动给出方差分析表. X 的各行表示其中一个因素的不同水平的值, X 的各行表示另一个因素的不同水平的值. 对于有重复的情况, 由 reps 指出重复次数, 若 reps$=l$, 则 X 可表示如下:

$$
\begin{array}{c}
A_1,\ A_2,\ \cdots,A_r\\[4pt]
X=\left.
\begin{bmatrix}
X_{111},X_{211},\cdots,X_{r11}\\
X_{112},X_{212},\cdots,X_{r12}\\
\cdots\cdots\\
X_{11l},X_{21l},\cdots,X_{r1l}\\
X_{121},X_{221},\cdots,X_{r21}\\
X_{122},X_{222},\cdots,X_{r22}\\
\cdots\cdots\\
X_{12l},X_{22l},\cdots,X_{r2l}\\
\vdots\\
X_{1s1},X_{2s1},\cdots,X_{rs1}\\
X_{1s2},X_{2s2},\cdots,X_{rs2}\\
\cdots\cdots\\
X_{1sl},X_{2sl},\cdots,X_{rsl}
\end{bmatrix}
\right.
\begin{array}{l}
\Big\}B_1(共\ l\ 行)\\[18pt]
\Big\}B_2(共\ l\ 行)\\[10pt]
\vdots\\[14pt]
\Big\}B_s(共\ l\ 行)
\end{array}
\end{array}
$$

输出参数: p 为各列均值相等的概率值, 若 p 值接近于 0, 则零假设受到质疑, 说明至少有一列均值与其他各列的均值显著不同. table 为返回的方差分析表. stats 统计结果的结构体变量, 包括每组均值等信息.

4. 应用举例

为便于理解方差分析表, 编写如下程序实现无交互影响的双因素方差分析:

```
function table=shuangfangcha1(X)
alpha=[0.05,0.01]; formatshort g;
[p,table]=anova2(X,1,'off');
table(1,1:7)={'方差来源','偏差平方和','自由度','方差','F 值',
              'Fα','显著性'};
table(2:5,1)={'行间因素';'列间因素';'误差';'总和'};
F1=finv(1-alpha,table{2,3},table{5,3});
F2=finv(1-alpha,table{3,3},table{5,3});
table{2,6}=[num2str(F1(1)),';',num2str(F1(2))];
table{3,6}=[num2str(F2(1)),';',num2str(F2(2))];
mark={'不显著','显著','高度显著'};
test=1+(p<alpha(1))+(p<alpha(2));
table(2:3,7)={mark{test(2)},mark{test(1)}};
```

例 5—31 考察 pH 值和硫酸铜浓度对化验血清中白蛋白与球蛋白的影响. 试验结果见表 5—16.

表 5—16   试验数据表

硫酸铜浓度	pH 值			
	1	2	3	4
1	3.5	2.6	2.0	1.4
2	2.3	2.0	1.5	0.8
3	2.0	1.9	1.2	0.3

在命令窗口输入如下命令:

```
X=[3.5 2.6 2.0 1.4;2.3 2.0 1.5 0.8;2.0 1.9 1.2 0.3];
table=shuangfangcha1(X)
```

运行结果为

table＝

'方差来源'	'偏差平方和'	'自由度'	'方差'	'F 值'	'Fα'	'显著性'
'行间因素'	[5.2892]	[3]	[1.7631]	[40.948]	'3.5874;6.2167'	'高度显著'
'列间因素'	[2.2217]	[2]	[1.1108]	[25.8]	'3.9823;7.2057'	'高度显著'
'误差'	[0.25833]	[6]	[0.043056]	[]	[]	[]
'总和'	[7.7692]	[11]	[]	[]	[]	[]

例 5—32 考察 3 种松树在 4 个不同地区的生长情况有无差别，在每个地区对每种松树随机选择 2 株，测量它们的胸径，得表 5—17.

表 5—17 松树胸径数据

松树种类	生长地区							
	1		2		3		4	
1	31	33	34	36	35	36	39	38
2	33	34	36	37	37	39	38	41
3	35	37	37	38	39	40	42	44

编写如下程序实现有交互影响的双因素方差分析：

```
function table＝shuangfangcha2(X,reps)
if nargin<2    error('请输入重复次') end
[m,n]＝size(X);
if mod(m,reps)    error('X 的行数必须是重复次数的倍数') end
alpha＝[0.05,0.01]; formatshort g
[p, table]＝anova2(X,reps,'off');
table(1,1:7)＝{'方差来源','偏差平方和','自由度',…
'方差','F 值',' Fα','显著性'};
table(2:6,1)＝{'行间因素';'列间因素';'交互作用';'误差';'总和'};
F1＝finv(1－alpha,table{2,3},table{5,3});
F2＝finv(1－alpha,table{3,3},table{5,3});
F3＝finv(1－alpha,table{4,3},table{5,3});
table{2,6}＝[num2str(F1(1)),';',num2str(F1(2))];
table{3,6}＝[num2str(F2(1)),';',num2str(F2(2))];
table{4,6}＝[num2str(F3(1)),';',num2str(F3(2))];
mark＝{'不显著','显著','高度显著'};
```

    test＝1＋(p＜alpha(1))＋(p＜alpha(2));

    table(2:4,7)＝{mark{test(2)},mark{test(1)},mark{test(3)}};

在命令窗口输入如下命令:

    X＝[31 33 34 36 35 36 39 38;33 34 36 37 37 39 38 41;35 37 37 38 39 40 42 44];

    table＝shuangfangcha2(X′,2)

运行结果为:

table＝

'方差来源'	'偏差平方和'	'自由度'	'方差'	'F 值'	'Fα'	'显著性'
'行间因素'	[56.583]	[2]	[28.292]	[19.4]	'3.8853;6.9266'	'高度显著'
'列间因素'	[132.12]	[3]	[44.042]	[30.2]	'3.4903;5.9525'	'高度显著'
'交互作用'	[4.75]	[6]	[0.79167]	[0.54286]	'2.9961;4.8206'	'不显著'
'误差'	[17.5]	[12]	[1.4583]	[]	[]	[]
'总和'	[210.96]	[23]	[]	[]	[]	[]

5.8 回归分析

回归分析是一种处理变量之间相关关系的统计方法. 研究一个（多个）因素与试验指标间的相关关系的回归分析称为一元回归分析（多元回归分析），它们又可以分成线性回归和非线性回归. 这里只讨论线性回归分析.

5.8.1 线性回归分析

下面介绍线性回归的数学模型.

一元线性回归又称直线拟合，是处理两个变量之间关系的最简模型. 其数学模型为:

$$\hat{y}=a+bx,$$

其中 y 是因变量, x 为自变量, a 和 b 是待定系数. 采用最小二乘法求 a 和 b, 即使

$$Q(a,b) = \sum_{i=1}^{n} (y_i - \hat{y}_i)^2 = \sum_{i=1}^{n} (y_i - a - bx_i)^2$$

达到最小. 容易计算得到 a 和 b 的估计为：

$$\begin{cases} \hat{a} = \bar{y} - b\bar{x} \\ \hat{b} = \dfrac{\sum\limits_{i=1}^{n} x_i y_i - \dfrac{1}{n}\left(\sum\limits_{i=1}^{n} x_i\right)\left(\sum\limits_{i=1}^{n} y_i\right)}{\sum\limits_{i=1}^{n} x_i^2 - \dfrac{1}{n}\left(\sum\limits_{i=1}^{n} x_i\right)^2}, \end{cases}$$

其中 $\bar{x} = \dfrac{1}{n}\sum\limits_{i=1}^{n} x_i$，$\bar{y} = \dfrac{1}{n}\sum\limits_{i=1}^{n} y_i$.

多元线性回归分析的数学模型是

$$\hat{y} = b_0 + b_1 x_{i1} + b_2 x_{i2} + \cdots + b_m x_{im}, \quad i = 1, 2, \cdots, n.$$

用向量形式可以写成 $Y = Xb$，其中

$$Y = \begin{bmatrix} y_1 \\ y_2 \\ \vdots \\ y_n \end{bmatrix}, \quad X = \begin{bmatrix} 1 & x_{11} & x_{12} & \cdots & x_{1m} \\ 1 & x_{21} & x_{22} & \cdots & x_{2m} \\ \vdots & \vdots & \vdots & & \vdots \\ 1 & x_{n1} & x_{n2} & \cdots & x_{nm} \end{bmatrix}, \quad b = \begin{bmatrix} b_0 \\ b_1 \\ \vdots \\ b_m \end{bmatrix}$$

Y 称为观测向量，X 称为设计矩阵，假定 X 是列满秩的，即 $\mathrm{rank}(X) = m+1$. 由最小二乘法可得 b 的点估计为：$b = (X^\mathrm{T} X)^{-1} X^\mathrm{T} Y$.

5.8.2 线性回归相关的 MATLAB 函数

1. regress 函数

regress 实现多元线性回归（含一元线性回归），其调用格式如下：

$$[\text{b, bint, r, rint, stats}] = \mathrm{regress}(y, X, \mathrm{alpha})$$

参数 y，X 和 b 分别是向量形式的多元线性回归模型中的 Y，X 和 b；alpha 是方差分析中的显著性水平；bint 是 b 的置信区间，r 和 rint 是残差及置信区间；stats 是用于检验回归模型的统计量，有 4 个数值，第一个为相关系数的平方 R^2，第二个为 F 统计量的值，第三个为统计量 $F > F_\alpha$ 的概率 P，当 $P < \mathrm{alpha}$ 时拒绝零假设，回归模型有意义，第四个统计量为均方误差.

2. stepwise 函数

stepwise 函数用于逐步回归的交互式环境，寻找最优回归方程. 其调用格式

如下：

（1）stepwise：打开交互式图形用户界面，对 MATLAB 自带的数据文件 hald. mat 中的变量 heat 和 ingredients 进行交互式逐步回归分析，其中 heat 是因变量观测值向量，ingredients 是自变量观测矩阵.

（2）stepwise(X，y)：打开交互式图表用户界面，对用户指定的数据进行交互式逐步回归分析. X 是自变量观测矩阵，y 是因变量观测向量. stepwise 函数把 y 或 X 中的不确定数据 NaN 作为缺失数据而忽略. stepwise 函数自动在 X 中加入一列 1 元素（即模型中自动包含常数项，不需要用户添加）.

（3）stepwise(X，y，inmodel，penter，premove)：用 inmodel 参数指定模型中所包含的项，inmodel 可以是一个长度与 X 的列数相等的逻辑向量，也可以是一个下标向量（其元素取值介于 1 和 X 的列数之间，表示列序号）. 用 penter 参数指定变量进入模型的最大显著性水平（默认值为 0.05），显著性检验的 p 值小于 penter 的变量才有可能被引入模型. 用 premove 参数指定从模型中剔除变量的最小显著性水平（默认值为 penter 和 0.1 的最大值），显著性检验的 p 值大于 premove 的变量有可能被剔除出模型. penter 参数的值必须小于或等于 premove 参数的值.

3. 其他函数

（1）rcoplot 函数：rcoplot(r，rint) 绘制残差及置信区间的排序图，横坐标表示观测序号，纵坐标表示残差值的大小，图中的每条竖直线对应一组观测的残差和残差的置信区间，线段的中点处的圆圈所对应的纵坐标为残差值，线段的上、下端点的纵坐标分别对应残差的置信上限和置信下限.

（2）regstats 函数：用于回归诊断. regstats(y，X，model) 生成一个交互式图形用户界面，界面上有回归诊断统计量列表，共有 23 个可选项. 通过这个界面，可以将回归分析的各种结果导入工作空间. stats＝regstats(…) 返回结构体变量，共有 24 个字段，包括了回归分析的所有诊断统计量，后 23 个字段分别与图形用户界面上的 23 个选项对应. 这种调用格式不生成图形用户界面. stats＝regstats(y，X，model，whichstats) 仅返回由 whichstats 参数指定的统计量. whichstats 参数是形如 {′leverage′，′stadres′} 的字符串元胞数组，也可以是形如 ′leverage′ 的字符串. 若是 ′all′，则返回所有统计量.

（3）还有用于广义线性回归的 glmfit 函数，用于多项式拟合的 polyfit 函数，用于计算最小二乘解的 lscov 函数，用于交互式拟合及响应面的 rstool 函数，等等，读者可自行查阅帮助系统.

5.8.3　应用举例

例5—33　合金的强度 y 与其中的含碳量 x 有密切的关系，从生产中得到一批数据如表5—18所示．试确定 x 与 y 的关系．

表5—18　　　　　　　　　　　合金强度与含碳量

y(kg/mm²)	41.0	42.5	45.0	45.5	45.0	47.5	49.0	51.0	50.0	55.0	57.5	59.5
x（%）	0.10	0.11	0.12	0.13	0.14	0.15	0.16	0.17	0.18	0.20	0.22	0.24

在命令窗口输入如下命令：

```
x=[0.10 0.11 0.12 0.13 0.14 0.15 0.16 0.17 0.18 0.20 0.22 0.24];
y=[41.0 42.5 45.0 45.5 45.0 47.5 49.0 51.0 50.0 55.0 57.5 59.5];
[b,bint,r,rint,stats]=regress(y',[ones(size(x));x]');
b,bint,stats,rcoplot(r,rint),z=b(1)+b(2)*x;
figure;plot(x,y,'o',x,z,'r')
```

运行结果（包括图5—11）如下：

b＝　　　　　　　　　　　　25.7205　　30.1741

　　27.9473　　　　　　　118.3788　　145.3005

　　131.8396　　　　　　stats＝

bint＝　　　　　　　　　0.9794　476.2462　0.0000　0.7737

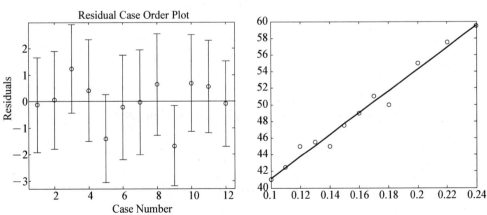

图5—11　残差效果图和回归效果图

例 5—34 某种水泥在凝固时放出的热量 y （单位：卡/克）与水泥中下面四种化学成分的含量有关：

$$x_1 : 3CaO \cdot SiO_2 \qquad\qquad x_3 : 3CaO \cdot Al_2O_3$$
$$x_2 : 2CaO \cdot SiO_2 \qquad\qquad x_4 : 4CaO \cdot Al_2O_3 \cdot Fe_2O_3$$

现测得 13 组数据如表 5—19 所示.

表 5—19　　　　　　　　　　热量与水泥化学成分数据

编号	x_1	x_2	x_3	x_4	y	编号	x_1	x_2	x_3	x_4	y
1	7	26	6	60	78.5	8	1	31	22	44	72.5
2	1	29	15	52	74.3	9	2	54	18	22	93.1
3	11	56	8	20	104.3	10	21	47	4	26	115.9
4	11	31	8	47	87.6	11	1	40	23	34	83.8
5	7	52	6	33	95.9	12	11	66	9	12	113.3
6	11	55	9	22	109.2	13	10	68	8	12	109.4
7	3	71	17	6	102.7						

试求 y 对 x_1、x_2、x_3、x_4 的线性回归方程，并检验线性回归方程的显著性以确定最优回归方程.

在命令窗口输入如下命令：

```
x=[7 26 6 60;1 29 15 52;11 56 8 20;11 31 8 47; 7 52 6 33; 11 55 9 22;
   3 71 17 6; 1 31 22 44; 2 54 18 22;21 47 4 26;1 40 23 34;
   11 66 9 12;10 68 8 12];
y=[78.5 74.3 104.3 87.6 95.9 109.2 102.7 72.5 93.1 115.9 83.8
   113.3 109.4]';
X=[ones(size(y)),x];
[b,bint,r,rint,stats]=regress(y,X);b=b',bint,stats
```

运行得：

```
b=
    62.4054    1.5511    0.5102    0.1019   -0.1441
bint=
   -99.1786  223.9893
    -0.1663    3.2685
```

$$
\begin{array}{cc}
-1.1589 & 2.1792 \\
-1.6385 & 1.8423 \\
-1.7791 & 1.4910
\end{array}
$$

stats＝

$$
\begin{array}{cccc}
0.9824 & 111.4792 & 0.0000 & 5.9830
\end{array}
$$

所以 y 对 x_1、x_2、x_3、x_4 的线性回归方程为：

$$y=62.405\,4+1.551\,1x_1+0.510\,2x_2+0.101\,9x_3-0.144\,1x_4.$$

bint 为各系数的置信区间. stats 分别为相关系数的平方、F 值、显著性概率 p 和均方误差. 相关系数的平方为 0.982 4，说明模型的拟合程度很高，显著性概率 $p<0.05$，故在默认的显著性水平 0.05 下，拒绝零假设，认为回归方程至少有一个自变量的系数不为零，回归方程有意义. 但是这里只得到总体回归关系显著，并不意味着每个变量 x_i 对 y 的影响都显著，因此需要作偏回归系数检验.

下面用 MATLAB 自带的 stepwise 函数进行逐步回归分析. 在命令窗口中输入如下命令：

stepwise(x，y)，

得到图 5—12.

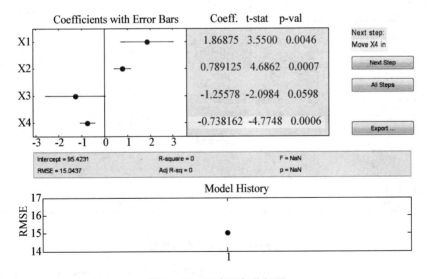

图 5—12　逐步回归分析图

左上角的图中，点表示回归系数，水平条表示置信区间. 红色的点表示该自变量不在模型中，蓝色的点表示该自变量在模型中（红色和蓝色在操作界面中可以看到）. 彩色水平条表示 90% 的置信区间，黑色水平条表示 95% 的置信区间（彩色和黑色在操作界面中可见）. 该图右边的表分别列出了对应的回归系数值、t 统计量和概率 p 值. 图下方的几个统计量的含义分别是：Intercept，常数项的估计值；RMSE，当前模型均方差的平方根；R-square，模型解释的响应变异性的大小；Adj R-sq，根据残差自由度进行调整以后的 R-square；F，回归的总 F 统计量；p，显著性概率. 最下面的是操作历史示意图，开始时默认所有自变量都不在模型中.

单击图中的条形或表项可以选入或剔除自变量. 单击红色条形，选入对应的自变量；单击蓝色条形，删除对应的自变量. Next Step 下面显示建议的步骤，可以按建议操作，直到 Move to terms，从而找到最优回归模型. 也可以单击 All Steps，一次完成所有建议步骤.

对于本例，先选入全部自变量，得到图 5—13.

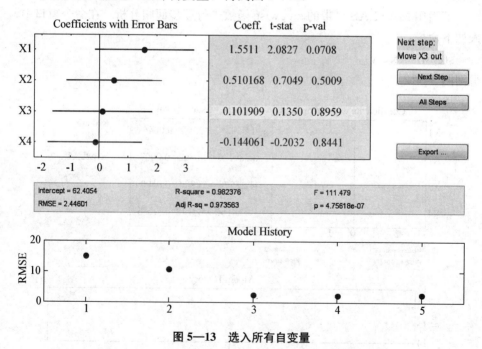

图 5—13　选入所有自变量

模型为：$y = 62.405\,4 + 1.551\,1x_1 + 0.510\,2x_2 + 0.101\,9x_3 - 0.144\,1x_4$，然后单击 All Steps，得到图 5—14.

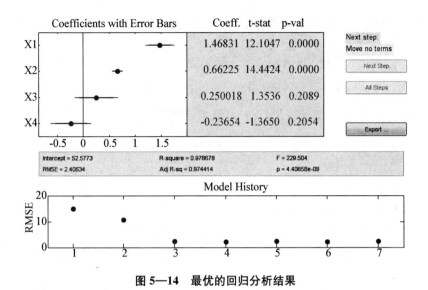

图 5—14 最优的回归分析结果

从而最优的回归方程为：$y = 52.577\,3 + 1.468\,3x_1 + 0.662\,3x_2$.

习 题

1. 蒲丰（Buffon）投针问题. 平面上画有等距离的平行线，平行线间的距离为 $a(a > 0)$，向平面任意投掷一枚长为 l（$l < a$）的针，利用随机数计算出针与平行线相交的概率，并求圆周率的近似值.

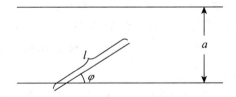

2. 绘制自由度分别为 1、5 和 100 的 t 分布的概率密度函数曲线以及自由度为 (10，50)、(10，10) 和 (10，1) 的 F 分布的概率密度函数曲线.

3. 已知随机变量 X 的分布律如表 5—20 所示，求 EX 和 DX.

表 5—20 随机变量 X 的分布律

X	-1	0	1	2	3	4
p	1/12	1/6	1/12	1/3	1/6	1/6

4. 已知随机变量 X 的概率密度函数 $f(x)$，求 $E(X)$ 和 $D(X)$.

$$f(x)=\begin{cases}\dfrac{6x}{a^3}(a-x), & 0<x<a \\ 0, & 其他\end{cases}.$$

5. 已知二维随机变量 (X, Y) 的概率密度函数为

$$f(x,y)=\begin{cases}C(1+y+xy), & 0<x<1, 0<y<1 \\ 0, & 其他\end{cases}$$

(1) 确定常数 C；

(2) X 与 Y 是否相互独立？

(3) X 与 Y 是否相关？若不相关，相关系数等于多少？

6. 一学院有学生 1 600 人，午餐时间到学院食堂就餐的人数最多，约占学生总数的 3/4.

(1) 学院食堂应最多安排多少座位，才能使空座位超过 100 个的概率不超过 0.01？

(2) 在此安排下，就餐学生无座位的概率是多少？

7. 从自动机床加工的同类零件中抽取 16 件，测得长度为（单位：mm）：

12.15　12.12　12.01　12.08　12.09　12.16　12.03　12.01
12.06　12.13　12.07　12.11　12.08　12.01　12.03　12.06

设零件长度近似服从正态分布，利用 MATLAB 自带的函数和自编程序分别求数学期望和方差的矩估计值，以及它们的置信度为 0.95 的置信区间.

8. 某台机器原生产零件的平均直径是 3.278 cm，标准差为 0.002 cm. 经过大修后，从新生产的产品中抽测了 10 只，得直径的长度数据（单位：cm）如下：

3.281　3.276　3.278　3.286　3.279　3.278　3.284　3.279　3.280　3.279

假设直径长度服从正态分布，大修后直径的方差不变，在显著性水平 $\alpha=0.05$ 下，问产品的规格是否有变化？

9. 某车间生产铜丝. 生产一向比较稳定，其折断力服从正态分布，今从产品中随机地抽取 10 根检验折断力，得数据如下（单位：kg）：

578　572　570　568　572　570　570　572　596　584

问该车间生产的铜丝折断力的方差是否可以认为是 64（取显著性水平 $\alpha=0.05$）？

10. 一出租车公司欲检验装配哪一种轮胎省油，以 12 部装有 I 型轮胎的车辆经过预定的测试. 在不变换驾驶员的情况下，将这 12 部车辆换装 II 型轮胎并重复测试，其汽油消耗量如表 5—21 所示（单位：km/L）：

表 5—21　　　　　　　　　　　汽油消耗量

汽车号 i	1	2	3	4	5	6	7	8	9	10	11	12
I 型轮胎 x_i	4.2	4.7	6.6	7.0	6.7	4.5	5.7	6.0	7.4	4.9	6.1	5.2
II 型轮胎 y_i	4.1	4.9	6.2	6.9	6.8	4.4	5.7	5.8	6.9	4.7	6.0	4.9

假定总体为正态分布，在 $\alpha = 0.025$ 的显著性水平下，是否可以推断安装 I 型轮胎比安装 II 型轮胎要省油？

11. 某机床厂某日从两台机器所加工的同一种零件中，分别抽出若干个样品并测量零件尺寸，得数据如下：

机器甲　15.0　14.5　15.2　15.5　14.8　15.1　15.2　14.8
机器乙　15.2　15.0　14.8　15.2　15.0　15.0　14.8　15.1　14.8

设零件尺寸服从正态分布，问机器乙的加工精度是否比机器甲的高（取 $\alpha = 0.05$）？

12. 一位英语教师想检查 3 种不同教学方法的效果，为此随机选取 24 名学生并把他们分成 3 组，相应地用 3 种方法教学. 一段时间后，这位教师对这 24 名学生进行统考，统考成绩如表 5—22 所示：

表 5—22　　　　　　　　　　　统考成绩

方法	统考成绩							
1	73	66	89	82	43	80	63	
2	88	78	91	76	85	84	80	96
3	68	79	71	71	87	68	59	76	80

试问在 0.05 的显著性水平下，这 3 种教学方法有无显著差异？

13. 设有 5 种治疗某病的药物，要比较它们的疗效，假定将 30 个病人随机地分成 5 组，每组 6 人，令每组病人使用同一种药物，并记录病人从使用药物开始到痊愈的时间，如表 5—23 所示，试评价疗效有无显著差异.

表 5—23　　　　　　　　　从服用药物到痊愈的时间

病人编号	药物 1	药物 2	药物 3	药物 4	药物 5
1	5	4	6	7	9
2	8	6	4	4	3

续前表

病人编号	药物1	药物2	药物3	药物4	药物5
3	7	6	4	6	5
4	7	3	5	6	7
5	10	5	4	3	7
6	8	6	3	5	6

14. 营业税税收总额 y 与社会商品零售总额 x 有关. 为了能通过社会商品零售总额来预测税收总额, 需要了解两者的关系. 现收集了 9 组数据, 如表 5—24 所示.

表 5—24 税收总额 y 与商品零售总额 x

序号	1	2	3	4	5	6	7	8	9
x（亿元）	142.08	177.30	204.68	242.88	316.24	341.99	332.69	389.29	453.40
y（亿元）	3.93	5.96	7.85	9.82	12.50	15.55	15.79	16.39	18.45

试分析税收总额与商品零售总额的相关关系, 建立回归方程, 并预测当商品零售总额 $x=300$ 亿元时, 营业税税收总额 y 为多少亿元.

第六章

最优化实验

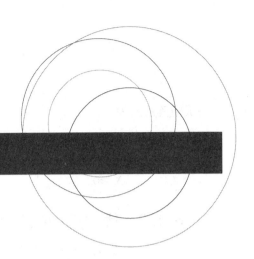

在人们的实际生活中，解决一个问题常常有多种方案．最优化方法就是研究如何从多个方案中选出最优方案的数学分支．MATLAB 中的最优化工具箱（Optimization Toolbox）实现了解决不同类型最优化问题的算法，可以帮助我们快速完成计算任务．

通过本章的学习，读者能利用最优化工具箱中的相关函数进行线性规划、非线性规划、整数线性规划和最小二乘法等问题的计算．

6.1　线性规划

线性规划是处理线性目标函数和线性约束的一种较为成熟的方法，其求解方法主要是单纯形方法（Simple Method），它从所有基本可行解的一个较小部分中通过迭代过程选出最优解．

6.1.1　线性规划的数学模型

线性规划问题的标准形式是

$$\min z = \sum_{j=1}^{n} c_j x_j$$

$$\text{s. t.} \begin{cases} \sum_{j=1}^{n} a_{ij}x_j = b_i, & i=1,2,\cdots,m, \\ x_j \geqslant 0, & j=1,2,\cdots,n \end{cases}$$

写成矩阵形式为

$$\min z = CX$$
$$\text{s. t.} \begin{cases} AX=b \\ X \geqslant 0 \end{cases}.$$

6.1.2 线性规划的 MATLAB 函数

MATLAB 最优化工具箱中的 linprog 函数可用来求解如下的线性规划问题：

$$\min_{x} f^{\mathrm{T}}x$$
$$\text{s. t.} \begin{cases} A \cdot x \leqslant b \\ Aeq \cdot x = beq. \\ lb \leqslant x \leqslant ub \end{cases}$$

它的调用格式如下：

x=linprog(f,A,b)：求解问题 min f * x，约束条件为 A * x<=b.

x=linprog(f,A,b,Aeq,beq)：求解上述问题，但增加等式约束，即 Aeq * x= beq. 若没有不等式约束，则 A=[ ],b=[ ].

x=linprog(f,A,b,Aeq,beq,lb,ub)：定义变量 x 的下界 lb 和上界 ub. 若 没有等式约束，则 Aeq=[ ],beq=[ ].

x=linprog(f,A,b,Aeq,beq,lb,ub,x0)：给定初值 x0. 该选项只适用于 中型问题，默认时大型算法将忽略初值.

[x,fval]=linprog(⋯)：返回解 x 处的目标函数值 fval.

[x,fval,exitflag]=linprog(⋯)：返回 exitflag 值，用以描述函数计算的 退出条件.

[x,fval,exitflag,output]=linprog(⋯)：返回包含优化信息的输出变量 output.

[x,fval,exitflag,output,lambda]=linprog(⋯)：将解 x 处的拉格朗日乘 子返回给 lambda 参数.

lambda 是一个结构数组，它有下面的域：

lower：下界 lb   ineqlin：线性不等式

upper：上界　　　　　　　　　eqlin：线性等式

exitflag 参数表示算法终止的原因，下面列出不同值对应的退出原因：

1：函数在解 x 处收敛　　　　　　　−4：执行算法遇到 NaN

0：迭代次数超过 options. MaxIter　−5：原问题和对偶问题都不可行

−2：没有找到可行点　　　　　　　　−7：搜索方向太小，不能继续前进

−3：问题无界

例 6—1　假设某厂计划生产甲、乙两种产品，现库存主要材料有 A 类 3 600kg，B 类 2 000kg，C 类 3 000kg. 每件甲产品需用材料 A 类 9kg，B 类 4kg，C 类 3kg. 每件乙产品需用材料 A 类 4kg，B 类 5kg，C 类 10kg. 甲单位产品的利润是 70 元，乙单位产品的利润是 120 元，问如何安排生产，才能使该厂所获的利润最大？

设 x_1、x_2 分别为生产甲、乙产品的件数，f 为该厂的利润，则数学模型为：

$$\max z = 70x_1 + 120x_2$$

$$\text{s. t.} \begin{cases} 9x_1 + 4x_2 \leqslant 3\ 600 \\ 4x_1 + 5x_2 \leqslant 2\ 000 \\ 3x_1 + 10x_2 \leqslant 3\ 000 \\ x_1, x_2 \geqslant 0 \end{cases}$$

其标准形式为：

$$\min z = -70x_1 - 120x_2$$

$$\text{s. t.} \begin{cases} 9x_1 + 4x_2 \leqslant 3\ 600 \\ 4x_1 + 5x_2 \leqslant 2\ 000 \\ 3x_1 + 10x_2 \leqslant 3\ 000 \\ x_1, x_2 \geqslant 0 \end{cases}$$

编写 M 文件如下：

```
f=[−70 −120];A=[9 4;4 5;3 10];b=[3600 2000 3000]';lb=[0 0];
    ub=[];
[x,fval,exitflag]=linprog(f,A,b,[],[],lb,ub),fmax=−fval
```

运行结果如下：

Optimization terminated.　　　　　　　　−4.2800e+004

x=	exitflag=
200.0000	1
240.0000	fval=
fmax=	4.2800e+004

生产甲产品 200 件，乙产品 240 件，最大利润为 42 800 元.

例 6—2 某昼夜服务的公共交通系统每天各时间段（每 4 小时为一个时间段）所需的值班人员如表 6—1 所示. 这些值班人员在某一时间段上班后要连续工作 8 个小时（包括轮流用膳时间）. 问该公交系统至少需要多少名工作人员才能满足值班的需要？

表 6—1　　　　　　　　　　　各时间段所需值班人数表

班次	时间段	所需人数	班次	时间段	所需人数	班次	时间段	所需人数
1	6:00~10:00	60	3	14:00~18:00	60	5	22:00~2:00	20
2	10:00~14:00	70	4	18:00~22:00	50	6	2:00~6:00	30

设 x_i 表示第 i 时间段开始上班的人数，则数学模型为：

$$\min z = x_1 + x_2 + x_3 + x_4 + x_5 + x_6$$

$$\text{s. t.} \begin{cases} x_1 + x_6 \geqslant 60 \\ x_1 + x_2 \geqslant 70 \\ x_2 + x_3 \geqslant 60 \\ x_3 + x_4 \geqslant 50 \\ x_4 + x_5 \geqslant 20 \\ x_5 + x_6 \geqslant 30 \\ x_1, x_2, x_3, x_4, x_5, x_6 \geqslant 0 \end{cases}$$

编写 M 文件如下：

```
f=[1 1 1 1 1 1];
A=[-1 0 0 0 0 -1;-1 -1 0 0 0 0;0 -1 -1 0 0 0;0 0 -1 -1 0 0
    0 0 0 -1 -1 0;0 0 0 0 -1 -1];
b=[-60 -70 -60 -50 -20 -30]';
lb=[0 0 0 0 0 0];[x,fval,exitflag]=linprog(f,A,b,[],[],lb)
```

运行结果如下：

```
     Optimization terminated.                              9.8606
   x=                                                     20.1394
          41.9176                          fval=
          28.0824                                       150.0000
          35.0494                          exitflag=
          14.9506                                             1
```

即 6 个时间段分别安排 42、28、35、15、10、20 人就可以满足值班的需要，共计 150 人.

【说明】本例应是一个整数线性规划问题，但把解 x 向下取整后，恰好满足约束条件，因此这里用一般的线性规划求解即可.

6.2 非线性规划 ↙

目标函数不是决策变量的线性函数或约束条件中至少有一个非线性约束的数学规划，称为非线性规划.

6.2.1 无约束非线性规划问题

1. 数学模型

无约束非线性规划问题是在没有约束条件下求目标函数的最大值或最小值，在现实生活中经常遇到这类问题，并且许多有约束最优化问题可以转化为无约束最优化问题. 求解无约束最优化问题的方法主要有直接搜索法和梯度法.

2. 有关函数

（1）fminbnd 函数.

该函数用于寻求固定区间内单变量函数的最小值，即求解 $\min\limits_{x_1 \leqslant x \leqslant x_2} f(x)$，其调用格式为：

    x=fminbnd(fun,x1,x2)：返回[x1,x2]区间上的最小解.

    x=fminbnd(fun,x1,x2,options)：指定优化参数.

    x=fminbnd(fun,x1,x2,options,P1,P2,…)：提供目标函数另外的参数，
        没有 options 选项，则令 options=[].

[x,fval]＝fminbnd(…):返回[x1,x2]区间上的最小解和目标函数 fun
的最小值.

[x,fval,exitflag]＝fminbnd(…):返回退出条件.

[x,fval,exitflag,output]＝fminbnd(…):返回优化信息.

exitflag＝1:表示目标函数收敛于解 x 处.

exitflag＝0:表示已经达到函数评价或迭代次数.

exitflag＝－1:表示算法被输出函数终止.

exitflag＝－2:表示边界不一致,相互矛盾.

例 6—3 在边长为 3 米的正方形铁板的 4 个角处剪去相等的正方形以制成
方形无盖水槽,问如何剪可使水槽的容积最大?

设剪去的正方形的边长为 x,则数学模型为:$\max(3-2x)^2 x$,$0<x<1.5$.
编写函数 M 文件如下:

function f＝exam6_03_fun(x);f＝－(3－2＊x)^2＊x;

在命令窗口中运行如下命令:

[x,fval,exitflag]＝fminbnd(@exam6_03_fun,0,1.5)

得

x＝   －2.0000

　　　　　0.5000   exitflag＝

fval＝   1

即剪去的正方形边长为 0.5 米时水槽的容积最大,最大值为 2 立方米.

(2) fminunc 函数.

该函数用于求多变量函数的最小值,即求解 $\min f(x)$,其中 x 是一个向量,
调用格式为:

x＝fminunc(fun,x0):给定初值 x0,求目标函数的局部极小点 x,x0 可以
是标量、向量或矩阵.

x＝fminunc(fun,x0,options):指定优化参数.

[x,fval]＝fminunc (…):返回目标函数 fun 的最小值 fval.

[x,fval,exitflag]＝fminunc (…):返回退出条件.

[x,fval,exitflag,output]＝fminunc(…):返回优化信息.

[x,fval,exitflag,output,grad]＝fminunc (…):返回函数 fun 在 x 处的

梯度值 grad.

[x,fval,exitflag,output,grad,hessian]＝fminunc(…):返回函数 fun 在
x 处的 Hessian 矩阵.

exitflag＝1:表示目标函数收敛于解 x 处.

exitflag＝2:表示 x 处的改变小于精度.

exitflag＝3:表示目标函数的改变小于精度.

exitflag＝0:表示已经达到函数评价或迭代次数.

exitflag＝－1:表示算法被输出函数终止.

exitflag＝－2:表示一维搜索不能沿当前搜索方向充分减小目标函数的值.

例 6—4 求 $\min 3x_1^2 + 2x_1x_2 + x_2^2$.

编写函数 M 文件如下:

function f＝exam6_04_fun(x);f＝3＊x(1)^2＋2＊x(1)＊x(2)＋x(2)^2;

在命令窗口中运行如下命令:

[x,fval,exitflag]＝fminunc(@exam6_04_fun,[1,1])

经过 8 次迭代后,得最优解和最优值如下:

x=	output=
1.0e-006 ＊	iterations:8
0.2541 －0.2029	funcCount:27
fval=	stepsize:1
1.3173e-013	firstorderopt:1.1633e-006
exitflag=	algorithm:[1x38 char]
1	message:[1x438 char]

下面用给定的梯度求解,修改上述的函数 m 文件,使梯度函数作为第二个
输出变量.

function [f,g]＝exam6_04_fun(x)
f＝3＊x(1)^2＋2＊x(1)＊x(2)＋x(2)^2;   ％成本函数
if nargout＞1
    g(1)＝6＊x(1)＋2＊x(2);g(2)＝2＊x(1)＋2＊x(2);
end

将优化选项 options. GradObj 设置为 $'$on$'$，编写 M 文件如下：

options＝optimset($'$GradObj$'$,$'$on$'$);
[x,fval,exitflag,output]＝fminunc(@exam6_04_fun,[1,1],options)

运行结果为：

x=	iterations:1
1.0e-015 *	funcCount:2
0.3331 —0.4441	cgiterations:1
fval=	firstorderopt:1.1102e-015
2.3419e-031	algorithm:[1x32 char]
exitflag=	message:[1x498 char]
1	constrviolation:[]
output=	

注：①对于平方和问题的求解，fminunc 函数不是最好的选择，用 lsqnonlin 函数效果更好.

②使用大型方法时，必须将 options. GradObj 设置为 $'$on$'$ 以提供梯度信息，否则会给出警告.

③目标函数必须是连续的. fminunc 有时会给出局部最优解.

④fminunc 只对实数进行优化，即 x 必须为实数，且 f(x) 必须返回实数. 当 x 是复数时，必须将它分解为实部和虚部.

（3）fminsearch 函数.

该函数用于求多变量函数的最小值，即求解 $\min f(x)$，其中 x 是一个向量，调用格式为：

    x＝fminsearch (fun,x0)：给定初值 x0，求目标函数的局部极小点 x,x0 可以是标量、向量或矩阵.

    x＝fminsearch (fun,x0,options)：指定优化参数.

    [x,fval]＝fminsearch (…)：返回目标函数 fun 的最小值 fval.

    [x,fval,exitflag]＝fminsearch (…)：返回退出条件.

    [x,fval,exitflag,output]＝fminsearch(…)：返回优化信息.

注：①对于二次以上的问题，fminsearch 函数比 fminunc 函数有效，求解高度非线性时，fminsearch 函数更稳健.

②fminsearch 有时会给出局部最优解.

③fminsearch 只对实数进行优化，即 x 必须为实数，且 f(x) 必须返回实数. 当 x 是复数时，必须将它分解为实部和虚部.

④fminsearch 函数不适合求解平方和问题，用 lsqnonlin 函数更好.

例 6—5 求解 Rosenbrock 香蕉函数 $f(x)=100(x_2-x_1^2)^2+(1-x_1)^2$ 的最小值.

Rosenbrock 香蕉函数是一个典型的多元最小化测试问题，它的最小解为 (1，1)，最小值为 0. 一般的优化算法很难求出它的最小解，但是用 MATLAB 很容易求解.

编写 M 文件如下：

```
[x,y]=meshgrid(-2:0.1:2);z=100*(y-x.^2).^2+(1-x).^2;
    [px,py]=gradient(z,0.1,1);
figure,surfc(x,y,z);figure,contour(x,y,z,40);hold on; quiver(x,y,
    px,py);
plot(-1.1,1,'*');text(-1,1 ,'初始解');plot(1,1,'o');text(1.1,1,
    '最小值');
f=@(x)100*(x(2)-x(1)^2)^2+(1-x(1))^2;
[x,fval,exitflag,output]=fminsearch(f,[-1.2,1])
```

运行结果如下（包括图 6—1 和图 6—2）：

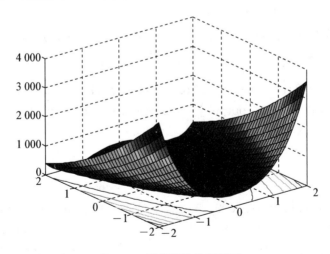

图 6—1 香蕉函数的表面图

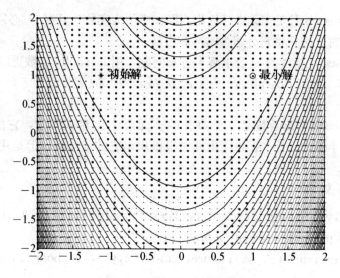

图 6—2 香蕉函数的等高线图

x=		output=
1.0000 1.0000		iterations:85
fval=		funcCount:159
8.1777e−010		algorithm:[1x33 char]
exitflag=		message:[1x196 char]
1		

如果把香蕉函数 $f(x)=100(x_2-x_1^2)^2+(1-x_1)^2$ 改为 $f(x)=100(x_2-x_1^2)^2+(a-x_1)^2$，那么最小解为 $(a,\ a^2)$。如 $a=\sqrt{2}$，编写 M 文件如下：

```
a=sqrt(2);banana=@(x)100*(x(2)-x(1)^2)^2+(a-x(1))^2;
[x,fval,exitflag,output]=fminsearch(banana,[−1.2,1],optimset
('TolX',1e−8))
```

运行结果为：

x=		output=
1.4142 2.0000		iterations:131
fval=		funcCount:249
4.2065e−018		algorithm:[1x33 char]
exitflag=		message:[1x196 char]
1		

6.2.2 有约束非线性规划问题

有约束最优化问题通常通过构造罚函数转换为无约束最优化问题来求解，但是，现在这些方法已经被更有效的基于 K-T（Kuhn-Tucker）方程的解法所取代. K-T 方程是有约束最优化问题求解的必要条件.

1. 数学模型

有约束最优化问题的数学模型为：

$$\min_{x \in R^n} f(x)$$

$$\text{s. t.} \begin{cases} G_i(x) = 0, & i = 1, \cdots, m_e \\ G_i(x) \leqslant 0, & i = m_e + 1, \cdots, m \\ x_l \leqslant x \leqslant x_u \end{cases}$$

其 K-T 方程为：

$$\nabla f(x^*) + \sum_{i=1}^{m} \lambda_i^* \cdot \nabla G_i(x^*) = 0$$

$$\lambda_i^* G_i(x^*) = 0, \lambda_i^* \geqslant 0, i = m_e + 1, \cdots, m$$

对于凸规划问题，K-T 方程是求得全局极小点的充分必要条件.

2. 有关函数

在 MATLAB 优化工具箱中，fmincon 函数用于求有约束最优化问题：

$$\min_{x} f(x)$$

$$\text{s. t.} \begin{cases} c(x) \leqslant 0 \\ ceq(x) = 0 \\ A \cdot x \leqslant b \\ Aeq \cdot x = beq \\ lb \leqslant x \leqslant ub \end{cases} .$$

其调用格式为：

x＝fmincon（fun,x0,A,b）：给定初值 x0,求解 fun 函数在线性不等式约束 A＊x＜＝b 下的最小值 x,x0 可以是标量、向量或矩阵.

x＝fmincon（fun,x0,A,b,Aeq,beq）：求解上述问题,但增加等式约束,

即 Aeq * x=beq. 若没有不等式约束,则 A=[],b=[].

x=fmincon (fun,x0,A,b,Aeq,beq,lb,ub):定义变量 x 的下界 lb 和上界 ub. 若没有等式约束,则 Aeq=[],beq=[].

x=fmincon (fun,x0,A,b,Aeq,beq,lb,ub,nonlcon):求解上述问题,但增加非线性约束,即 $c(x)<=0$ 及 $ceq(x)=0$.

x=fmincon (fun,x0,A,b,Aeq,beq,lb,ub,nonlcon,options):指定优化参数 options.

[x,fval]=fmincon (⋯):返回解 x 处的目标函数值 fval.

[x,fval,exitflag]=fmincon (⋯):返回 exitflag 值,用于描述函数计算的退出条件.

[x,fval,exitflag,output]=fmincon (⋯):返回包含优化信息的输出变量 output.

[x,fval,exitflag,output,lambda]=fmincon (⋯):返回解 x 处包含拉格朗日乘子的 lambda 参数.

[x,fval,exitflag,output,,lambda,grad]=fmincon (⋯):返回解 x 处 fun 函数的梯度.

[x,fval,exitflag,output,lambda,grad,hessian]=fmincon (⋯):返回解 x 处 fun 函数的 Hessian 矩阵.

【说明】 nonlcon 参数是一个包含函数名的字符串或函数句柄. 该函数可以是函数 m 文件、内部文件或 mex 文件. 譬如:若 nonlcon='mycon'或@mycon,则函数 M 文件为

```
function [c,ceq,GC,GCeq]=mycon(x)
c=⋯
ceq=⋯
if nargout>2
    Gc=⋯
    GCeq=⋯
end
```

其中返回变量 c、ceq、GC、GCeq 分别是 $c(x)$、$ceq(x)$ 以及它们的梯度的值.

例 6—6 求侧面积为 $150m^2$ 的体积最大的长方体.

设长方体的长、宽、高分别为 x_1、x_2、x_3,则该问题的数学模型为:

$$\min z = -x_1 x_2 x_3$$
$$\text{s. t.} \quad 2(x_2 x_3 + x_3 x_1 + x_1 x_2) = 150$$

目标函数的 M 文件编写如下：

```
function f=exam6_06_obfun(x)
        f=-x(1) * x(2) * x(3);
```

约束条件的 M 文件编写如下：

```
function [c,ceq]=exam6_06_confun(x)
        c=0;ceq=2 * (x(2) * x(3)+x(3) * x(1)+x(1) * x(2))-150;
```

编写脚本 M 文件如下：

```
x0=[4;5;6];lb=[0;0;0];
[x,fval,exitflag,output,lambda]=fmincon(@exam6_06_obfun,...
x0,[],[],[],[],lb,[],@ exam6_06_confun)
```

运行结果如下：

Local minimum found that satisfies the constraints.

Optimization completed because the objective function is non-decreasing in feasible directions, to within the default value of the function tolerance, and constraints were satisfied to within the default value of the constraint tolerance.

⟨stopping criteria details⟩

Active inequalities (to within options. TolCon=1e-006)：

lower	upper	ineqlin	ineqnonlin
			1

```
x=
    5.0000
    5.0000
    5.0000
fval=
    -125.0000
exitflag=
```

```
algorithm：'medium-scale：SQP,
Quasi-Newton,line-search'
firstorderopt：6.8900e-007
constrviolation：1.3358e-012
message：[1x788 char]
lambda=
lower：[3x1 double]
```

$$
\begin{array}{ll}
& 1 \qquad\qquad\qquad\qquad \text{upper:} [3\text{x}1 \ \text{double}] \\
\text{output}= & \qquad\qquad\qquad\qquad \text{eqlin:} [0\text{x}1 \ \text{double}] \\
& \text{iterations:} 7 \qquad\qquad \text{eqnonlin:} 1.2500 \\
& \text{funcCount:} 34 \qquad\quad \text{ineqlin:} 0\text{x}1 \ \text{double}] \\
& \text{lssteplength:} 1 \qquad\quad \text{ineqnonlin:} 0 \\
& \text{stepsize:} 1.2088\text{e}-006
\end{array}
$$

最优解为（5，5，5），最大体积为 125m^3. exitflag＝1，计算收敛于最优解. 迭代次数为 7，目标函数计算了 34 次，步长为 1，采用中型 SQP 拟牛顿算法.

6.2.3 半无限问题

1. 数学模型

半无限问题的数学模型为：

$$
\min_{x} f(x)
$$
$$
\text{s.t.} \begin{cases}
A \cdot x \leqslant b \\
Aeq \cdot x = beq \\
lb \leqslant x \leqslant ub \\
c(x) \leqslant 0 \\
ceq(x) = 0 \\
K_i(x, w_i) \leqslant 0, \quad 1 \leqslant i \leqslant n
\end{cases}
$$

其中，$K_i(x，w_i) \leqslant 0$ 为半无限约束，w_i 是长度最多为 2 的向量.

在 MATLAB 中，采用二次、三次混合插值法结合序列二次规划法（SQP）求解半无限问题.

2. 有关函数

在 MATLAB 优化工具箱中，fseminf 函数用于求半无限线束问题. 其调用格式为：

x＝fseminf(fun,x0,ntheta,seminfcon)：给定初值 x0，求约束条件为 ntheta、半无限约束为 seminfcon 的函数 fun 的最小解.

x＝fseminf(fun,x0,ntheta,seminfcon,A,b)：求上述问题满足线性不等式的最小解.

x＝fseminf(fun,x0,ntheta,seminfcon,A,b,Aeq,beq)：求上述问题满足
　　线性等式的最小解．若没有不等式约束，则 A＝[]，b＝[]．

x＝fseminf(fun,x0,ntheta,seminfcon,A,b,Aeq,beq,lb,ub)：定义变量
　　x 的下界 lb 和上界 ub．若没有等式约束，则 Aeq＝[]，beq＝[]．

x＝fseminf(fun,x0,ntheta,seminfcon,A,b,Aeq,beq,lb,ub,options)：
　　指定优化参数 options．

x＝fseminf(problem)：求 problem 的最小解，其中 problem 是一个结构
　　数组．

[x,fval]＝fseminf(…)：返回解 x 处的目标函数值 fval．

[x,fval,exitflag]＝fseminf(…)：返回 exitflag 值，用以描述函数计算的
　　退出条件．

[x,fval,exitflag,output]＝fseminf(…)：返回包含优化信息的输出变量
　　output．

[x,fval,exitflag,output,lambda]＝fseminf(…)：返回解 x 处包含拉格朗
　　日乘子的 lambda 参数．

【说明】（1）ntheta 为半无限约束的个数．

（2）seninfcon 计算非线性不等式 c、非线性等式 ceq 和半无限约束 K1，
K2，…，Kntheta，它是一个字符串或函数句柄．该函数可以是函数 m 文件、内
部文件或 mex 文件．譬如：若 seninfcon＝'myinfcon'或＠myinfcon，则函数 M
文件为

function [c,ceq,K1,K2,…,Kntheta,s]＝mycon(x,s)
% 初始化样本空间
if isnan(s(1,1))
　　　s＝…　　　 % s 有 ntheta 行、2 列
end
w1＝…　　　 % 计算样本集
w2＝…　　　 % 计算样本集
…
wntheta＝…　　 % 计算样本集
K1＝…　　　 %　x 和 w 处的半无限约束
K2＝…　　　 %　x 和 w 处的半无限约束
…

```
    Kntheta=…        %  x 和 w 处的半无限约束
    c=               % 计算 x 处的非线性不等式
    ceq=…            % 计算 x 处的非线性等式
    end
```

s 为建议的样本空间，它可能被利用，也可能不被利用. s 的第 i 行包含评价 Ki 的样本区间，当 Ki 为一向量时，只用 s(i, 1)（s 的第 2 列可以都为零）. 当 s 为一矩阵时，s(i, 2) 用于对 Ki 的行进行取样，s(i, 1) 用于对 Ki 的列进行取样. 第 1 次迭代，s 为空值.

例 6—7　求解如下半无限问题

$$\min f=(x_1-0.5)^2+(x_2-0.5)^2+(x_3-0.5)^2$$

$$\text{s. t.}\begin{cases} K(x,t)=\sin(t_1 x_1)\cos(10 t_2 x_2)-\dfrac{1}{1\,000}(t_1-50)^2-\sin(10 t_1 x_3)-x_3+\cdots \\[2mm] \qquad\quad \sin(t_2 x_2)\cos(10 t_1 x_1)-\dfrac{1}{1\,000}(t_1-50)^2-\sin(10 t_2 x_3)-x_3\leqslant 1.5 \\[2mm] 1\leqslant t_1\leqslant 100 \\[1mm] 1\leqslant t_2\leqslant 100 \end{cases}$$

不考虑约束时，问题的最小解为 $x=(0.5,\ 0.5,\ 0.5)$. 下面用 MATLAB 求解原问题.

目标函数的 M 文件编写如下：

```
function f=exam6_07_obfun(x)
f=(x(1)-0.5)^2+(x(2)-0.5)^2+(x(3)-0.5)^2;
```

约束条件的 M 文件编写如下：

```
function [c,ceq,K,s]=exam6_07_confun(x,s)
%初始化样本空间
if isnan(s(1,1)) s=[0.1 0.1];end
%计算样本集
T1=1:s(1,1):100;T2=1:s(1,2):100;[t1,t2]=meshgrid(T1,T2);
%  x 和 w 处的半无限约束
K=sin(t1*x(1)).*cos(10*t2*x(2))-...
    1/1000*(t1-50).^2-sin(10*t2*x(3))-x(3)+sin(t2*x(2)).*
    cos(10*t1*x(1))-...
    1/1000*(t1-50).^2-sin(10*t2*x(3))-x(3)-1.5;
```

%无非线性不等式约束和等式约束

c=[];ceq=[];

%绘制半无限约束网格图

mesh(t1,t2,K);title('Semi-infinite constraints');drawnow

编写脚本 M 文件如下：

x0=[0.25 0.25 0.25];

[x,fval,exitflag,output,lambda]=fseminf(@exam6_07_obfun,x0,1,

@exam6_07_confun)

运行结果如下：

x=

　　0.5069　　　　　　　　　　stepsize:0.0015

　　0.5009　　　　　　　　　　algorithm:[1x45 char]

　　0.4872　　　　　　　　　　firstorderopt:0.0256

fval=　　　　　　　　　　　　constrviolation:－0.8460

　　2.1166e-004　　　　　　　message:[1x778 char]

exitflag=　　　　　　　　　lambda=

　　5　　　　　　　　　　　　lower:[3x1 double]

output=　　　　　　　　　　upper:[3x1 double]

　　iterations:16　　　　　　eqlin:[0x1 double]

　　funcCount:74　　　　　　 eqnonlin:[0x1 double]

　　lssteplength:1　　　　　 ineqlin:[0x1 double]

　　　　　　　　　　　　　　ineqnonlin:[0x1 double]

经过 16 次迭代得到局部极小解为(0.506 9，0.500 9，0.487 2)，极小值为 2.116 6e-004. exitflag=5，表示方向导数的幅度小于给定的精度，约束小于 options. TolCon=1e-006. 生成的网格图如图 6—3 所示.

6.2.4　二次规划

1. 数学模型

二次规划是指目标函数为决策变量的二次函数，约束都是线性约束的数学规划问题. 其数学模型为：

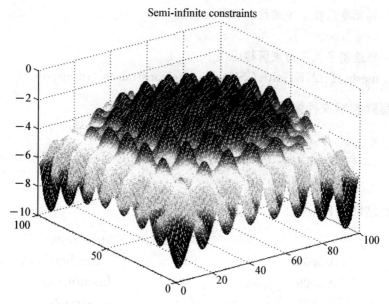

图 6—3 二维问题的半无限约束网格图

$$\min_x \frac{1}{2} x^{\mathrm{T}} H x + f^{\mathrm{T}} x$$

$$\text{s. t.} \begin{cases} A \cdot x \leqslant b \\ Aeq \cdot x = beq \\ lb \leqslant x \leqslant ub \end{cases}$$

2. 有关函数

在 MATLAB 优化工具箱中，quadprog 函数用于求二次规划问题. 其调用格式为：

x＝quadprog(H,f,A,b)：求满足线性不等式约束 Ax＜＝b 的函数 fun 的最小解.

x＝quadprog(H,f,A,b,Aeq,beq)：求满足线性等式约束 Aeqx＝beq 的函数 fun 的最小解. 若没有不等式约束，则 A＝[],b＝[].

x＝quadprog(H,f,A,b,Aeq,beq,lb,ub)：定义变量 x 的下界 lb 和上界 ub. 若没有等式约束，则 Aeq＝[],beq＝[].

x＝quadprog(H,f,A,b,Aeq,beq,lb,ub,x0)：给定初值.

x＝quadprog(H,f,A,b,Aeq,beq,lb,ub,x0,options)：指定优化参数 options.

x＝quadprog(problem)：求 problem 的最小解，其中 problem 是一个结构
　　数组．

[x,fval]＝quadprog(…)：返回解 x 处的目标函数值 fval．

[x,fval,exitflag]＝quadprog(…)：返回 exitflag 值，用于描述函数计算的
　　退出条件．

[x,fval,exitflag,output]＝quadprog(…)：返回包含优化信息的输出变
　　量 output．

[x,fval,exitflag,output,lambda]＝quadprog(…)：返回解 x 处包含拉格
　　朗日乘子的 lambda 参数．

【说明】（1）当只有上界和下界，没有线性不等式或等式约束，或者只有线
性等式，没有上界和下界或线性不等式时，则默认算法为大型算法．

（2）如果问题不是严格凸的，可能会得到局部最优解．

（3）用 Aeq 和 beq 指定等式约束，而不是用 lb 和 ub 指定，可以得到更好的
数值解．

（4）如果 x 没有上限或下限，则设置为 Inf 或－Inf，而不是给定很大的数或
很小的数．

（5）对于大型优化问题，若没有提供初值 x0 或 x0 不严格可行，则会自动选
一个新的初始可行点．

例 6—8　求解二次规划问题

$$\min f(x)=\frac{1}{2}x_1^2+x_2^2-x_1x_2-2x_1-6x_2$$

$$\text{s. t.}\begin{cases}x_1+x_2\leqslant 2\\ -x_1+2x_2\leqslant 2\\ 2x_1+x_2\leqslant 3\\ x_1,x_2\geqslant 0\end{cases}.$$

令 $H=\begin{pmatrix}1&-1\\-1&2\end{pmatrix}$, $f=\begin{pmatrix}-2\\-6\end{pmatrix}$, $x=\begin{pmatrix}x_1\\x_2\end{pmatrix}$, $A=\begin{pmatrix}1&1\\-1&2\\2&1\end{pmatrix}$, $b=\begin{pmatrix}2\\2\\3\end{pmatrix}$, $lb=\begin{pmatrix}0\\0\end{pmatrix}$,

则问题的矩阵形式为：

$$\min f(x)=\frac{1}{2}x^{\mathrm{T}}Hx+f^{\mathrm{T}}x$$

$$\text{s. t.}\begin{cases}A\cdot x\leqslant b\\ lb\leqslant x\end{cases}.$$

下面用 MATLAB 求解，编写 M 文件如下：

H=[1 −1；−1 2]；f=[−2；−6]；A=[1 1；−1 2；2 1]；

b=[2；2；3]；lb=zeros(2,1)；

[x,fval,exitflag,output,lambda]=quadprog(H,f,A,b,[],[],lb)

运行结果如下：

Optimization terminated.   message：'Optimization

x=   terminated.'

    0.6667   lambda=

    1.3333   lower：[2x1 double]

fval=   upper：[2x1 double]

   −8.2222   eqlin：[0x1 double]

exitflag=   ineqlin：[3x1 double]

     1   x=

output=   0.5000

  iterations：3   fval=

  constrviolation：1.1102e−016   0.2500

  algorithm：'medium-scale：active-set'   exitflag=

  firstorderopt：8.8818e−016   1

  cgiterations：[]

经过 3 次迭代得到最小解为 $(0.6667，1.3333)$，最小值为 -8.2222. exitflag$=1$，说明计算收敛于最优解. 若运行命令：lambda.ineqlin，则可得到

ans =   0.4444

    3.1111   0

非零分量表示不等式是积极约束，即最优解恰在第一、二个等式的边界上.

6.2.5 最大最小化问题

在对策论中，有这样一类问题：在最不利的条件下，寻求最有利的策略. 实际生活中也常常遇到许多求最大值的最小化问题. 例如选址问题就是求到所有地点最大距离的最小值，投资规划中要确定最大风险的最低限度等.

1. 数学模型

最大最小化问题的数学模型为：

$$\min_{x} \max_{i} F_i(x)$$

$$\text{s. t.} \begin{cases} c(x) \leqslant 0 \\ ceq(x) \leqslant 0 \\ A \cdot x \leqslant b \\ Aeq \cdot x = beq \\ lb \leqslant x \leqslant ub \end{cases}$$

2. 有关函数

在 MATLAB 优化工具箱中，fminimax 函数用于求最大最小问题. 其调用格式为：

　　x＝fminimax(fun,x0)：给定初值，求函数 fun 的最小解.

　　x＝fminimax(fun,x0,A,b)：求满足线性不等式约束 Ax＜＝b 的函数 fun 的最小解.

　　x＝fminimax(fun,x0,A,b,Aeq,beq)：求满足线性等式约束 Aeqx＝beq 的函数 fun 的最小解. 若没有不等式约束，则 A＝[],b＝[].

　　x＝fminimax(fun,x0,A,b,Aeq,beq,lb,ub)：定义变量 x 的下界 lb 和上界 ub. 若没有等式约束，则 Aeq＝[],beq＝[].

　　x＝fminimax(fun,x0,A,b,Aeq,beq,lb,ub,nonlcon)：定义非线性不等式约束和等式约束.

　　x＝fminimax(fun,x0,A,b,Aeq,beq,lb,ub,nonlcon,options)：指定优化参数

　　x＝fminimax(problem)：求 problem 的最小解,其中 problem 是一个结构数组.

　　[x,fval]＝fminimax(…)：返回解 x 处的目标函数值 fval.

　　[x,fval,maxfval]＝fminimax(…)：返回解 x 处的最大函数值 maxfval.

　　[x,fval,maxfval,exitflag]＝fminimax(…)：返回 exitflag 值，用以描述函数计算的退出条件.

　　[x,fval,maxfval,exitflag,output]＝fminimax(…)：返回包含优化信息的输出变量 output.

　　[x,fval,maxfval,exitflag,output,lambda]＝fminimax(…)：返回解 x 处包含拉格朗日乘子的 lambda 参数.

【说明】（1）用等式 $\max_{x} \min_{i} F_i(x) = -\min_{x} \max_{i}(-F_i(x))$，可以求最小最大

问题.

(2) 通过优化参数 MinAbsMax，可以求解 $\min\limits_{x}\max\limits_{i} |F_i(x)|$ 问题.

例 6—9 设某城市有某种物品的 10 个需求点，第 i 个需求点 P_i 的坐标为 (a_i, b_i)，数据如表 6—2 所示. 现打算建一个该物品的供应中心，其位置为 (x, y)，且由于受到城市某些条件的限制，x、y 满足 $x \in [5, 8]$，$y \in [5, 8]$. 问该中心应建在何处较好？

表 6—2 各需求点的坐标

a_i	1	4	3	5	9	12	6	20	17	8
b_i	2	10	8	18	1	4	5	10	8	9

依题意，该问题的数学模型为：

$$\min_{x,y} \max_{1 \leqslant i \leqslant 10} (|x-a_i| + |y-b_i|)$$
$$\text{s. t.} \begin{cases} 5 \leqslant x \leqslant 8 \\ 5 \leqslant y \leqslant 8 \end{cases}.$$

下面用 MATLAB 求解，目标函数的 m 文件如下：

```
function f=exam6_09_obfun(x)
% 输入各个需求点的坐标
a=[1 4 3 5 9 12 6 20 17 8];b=[2 10 8 18 1 4 5 10 8 9];
for i=1:length(a) f(i)=abs(x(1)-a(i))+abs(x(2)-b(i));end
```

再编写 M 文件如下：

```
x0=[6;6];A=[-1 0;1 0;0 -1;0 1];b=[-5;8;-5;8];
[x,fval,maxfval]=fminimax(@exam6_09_obfun,x0,A,b)
```

运行结果如下：

```
x=
    8
    8
fval=
    13    6    5    13    8    8    5    14    9    1
maxfval=
    14
```

即供应中心的坐标为（8，8），最小的最大距离为 14.

例 6—10　求解 $\min\limits_{x}\max\limits_{1\leqslant i\leqslant 5}|f_i(x)|$，其中

$$f_1(x)=2x_1^2+x_2^2-48x_1-40x_2+304$$
$$f_2(x)=-x_1^2-3x_2^2$$
$$f_3(x)=x_1+3x_2-18\qquad .$$
$$f_4(x)=-x_1-x_2$$
$$f_5(x)=x_1+x_2-8$$

在 fminimax 函数中可以通过指定输入参数 MinAbsMax 来求解这样一类问题：

$$\min\limits_{x}\max\limits_{i}G_i(x),\text{其中 } G_i(x)=\begin{cases}|F_i(x)|, & 1\leqslant i\leqslant m\\ F_i(x), & i>m\end{cases},$$

即令 options＝optimset('MinAbsMax'，m). 具体求解如下：

目标函数的 M 文件如下：

```
function f ＝exam6_10_obfun(x)
f(1)＝2∗x(1)^2+x(2)^2-48∗x(1)-40∗x(2)+304;
f(2)＝-x(1)^2-3∗x(2)^2;f(3)＝x(1)+3∗x(2)-18;
f(4)＝-x(1)-x(2);f(5)＝ x(1)+x(2)-8;
```

再编写 M 文件如下：

```
x0＝[0.1; 0.1];
options＝optimset('MinAbsMax',5);
[x,fval]＝fminimax(@exam6_10_obfun,x0,
[],[],[],[],[],[],options)
```

运行结果如下：

```
x＝
    4.9256
    2.0796
fval＝
    37.2356  -37.2356  -6.8357  -7.0052  -0.9948
```

6.2.6　多目标规划

在许多实际问题中，往往希望多个指标达到最优值，因此有多个目标函数，

这类问题称为多目标最优化问题.

1. 数学模型

多目标规划的数学模型为:

$$\min_{x \in R^n} F(x)$$

$$\text{s. t.} \begin{cases} G_i(x)=0, & i=1,\cdots,m_e \\ G_i(x)\leqslant 0, & i=m_e+1,\cdots,m. \\ x_l \leqslant x \leqslant x_u \end{cases}$$

2. 有关函数

在 MATLAB 优化工具箱中，fgoalattain 函数用于求解如下多目标规划:

$$\min_{x,\gamma} \gamma$$

$$\text{s. t.} \begin{cases} F(x)-weight \cdot \gamma \leqslant goal \\ c(x) \leqslant 0 \\ ceq(x)=0 \\ A \cdot x \leqslant b \\ Aeq \cdot x=beq \\ lb \leqslant x \leqslant ub \end{cases}$$

其调用格式如下:

> x＝fgoalattain(fun, x0, goal, weight)：通过改变 x 来改变 fun 达到 goal 指定的目标，初值为 x0, weight 为权重.
>
> x＝fgoalattain(fun, x0, goal, weight, A, b)：求满足线性不等式约束 Ax＜＝b 的目标值.
>
> x＝fgoalattain(fun, x0, goal, weight, A, b, Aeq, beq)：求满足线性等式约束 Aeqx＝beq 的目标值. 若没有不等式约束，则 A＝[]，b＝[].
>
> x＝fgoalattain(fun, x0, goal, weight, A, b, Aeq, beq, lb, ub)：定义变量 x 的下界 lb 和上界 ub. 若没有等式约束，则 Aeq＝[]，beq＝[].
>
> x＝fgoalattain(fun, x0, goal, weight, A, b, Aeq, beq, lb, ub, nonlcon)：定义非线性不等式约束和等式约束.
>
> x＝fgoalattain(fun, x0, goal, weight, A, b, Aeq, beq, lb, ub, nonlcon, ... options)：指定优化参数.
>
> x＝fgoalattain(problem)：求 problem 的最小解，其中 problem 是一个结

构数组.

[x,fval]＝fgoalattain(…)：返回解 x 处的目标函数值 fval.

[x,fval,attainfactor]＝fgoalattain(…)：返回解 x 处的目标达到因子.

[x,fval,attainfactor,exitflag]＝fgoalattain(…)：返回 exitflag 值,用于描述函数计算的退出条件.

[x,fval,attainfactor,exitflag,output]＝fgoalattain(…)：返回包含优化信息的输出变量 output.

[x,fval,attainfactor,exitflag,output,lambda]＝fgoalattain(…)：返回解 x 处包含拉格朗日乘子的 lambda 参数.

【说明】（1）输入参数 goal 为目标希望达到的向量,其长度与 fun 函数返回的变量长度相等.

（2）输出参数 attainfactor 是超过或低于目标的个数. 若 attainfactor 为负,则目标已经溢出；若 attainfactor 为正,则目标个数还未达到.

例 6—11 某化工厂拟生产两种新产品 A 和 B,其生产设备费用分别为 2 万元/吨和 5 万元/吨. 这两种产品均将造成环境污染,设由公害所造成的损失可折算为：A 为 4 万元/吨,B 为 1 万元/吨. 由于条件限制,工厂生产 A 和 B 的最大生产能力分别为每月 5 吨和 6 吨,而市场需要这两种产品的总量每月不少于 7 吨. 试问工厂如何安排生产计划,才能在满足市场需要的前提下,使设备投资和公害损失达到最小. 该工厂决策认为,这两个目标中环境污染应优先考虑,设备投资的目标值为 20 万元,公害损失的目标为 12 万元.

设工厂每月生产 A 和 B 分别为 x_1 和 x_2 吨,依题意可以建立如下数学模型：

$$\min f_1(x)＝2x_1+5x_2$$
$$\min f_2(x)＝4x_1+x_2$$
$$\text{s. t.}\begin{cases} x_1\leqslant 5 \\ x_2\leqslant 6 \\ x_1+x_2\geqslant 7 \\ x_1,x_2\geqslant 0 \end{cases}$$

目标函数的 M 文件如下：

```
function f＝exam6_11_obfun(x)
f(1)＝2*x(1)+5*x(2);f(2)＝4*x(1)+x(2);
```

调用 fgoalattain 求解的 M 文件：

goal＝[20,12];weight＝[20,12];x0＝[2,5];A＝[1 0;0 1;－1 －1];
  b＝[5;6;－7];lb＝[0;0];
[x,fval,attainfactor,exitflag]＝fgoalattain(@exam6_11_obfun,x0,
  goal,weight,A,b,[],[],lb,[])

运行结果如下：

x＝		attainfactor＝
2.9167	4.0833	0.3125
fval＝		exitflag＝
26.2500	15.7500	4

说明工厂每月生产 A 2.916 7 吨，B 4.083 3 吨，设备投资费为 26.250 0 万元，公害损失费为 15.750 0 万元，达到因子为 0.312 5，计算收敛.

6.3　整数线性规划

整数规划是一类要求变量取整数值的数学规划. 若在整数规划中目标函数和约束条件都是线性的，则称为整数线性规划. 若变量只取 0 或 1 时，则称为 0－1 规划. 若只有部分变量取整数值，则称为混合整数规划.

6.3.1　基本数学原理

在线性规划中，增加变量只能取整数的约束条件，就是整数线性规划，其数学模型为：

$$\min z = \sum_{j=1}^{n} c_j x_j$$

$$\text{s. t.} \begin{cases} \sum_{j=1}^{n} a_{ij} x_j = b_i, & i = 1,2,\cdots,m \\ x_j \geqslant 0, x_j \in Z, & j = 1,2,\cdots,n \end{cases}.$$

整数线性规划的解法主要是分支定界法. 设整数线性规划问题为 ILP，其对应的线性规划问题为 LP，则分支定界法的步骤为：

步骤 1：初始化. 解问题 LP，可能得到以下情况之一：

（a）LP 没有可行解，这时 ILP 也没有可行解，则停止；

（b）LP 有最优解，且解变量恰好都是整数，因此它就是 ILP 的最优解，则停止；

（c）LP 有最优解，但解变量不全是整数，此时记它的目标函数值为 f_0，则 $f \geqslant f_0$，这里 f 是 ILP 的最优目标函数值.

步骤 2：迭代.（1）分支：在 LP 的最优解中任选一个不是整数的变量 x_j，它的值设为 l_j，构造两个约束条件：$x_j \leqslant [l_j]$ 和 $x_j \geqslant [l_j]+1$，将这两个条件分别加入 LP，将 LP 分成两个后继问题 LP1 和 LP2，并求解它们.

定界：以每个后继问题为一分支并标明求解的结果，结合其他问题的结果，找出最优目标函数值的最小者作为 ILP 目标函数值的新的下界，替换 f_0，从已符合整数条件的各分支中，找出目标函数值的最小者作为新 ILP 目标函数值的新的上界 f^*，即有 $f_0 \leqslant f \leqslant f^*$.

（2）比较与剪支：若分支的最优目标函数值大于 f^*，则剪去这一支，表示无继续分解的必要；若小于 f^*，且最优解不是整数，则重复步骤 1，一直到得到最优目标函数值 $f = f^*$ 为止，从而得到最优整数解 x_j^*.

6.3.2　有关函数

（1）MATLAB 中没有专门的函数用于求解一般的整数线性规划问题，因此需要自行编写分支定界法的程序：

```
function [x,fval]=BranchBound(f,A,b,Aeq,beq,lb,ub,x0,index,options)
% 整数线性规划的分支定界法,可求解纯整数线性规划和混合整数线性
  规划
% y=min f'*x,s.t.:A*x<=b,Ceq*x=beq,x 为纯整数或混合整数
  列向量
% 语法
% [x,y]=BranchBound(f,A,b)
% [x,y]=BranchBound(f,A,b,Ceq,beq)
% [x,y]=BranchBound(f,A,b,Ceq,beq,lb,ub)
% [x,y]=BranchBound(f,A,b,Ceq,beq,lb,ub,x0)
% [x,y]=BranchBound(f,A,b,Ceq,beq,lb,ub,x0,index)
% [x,y]=BranchBound(f,A,b,Ceq,beq,lb,ub,x0,index,options)
%
% 参数说明:
```

```
%
% x:最优解向量;y:目标函数最小值;f:目标函数系数列向量;
% A:约束不等式系数矩阵;b:约束不等式右端列向量;
% Aeq:约束等式系数矩阵;beq:约束等式右端列向量;
% lb:解的下界列向量(默认值为-Inf);lb:解的上界列向量(默认值为 Inf);
% x0:迭代初值列向量;
% index:整数变量指标列向量,1 表示整数,0 表示实数;
% options:优化参数,设置请参见 optimset 或 linprog.
%
% 例: min Z=x1+3x2
% s. t. 22x1+34x2>=285
%               x2>=3. 13
%        x1,x2>=0 且为整数
% [x,y]=ILP([1;3],[-22 -34;0 -1],[-285;-3. 13],[],[],[0;0])
%
global upper opt c x01 G h Geq heq id options;
if nargin<10
    options=optimset({});options. Display='off';
    options. LargeScale='off';
end
if nargin<9 index=ones(size(f));end
if nargin<8 x0=[];end
if nargin<7|isempty(ub) ub=inf * ones(size(f));end
if nargin<6|isempty(lb) lb=zeros(size(f));end
if nargin<5,beq=[];end
if nargin<4,Aeq=[];end
upper=inf;c=f;x01=x0;G=A;h=b;
Geq=Aeq;heq=beq;id=index;
ftemp=Temp(lb(:),ub(:));x=opt; fval=upper;
%以下是子函数
function ftemp=Temp(vlb,vub)
global upper opt c x01 G h Geq heq id options;
[x,ftemp,how]=linprog(c,G,h,Geq,heq,vlb,vub,x01,options);
```

```
if how<=0 return;end
if ftemp-upper>0.00005   ％为了避免误差
    return;
end
if max(abs(x.*id-round(x.*id)))<0.00005
    if upper-ftemp>0.00005   ％为了避免误差
        opt=x';upper=ftemp;
        return;
    else
        opt=[opt;x'];
        return;
    end
end
notintx=find(abs(x-round(x))>=0.00005);   ％为了避免误差
intx=fix(x);tempvlb=vlb;tempvub=vub;
if vub(notintx(1,1),1)>=intx(notintx(1,1),1)+1
    tempvlb(notintx(1,1),1)=intx(notintx(1,1),1)+1;
    ftemp=Temp(tempvlb,vub);
end
if vlb(notintx(1,1),1)<=intx(notintx(1,1),1)
    tempvub(notintx(1,1),1)=intx(notintx(1,1),1);
    ftemp=Temp(vlb,tempvub);
end
```

例 6—12 求解整数规划问题

$$\min f(x)=10x_1+9x_2$$

$$\text{s. t.} \begin{cases} x_1\leqslant 8 \\ x_2\leqslant 10 \\ 5x_1+3x_2\geqslant 45 \\ x_j\geqslant 0, x_j\in Z, \quad j=1,2 \end{cases}$$

编写 M 文件如下：

$f=[10\ 9]';A=[1\ 0;0\ 1;-5\ -3];b=[8\ 10\ -45]';[x,fval]=\text{Branch-}$

$$\text{Bound}(f, A, b)$$

运行结果如下：

x=   fval=

8.0000   2.0000   98

（2）在 MATLAB 的优化工具箱中，bintprog 函数用于求解 0−1 规划，其调用格式如下：

x=bintprog (f)：求解无约束 0−1 规划.

x=bintprog (f,A,b)：求满足线性不等式约束 Ax<=b 的 0−1 规划.

x=bintprog (f,A,b,Aeq,beq)：求满足线性等式约束 Aeqx=beq 的 0−1 规划.若没有不等式约束，则 A=[],b=[].

x=bintprog (f,A,b,Aeq,beq,x0)：给定初值，若 x0 不在可行域内，则调用默认的初值.

x=bintprog (f,A,b,Aeq,beq,x0,options)：指定优化参数.

x=bintprog (problem)：求 problem 的最小解，其中 problem 是一个结构数组.

[x,fval]=bintprog (…)：返回解 x 处的目标函数值 fval.

[x,fval,exitflag]=bintprog(…)：返回 exitflag 值，用于描述函数计算的退出条件.

[x,fval,exitflag,output]=bintprog(…)：返回包含优化信息的输出变量 output.

例 6—13 一架货运飞机，有效载重为 24 吨，可运输物品的质量及运费收入如表 6—3 所示，其中各物品只有一件可供选择，问如何选运物品可使运费总收入最多？

表 6—3   运输物品的质量及运费收入

物品	1	2	3	4	5	6
质量（吨）	8	13	6	9	5	7
收入（万元）	3	5	2	4	2	3

当选运第 i 种物品时，令 $x_i = 1$，否则，令 $x_i = 0$，则数学模型为

$$\max f(x) = 3x_1 + 5x_2 + 2x_3 + 4x_4 + 2x_5 + 3x_6$$

$$\text{s. t.} \begin{cases} 8x_1+13x_2+6x_3+9x_4+5x_5+7x_6 \leqslant 24 \\ x_j=0 \text{ 或 } 1, \quad j=1,\cdots,6 \end{cases}.$$

编写 M 文件如下：

$$f=-[3\ 5\ 2\ 4\ 2\ 3]; A=[8\ 13\ 6\ 9\ 5\ 7]; b=24; [x, fval]=bintprog(f, A, b)$$

运行结果如下：

Optimization terminated.

x=
1
0
0
	1
	0
	1
fval =
-10

选运第 1、4、6 种物品，最大运费收入为 10 万元.

6.4　最小二乘法

在进行数据拟合或非线性参数估计时，经常会遇到所谓的最小二乘问题，它可以看作是一个函数逼近问题. 譬如，实验得到一组数据点，通过这些点来确定一个函数，使理论数据与实际数据的距离最小的函数. 最小二乘问题可表述为：

$$\min_{x \in R^n} f(x) = \frac{1}{2} \parallel F(x) \parallel^2 = \frac{1}{2} \sum_i F_i(x)^2$$

6.4.1　线性最小二乘问题

用一次函数来逼近已知数据点的最小二乘问题称为线性最小二乘问题，即 $\min_{x \in R^n} \frac{1}{2} \parallel Ax-b \parallel^2$，它的几何意义是：在由矩阵 A 的列向量生成的子空间中找一个向量，使它到向量 b 的距离比它到由矩阵 A 的列向量生成的子空间中的其他向量的距离都小.

例 6—14　某种材料在生产过程中的废品率 y 与某种化学成分 x 有关，现测得几次数据如下：

y_i	1.00	0.90	0.90	0.81	0.60	0.56	0.35
x_i	3.6	3.7	3.8	3.9	4.0	4.1	4.2

试找出 y 关于 x 的一次近似表达式.

设 $y=ax+b$，其中 a 和 b 待定，最好的情况是找到的 a、b，对所有的 i 都满足 $y_i = ax_i + b$，所以退而求其次，找 a、b，使 $\sum_i |ax_i + b - y_i|$ 或 $\sum_i (ax_i + b - y_i)^2$ 最小.

在 MATLAB 中，可用左除求解线性最小二乘问题. 对上述问题，用向量可表示为 $\min\limits_{A \in R^2}(CA-d)^2$，其中，

$$C = \begin{pmatrix} 3.6 & 1 \\ 3.7 & 1 \\ 3.8 & 1 \\ 3.9 & 1 \\ 4.0 & 1 \\ 4.1 & 1 \\ 4.2 & 1 \end{pmatrix}, d = \begin{pmatrix} 1.00 \\ 0.90 \\ 0.90 \\ 0.81 \\ 0.60 \\ 0.56 \\ 0.35 \end{pmatrix}, A = \begin{pmatrix} a \\ b \end{pmatrix}.$$

那么，MATLAB 命令为 $A = C \backslash d$，即求解不定方程 $CA = d$，结果为 $a=-1.046\,4$，$b=4.812\,5$.

6.4.2 非负线性最小二乘问题

1. 数学模型

求变量为非负的线性最小二乘问题称为非负线性最小二乘问题，其数学模型为：

$$\min_x \frac{1}{2} \| Cx - d \|^2, x \geqslant 0$$

2. 有关函数

在 MATLAB 优化工具箱中，lsqnonneg 函数用于求解非负线性最小二乘问题. 其调用格式为：

x＝lsqnonneg(C,d)：求解最小二乘意义的方程 C * x=d,约束条件是 x>=0.

x＝lsqnonneg(C,d,options)：用 options 结构指定优化参数.

x＝lsqnonneg(problem)：求 problem 的最小解，其中 problem 是一个结构数组.

$[x, resnorm] = lsqnonneg(\cdots)$：返回解 x 处残差的平方：$resnorm = (C * x - d)^{\wedge}2$.

$[x, resnorm, residual] = lsqnonneg(\cdots)$：返回解 x 处的残差：$residual = d - C * x$.

$[x, resnorm, residual, exitflag] = lsqnonneg(\cdots)$：返回 exitflag 值，用于描述函数计算的退出条件.

$[x, resnorm, residual, exitflag, output] = lsqnonneg(\cdots)$：返回包含优化信息的输出变量 output.

$[x, resnorm, residual, exitflag, output, lambda] = lsqnonneg(\cdots)$：返回解 x 处包含拉格朗日乘子的 lambda 参数.

例 6—15 比较线性最小二乘问题与非负线性最小二乘问题. 其中，

$$C = \begin{pmatrix} 0.037\,2 & 0.286\,9 \\ 0.686\,1 & 0.707\,1 \\ 0.623\,3 & 0.624\,5 \\ 0.634\,4 & 0.617\,0 \end{pmatrix}, d = \begin{pmatrix} 0.858\,7 \\ 0.178\,1 \\ 0.074\,7 \\ 0.840\,5 \end{pmatrix}.$$

编写 M 文件如下：

C=[0.0372 0.2869;0.6861 0.7071;0.6233 0.6245;0.6344 0.6170];
d=[0.8587;0.1781;0.0747;0.8405];x1=C\d,resnorm1=norm(C*x1-d)^2
[x2,resnorm2]=lsqnonneg(C,d)

运行结果如下：

x1=
       −2.5627
       3.1108
resnorm1=

      0.4455
x2=
      0
      0.6929
resnorm2=
      0.8315

6.4.3 有约束线性最小二乘问题

1. 数学模型

有约束线性最小二乘问题的数学模型为：

$$\min_x \frac{1}{2} \| Cx - d \|^2$$

$$\begin{cases} A \cdot x \leqslant b \\ Aeq \cdot x = beq. \\ lb \leqslant x \leqslant ub \end{cases}$$

2. 有关函数

在 MATLAB 优化工具箱中，lsqlin 函数用于求有约束线性最小二乘问题. 其调用格式为：

x＝lsqlin(C,d,A,b)：求解最小二乘意义的方程 C * x＝d,约束条件为 A * x＜＝b.

x＝lsqlin(C,d,A,b,Aeq,beq)：求解上述问题,但增加等式约束,即 Aeq * x＝beq. 若没有不等式约束,则 A＝[ ],b＝[ ].

x＝lsqlin(C,d,A,b,Aeq,beq,lb,ub)：定义变量 x 的下界 lb 和上界 ub. 若没有等式约束,则 Aeq＝[],beq＝[].

x＝lsqlin(C,d,A,b,Aeq,beq,lb,ub,x0)：给定初值 x0.

x＝lsqlin(C,d,A,b,Aeq,beq,lb,ub,x0,options)：用 options 结构指定优化参数.

x＝lsqlin(problem)：求 problem 的最小解,其中 problem 是一个结构数组.

[x,resnorm]＝lsqlin(…)：返回解 x 处残差的平方：resnorm＝(C * x－d)^2.

[x,resnorm,residual]＝lsqlin(…)：返回解 x 处的残差：residual＝ d－C * x.

[x,resnorm,residual,exitflag]＝lsqlin(…)：返回 exitflag 值,用于描述函数计算的退出条件.

[x,resnorm,residual,exitflag,output]＝lsqlin(…)：返回包含优化信息的输出变量 output.

[x,resnorm,residual,exitflag,output,lambda]＝lsqlin(…)：返回解 x 处包含拉格朗日乘子的 lambda 参数.

例 6—16 求解下面问题的最小二乘解

$$\begin{cases} Cx = d \\ A \cdot x \leqslant b \quad , \\ lb \leqslant x \leqslant ub \end{cases}$$

其中

$$C=\begin{pmatrix} 0.950\ 1 & 0.762\ 0 & 0.615\ 3 & 0.405\ 7 \\ 0.231\ 1 & 0.456\ 4 & 0.791\ 9 & 0.935\ 4 \\ 0.606\ 8 & 0.018\ 5 & 0.921\ 8 & 0.916\ 9 \\ 0.485\ 9 & 0.821\ 4 & 0.738\ 2 & 0.410\ 2 \\ 0.891\ 2 & 0.444\ 7 & 0.176\ 2 & 0.893\ 6 \end{pmatrix}, d=\begin{pmatrix} 0.057\ 8 \\ 0.352\ 8 \\ 0.813\ 1 \\ 0.009\ 8 \\ 0.138\ 8 \end{pmatrix},$$

$$A=\begin{pmatrix} 0.202\ 7 & 0.272\ 1 & 0.746\ 7 & 0.465\ 9 \\ 0.198\ 7 & 0.198\ 8 & 0.445\ 0 & 0.418\ 6 \\ 0.603\ 7 & 0.015\ 2 & 0.936\ 8 & 0.846\ 2 \end{pmatrix}, b=\begin{pmatrix} 0.515\ 1 \\ 0.202\ 6 \\ 0.672\ 1 \end{pmatrix},$$

$lb=(-0.1 \quad -0.1 \quad -0.1 \quad -0.1)^T, ub=(2 \quad 2 \quad 2 \quad 2)^T.$

编写 M 文件如下：

```
C=[0.9501      0.7620      0.6153      0.4057
    0.2311      0.4564      0.7919      0.9354
    0.6068      0.0185      0.9218      0.9169
    0.4859      0.8214      0.7382      0.4102
    0.8912      0.4447      0.1762      0.8936];
d=[0.0578;0.3528;0.8131;0.0098;0.1388];
A=[0.2027      0.2721      0.7467      0.4659
    0.1987      0.1988      0.4450      0.4186
    0.6037      0.0152      0.9368      0.8462];
b=[0.5151;0.2026;0.6721];
lb=-0.1*ones(4,1);ub=2*ones(4,1);
[x,resnorm,residual,exitflag]=lsqlin(C,d,A,b,[ ],[ ],lb,ub)
```

运行结果如下：

Optimization terminated.

x=

　−0.1000

　−0.1000

　　0.2152

　　0.3502

resnorm=

　　0.1672

residual=

　　0.0455

　　0.0764

　−0.3562

　　0.1620

　　0.0784

exitflag=

　　1

6.4.4 非线性最小二乘问题

1. 数学模型

非线性最小二乘问题的数学模型为：

$$\min_x \| f(x) \|^2 = f_1(x)^2 + f_2(x)^2 + \cdots + f_n(x)^2$$

2. 有关函数

在 MATLAB 优化工具箱中，lsqnonlin 函数用于求非线性最小二乘问题. 其调用格式为：

x＝lsqnonlin(fun,x0)：给定初值 x0，求函数 fun 的最小平方和.

x＝lsqnonlin(fun,x0,lb,ub)：定义变量 x 的下界 lb 和上界 ub.

x＝lsqnonlin(fun,x0,lb,ub,options)：用 options 结构指定优化参数.

x＝lsqnonlin(problem)：求 problem 的最小解，其中 problem 是一个结构数组.

[x,resnorm]＝lsqnonlin(…)：返回解 x 处残差的平方：resnorm＝sum(fun(x).^2).

[x,resnorm,residual]＝lsqnonlin(…)：返回解 x 处的残差：residual＝fun(x).

[x,resnorm,residual,exitflag]＝lsqnonlin(…)：返回 exitflag 值，用以描述函数计算的退出条件.

[x,resnorm,residual,exitflag,output]＝lsqnonlin(…)：返回包含优化信息的输出变量 output.

[x,resnorm,residual,exitflag,output,lambda]＝lsqnonlin(…)：返回解 x 处包含拉格朗日乘子的 lambda 参数.

[x, resnorm, residual, exitflag, output, lambda, jacobian] ＝ lsqnonlin(…)：返回解 x 处的函数 fun 的 Jacobian 矩阵.

例 6—17 求解 x，使 $\sum\limits_{k=1}^{10}(2+2k-e^{kx_1}-e^{kx_2})^2$ 最小. 初值为 $x_0=(0.3, 0.4)$. 目标函数的 M 文件如下：

```
function f＝exam6_17_obfun(x)
k＝1:10;f＝2 + 2 * k－exp(k * x(1))－exp(k * x(2));
```

编写 M 文件如下：

x0＝[0.3 0.4];

[x,resnorm]＝lsqnonlin(@exam6_17_obfun,x0)

运行结果如下：

x＝   resnorm＝

　　0.2578　　0.2578   124.3622

6.4.5　非线性曲线拟合问题

1. 数学模型

非线性曲线拟合问题的数学模型为：

$$\min_x \parallel F(x,xdata) - ydata \parallel^2 = \sum_i (F_i(x,xdata_i)^2 - ydata_i)^2.$$

2. 有关函数

在 MATLAB 优化工具箱中，lsqcurvefit 函数用于求非线性曲线拟合问题. 其调用格式为：

x＝lsqcurvefit(fun,x0,xdata,ydata)：给定初值 x0，求非线性函数 fun(x, xdata)与数据 ydata 在最小二乘意义上的拟合系数.

x＝lsqcurvefit(fun,x0,xdata,ydata,lb,ub)：定义变量 x 的下界 lb 和上界 ub.

x＝lsqcurvefit(fun,x0,xdata,ydata,lb,ub,options)：用 options 结构指定优化参数.

x＝lsqcurvefit(problem)：求 problem 的最小解，其中 problem 是一个结构数组.

[x,resnorm]＝lsqcurvefit(⋯)：返回解 x 处残差的平方：resnorm＝sum ((fun(x,data)−ydata).^2).

[x,resnorm,residual]＝lsqcurvefit(⋯)：返回解 x 处的残差：residual＝fun(x,data)−ydata.

[x,resnorm,residual,exitflag]＝lsqcurvefit(⋯)：返回 exitflag 值，用于描述函数计算的退出条件.

[x,resnorm,residual,exitflag,output]＝lsqcurvefit(⋯)：返回包含优化信息的输出变量 output.

[x,resnorm,residual,exitflag,output,lambda]＝lsqcurvefit(⋯)：返回解

x 处包含拉格朗日乘子的 lambda 参数.

$[x, resnorm, residual, exitflag, output, lambda, jacobian] = lsqcurvefit$ $(\cdots)$：返回解 x 处的函数 fun 的 Jacobian 矩阵.

例 6—18 给定数据 xdata 和 ydata，拟合方程 $ydata(i) = x(1)e^{x(2)xdata(i)}$. 目标函数的 M 文件如下：

```
function f=exam6_18_obfun(x,xdata)
f=x(1)*exp(x(2)*xdata);
```

编写 M 文件如下：

```
xdata=[0.9 1.5 13.8 19.8 24.1 28.2 35.2 60.3 74.6 81.3];
ydata=[455.2 428.6 124.1 67.3 43.2 28.1 13.1 −0.4 −1.3 −1.5];
x0=[100;−1];[x,resnorm]=lsqcurvefit(@exam6_18_obfun,x0,xda-
    ta,ydata)
```

运行结果如下：

```
x=                              resnorm=
   498.8309                        9.5049
  −0.1013
```

6.5 动态规划

动态规划是求解决策过程最优化的数学方法，由 20 世纪 50 年代美国数学家 R. E. Bellman 等人在研究多阶段决策过程的优化问题时创立.

6.5.1 动态规划的基本概念

1. 阶段

多阶段决策问题可分为若干个相互联系的阶段依次进行. 通常按时间或空间划分阶段，描述阶段的变量称为阶段变量，记为 k.

2. 状态

状态表示每个阶段开始时所处的自然条件或客观条件. 各阶段的状态通常用

状态变量描述. x_k 表示第 k 个状态. n 个阶段的决策过程有 $n+1$ 个状态. 状态变量的取值范围称为允许状态集合, 用 S_k 表示. 用动态规划求解多阶段决策过程时, 要求状态具有无后效性, 即某阶段的状态以后的阶段不受以前状态的影响, 未来状态只依赖于当前状态.

3. 决策

给定某一阶段的状态, 可做出各种选择从而演变到下一阶段的某一状态, 这种选择称为决策. 描述决策的变量称为决策变量. 决策变量的取值范围称为允许决策集合. 用 $u_k(x_k)$ 表示第 k 阶段处于状态 x_k 时的决策变量, 它是 x_k 的函数. 用 $D_k(x_k)$ 表示第 k 阶段处于状态 x_k 时的允许决策集合.

4. 策略

由每个阶段的决策按顺序排列组成的集合称为策略. 从初始状态 x_1 开始的全过程的策略记为 $p_{1n}(x_1)=\{u_1(x_1), \cdots, u_n(x_n)\}$, 从第 k 阶段的状态 x_k 开始到终止状态的后部子过程的策略记为 $p_{kn}(x_k)=\{u_k(x_k), \cdots, u_n(x_n)\}$. 可供选择的策略的范围称为允许策略集合. 允许策略集合中效果达到最优的策略称为最优策略.

5. 状态转移方程

如果第 k 个阶段的状态变量为 x_k, 所作的决策为 u_k, 那么第 $k+1$ 个阶段的状态变量 x_{k+1} 也被完全确定. 这种演变规律用状态转移方程 $x_{k+1}=T_k(x_k, u_k)$ 表示.

6. 指标函数与最优值函数

某阶段 k 的阶段指标函数是衡量该阶段决策优劣的数量指标, 它取决于状态 x_k 和决策 u_k, 用 $v_k(x_k, u_k)$ 表示. 指标函数是用来衡量策略优劣的数量指标, 它定义在全过程与所有后部子过程上, 用 V_{kn} 表示, 即 $V_{kn}(x_k, u_k, \cdots, x_n, u_n, x_{n+1})$. 指标函数应具有分离性, 并满足递推关系, 即 V_{kn} 可表示为 x_k、u_k 和 $V_{k+1,n}$ 的函数:

$$V_{kn}(x_k,u_k,\cdots,x_n,u_n,x_{n+1})=\varphi_k(x_k,u_k,V_{k+1,n}(x_{k+1},u_{k+1},\cdots,x_{n+1}))$$

并且 φ_k 关于 $V_{k+1,n}$ 是严格单调的. 常见的指标函数的形式有阶段指标的和、积、极大和极小, 即

$$V_{kn}(x_k,u_k,\cdots,x_{n+1}) = \sum_{j=k}^{n} v_j(x_j,u_j),$$

$$V_{kn}(x_k,u_k,\cdots,x_{n+1}) = \prod_{j=k}^{n} v_j(x_j,u_j),$$

$$V_{kn}(x_k, u_k, \cdots, x_{n+1}) = \max_{k \leqslant j \leqslant n} (\text{或} \min_{k \leqslant j \leqslant n}) v_j(x_j, u_j).$$

从第 k 个阶段的状态 x_k 出发，按最优策略 p_{kn}^* 到第 n 阶段得到的指标函数称为最优值函数，记为 $f_k(x_k)$，即

$$f_k(x_k) = \underset{p_{kn} \in P_{kn}(x_k)}{\text{opt}} V_{kn}(x_k, p_{kn}),$$

其中 opt 可根据具体情况取 max 或 min.

7. 最优策略与最优轨线

使指标函数 V_{kn} 达到最优的策略称为从阶段 k 开始的后部子过程的最优策略，记为 $p_{kn}^* = \{u_k^*, \cdots, u_n^*\}$. 全过程的最优策略 p_{1n}^* 简称为最优策略. 从初始状态 $x_1(=x_1^*)$ 出发，过程按照最优策略 p_{1n}^* 和状态转移方程演变所经历的状态序列 $x_1^*, \cdots, x_n^*$ 称为最优轨线.

8. 递归方程

根据最优性原理，即最优策略的子策略构成最优子策略，指标函数为阶段指标之和的递归方程为：

$$\begin{cases} f_{n+1}(x_{n+1}) = 0 \\ f_k(x_k) = \underset{p_{kn} \in P_{kn}(x_k)}{\text{opt}} \{v_k(x_k, u_k) + f_{k+1}(x_{k+1})\}, k = n, \cdots, 1 \end{cases},$$

指标函数为阶段指标之积的递归方程为：

$$\begin{cases} f_{n+1}(x_{n+1}) = 1 \\ f_k(x_k) = \underset{p_{kn} \in P_{kn}(x_k)}{\text{opt}} \{v_k(x_k, u_k) \cdot f_{k+1}(x_{k+1})\}, k = n, \cdots, 1 \end{cases}.$$

由状态转移方程和递归方程求解动态规划的过程是由最后的阶段推至初始阶段，其求解步骤如下：

(1) 将问题恰当地划分为若干个阶段；

(2) 正确选择状态变量，使它既能描述过程的演变，又满足无后效性；

(3) 规定决策变量，确定每个阶段的允许决策集合；

(4) 写出状态转移方程；

(5) 确定各阶段的阶段指标，写出递归方程以及端点条件.

6.5.2 逆序解法的 MATLAB 实现

function [p_opt, fval] = dynprog(x, DecisFun, ObjFun, TransFun)

%输入参数：

% x 状态变量组成的矩阵，其第 k 列是阶段 k 的状态 xk 的取值；

% DecisFun(k,xk)由阶段 k 的状态变量 xk 求出相应的允许决策变量的
　函数；

% ObjFun(k,sk,uk)阶段指标函数 vk＝(xk,uk)；

% TransFun(k,sk,uk)状态转移方程 Tk(xk,uk)；

%输出参数：

% p_opt ［阶段数，状态 xk，决策 uk，最优指标函数值 fk(xk)］4 个列向量

% fval 最优函数值

k＝length(x(1,:))；x_isnan＝～isnan(x)；f_vub＝inf；f_opt＝nan ∗
　ones(size(x))；

d_opt＝f_opt；t_vubm＝inf ∗ ones(size(x))；

%%计算最后阶段的相关值

tmp1＝find(x_isnan(:,k))；tmp2＝length(tmp1)；

for i＝1:tmp2

　　　u＝feval(DecisFun,k,x(i,k))；tmp3＝length(u)；

　　　for j＝1:tmp3

　　　　　tmp＝feval(ObjFun,k,x(tmp1(i),k),u(j))；

　　　　　if tmp＜＝f_vub

　　　　　　　f_opt(i,k)＝tmp；d_opt(i,k)＝u(j)；t_vupm＝tmp；

　　　　　end

　　　end

end

%%逆序计算各阶段的递归调用程序

for ii＝k－1:－1:1

　　　tmp10＝find(x_isnan(:,ii))；tmp20＝length(tmp10)；

　　　for i＝1:tmp20

　　　　　u＝feval(DecisFun,ii,x(i,ii))；tmp30＝length(u)；

　　　　　for j＝1:tmp30

　　　　　　　tmp00＝feval(ObjFun,ii,x(tmp10(i),ii),u(j))；

　　　　　　　tmp40＝feval(TransFun,ii,x(tmp10(i),ii),u(j))；

　　　　　　　tmp50＝x(:,ii＋1)－tmp40；tmp60＝find(tmp50＝＝0)；

　　　　　　　if～isempty(tmp60)

```
                    tmp00＝tmp00＋f_opt(tmp60(1),ii＋1);
                    if tmp00＜＝t_vubm(i,ii);
                          f_opt(i,ii)＝tmp00;d_opt(i,ii)＝u(j);
                          t_vubm(i,ii)＝tmp00;
                    end
                end
            end
        end
    end
%%%记录最优决策、最优轨线和相应指标函数值
p_opt＝[];tmpx＝[];tmpd＝[];tmpf＝[];tmp0＝find(x_isnan(:,1));
fval＝f_opt(tmp0,1);tmp01＝length(tmp0);
for i＝1:tmp01
    tmpd(i)＝d_opt(tmp0(i),1);tmpx(i)＝x(tmp0(i),1);
    tmpf(i)＝feval(ObjFun,1,tmpx(i),tmpd(i));
    p_opt(k*(i-1)+1,[1,2,3,4])＝[1,tmpx(i),tmpd(i),tmpf(i)];
    for ii＝2:k
        tmpx(i)＝feval(TransFun,ii-1,tmpx(i),tmpd(i));
        tmp1＝x(:,ii)-tmpx(i);tmp2＝find(tmp1==0);
        if~isempty(tmp2)
            tmpd(i)＝d_opt(tmp2(1),ii);
        end
        tmpf(i)＝feval(ObjFun,ii,tmpx(i),tmpd(i));
        p_opt(k*(i-1)+ii,[1,2,3,4])＝[ii,tmpx(i),tmpd(i),tmpf(i)];
    end
end
```

例 6—19 图 6—4 为一个线路网，连线上的数字表示两点之间的距离. 试求一条从 1 到 10 的距离最短的路线.

将该问题划分为四个阶段的决策问题，即 $k=1$，2，3，4. 状态变量 x_k 和决策变量 u_k 均选为节点的编号. 允许状态集合：$S_1=\{1\}$、$S_2=\{2,\ 3,\ 4\}$、$S_3=\{5,\ 6,\ 7\}$、$S_4=\{8,\ 9\}$、$S_5=\{10\}$

允许决策集合：$D_1(1)=\{2,\ 3,\ 4\}$、$D_2(2)=\{5,\ 6,\ 7\}$、$D_2(3)=\{5,\ 6,\ 7\}$、

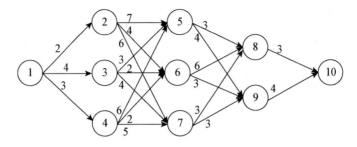

图6—4　最短路问题

$D_2(4)=\{5,6,7\}$、$D_3(5)=\{8,9\}$、$D_3(6)=\{8,9\}$、$D_3(7)=\{8,9\}$、$D_4(8)=\{10\}$、$D_4(9)=\{10\}$

状态转移方程：$x_{k+1}=u_k$.

阶段指标函数：$v_1(1,2)=2$、$v_1(1,3)=4$、$v_1(1,4)=3$、$v_2(2,5)=7$、$v_2(2,6)=4$、$v_2(2,7)=6$、$v_2(3,5)=3$、$v_2(3,6)=2$、$v_2(3,7)=4$、$v_2(4,5)=6$、$v_2(4,6)=2$、$v_2(4,7)=5$、$v_3(5,8)=3$、$v_3(5,9)=4$、$v_3(6,8)=6$、$v_3(6,9)=3$、$v_3(7,8)=3$、$v_3(7,9)=3$、$v_4(8,10)=3$、$v_9(9,10)=4$.

递归方程：

$$f_5(10)=0,$$
$$f_k(x_k)=\min_{u_k\in D_k(x_k)}(v_k(x_k,u_k)+f_{k+1}(x_{k+1})),k=4,3,2,1.$$

求解过程如下：

$k=4,f_4(8)=\min\{v_4(8,10)+0\}=v_4(8,10)=3,8\rightarrow10;$

$\quad\quad f_4(9)=\min\{v_4(9,10)+0\}=v_4(9,10)=4,9\rightarrow10;$

$k=3,f_3(5)=\min\{v_3(5,8)+f_4(8),v_3(5,9)+f_4(9)\}$

$\quad\quad\quad\quad=\min\{3+3,4+4\}=6,\quad 5\rightarrow8\rightarrow10;$

$\quad\quad f_3(6)=\min\{v_3(6,8)+f_4(8),v_3(6,9)+f_4(9)\}$

$\quad\quad\quad\quad=\min\{6+3,3+4\}=7,\quad 6\rightarrow9\rightarrow10;$

$\quad\quad f_3(7)=\min\{v_3(7,8)+f_4(8),v_3(7,9)+f_4(9)\}$

$\quad\quad\quad\quad=\min\{3+3,3+4\}=6,\quad 7\rightarrow8\rightarrow10;$

$k=2,f_2(2)=\min\{v_2(2,5)+f_3(5),v_2(2,6)+f_3(6),v_2(2,7)+f_3(7)\}$

$\quad\quad\quad\quad=\min\{7+6,4+7,6+6\}=11,\quad 2\rightarrow6\rightarrow9\rightarrow10;$

$\quad\quad f_2(3)=\min\{v_2(3,5)+f_3(5),v_2(3,6)+f_3(6),v_2(3,7)+f_3(7)\}$

$$=\min\{3+6,2+7,4+6\}=9, \quad 3\to5\to8\to10 \text{ 或 } 3\to6\to9\to10;$$
$$f_2(4)=\min\{v_2(4,5)+f_3(5),v_2(4,6)+f_3(6),v_2(4,7)+f_3(7)\}$$
$$=\min\{6+6,2+7,5+6\}=9, \quad 4\to6\to9\to10;$$
$$k=1,f_1(1)=\min\{v_1(1,2)+f_2(2),v_1(1,3)+f_2(3),v_1(1,4)+f_2(4)\}$$
$$=\min\{2+11,4+9,3+9\}=12, \quad 1\to4\to6\to9\to10.$$

所以最短路为 $1\to4\to6\to9\to10$，其长度为 12.

下面利用 MATLAB 求解. 编写由状态 x_k 求决策变量的函数如下：

```
function u=exam6_19_DecisFun(k,x)
if x==1
    u=[2,3,4];
elseif (x==2)|(x==3)|(x==4)
    u=[5,6,7];
elseif (x==5)|(x==6)|(x==7)
    u=[8,9];
elseif (x==8)|(x==9)
    u=10;
elseif x==10
    u=10;
end
```

阶段指标函数如下：

```
function y=exam6_19_ObjFun(k,x,u)
tt=[2 4 3 7 4 6 3 2 4 6 2 5 3 4 6 3 3 3 3 4]';
tmp=[x==1&u==2,x==1&u==3,x==1&u==4,x==
    2&u==5,x==2&u==6,...
    x==2&u==7,x==3&u==5,x==3&u==6,x==
    3&u==7,x==4&u==5,...
    x==4&u==6,x==4&u==7,x==5&u==8,x==
    5&u==9,x==6&u==8,...
    x==6&u==9,x==7&u==8,x==7&u==9,x==
    8&u==10,x==9&u==10];
y=tmp*tt;
```

状态转移方程函数如下：

> function y＝exam6_19_TranFuns(k,x,u)
>
> y＝u;

在命令窗口中输入：

> x＝nan∗ones(3,4);
>
> x(1,1)＝1;x(1:3,2)＝[2 3 4]′;x(1:3,3)＝[5 6 7]′;x(1:2,4)＝[8 9];
>
> [p,f]＝dynprog(x,@exam6_19_DecisFun,@exam6_19_ObjFun,@exam6_19_TransFun)

运行得

> p＝
>
> | | | | |
> |---|---|---|---|
> | 1 | 1 | 4 | 3 |
> | 2 | 4 | 6 | 2 |
> | 3 | 6 | 9 | 3 |
> | 4 | 9 | 10 | 4 |
>
> f＝
>
> 12

所得结果与手工计算相同.

例 6—20 工厂生产某种产品，每一千件的成本为 1 千元，每次开工的固定成本为 3 千元，工厂每季度的最大生产能力为 6 千件. 经调查，市场对该产品的需求量第一、二、三、四季度分别为 2、3、2、4 千件. 如果工厂在第一、二季度将全年的需求都生产出来，固然可以降低成本，但是对于第三、四季度才能上市的产品需付存储费，每季每千件的存储费为 500 元. 还规定年初和年末均无库存. 试制一个生产计划，安排每个季度的产量，使一年的总费用最少.

利用动态规划求解. 先确定模型构成的要素：

(1) 阶段. 将生产的 4 个时期作为 4 个阶段，$k＝1, 2, 3, 4$.

(2) 状态变量 x_k 表示第 k 个时期的库存量. 由于年初和年末均无库存，故 $x_1＝x_5＝0$.

(3) 决策变量 u_k 表示第 k 个时期的生产量.

(4) 状态转移方程为 $x_{k+1}＝x_k+u_k-d_k$，其中 d_k 为第 k 时期的需求量.

(5) 阶段指标函数 $v_k(x_k, u_k)＝h_k(x_k)+c_k(u_k)$，其中 $h_k(x_k)＝0.5x_k$ 表示存储费，$c_k(u_k)$ 表示生产成本.

$$c_k(u_k) = \begin{cases} 0, & u_k = 0 \\ 3+u_k, & u_k > 0 \end{cases}.$$

（6）递归方程为：

$$\begin{cases} f_5(x_5) = 0 \\ f_k(x_k) = \min_{u_k \in D_k(x_k)} \{v_k(x_k, u_k) + f_{k+1}(x_{k+1})\}, k = 4, 3, 2, 1 \end{cases}.$$

从第一阶段开始，因为 $x_1 = 0$、$0 \leqslant u_1 \leqslant 6$、$d_1 = 2$，所以 $0 \leqslant x_2 = x_1 + u_1 - d_1 \leqslant 4$，又因为 $0 \leqslant u_2 \leqslant 6$、$d_2 = 3$，所以 $0 \leqslant x_3 = x_2 + u_2 - d_2 \leqslant 7$，类似地由 $0 \leqslant x_3 \leqslant 7$，$0 \leqslant u_3 \leqslant 6$、$d_3 = 2$ 得到 $0 \leqslant x_4 = x_3 + u_3 - d_3 \leqslant 11$. 反过来，从最后一个阶段开始，由 $x_5 = 0$、$0 \leqslant u_4 \leqslant 6$、$d_4 = 4$ 得 $0 \leqslant x_4 = x_5 + d_4 - u_4 \leqslant 4$；由 $0 \leqslant x_4 \leqslant 4$、$0 \leqslant u_3 \leqslant 6$、$d_3 = 2$ 得 $0 \leqslant x_3 = x_4 + d_3 - u_3 \leqslant 6$；再由 $0 \leqslant x_3 \leqslant 7$、$0 \leqslant u_2 \leqslant 6$、$d_2 = 3$ 得 $0 \leqslant x_2 = x_3 + d_2 - u_2 \leqslant 10$. 综合起来，就有 $0 \leqslant x_2 \leqslant 4$、$0 \leqslant x_3 \leqslant 6$、$0 \leqslant x_4 \leqslant 4$. 如果 x_k 只取整数，则允许状态集合为：

$$S_1 = \{0\}、S_2 = \{0,1,2,3,4\}、S_3 = \{0,1,2,3,4,5,6\}、S_4 = \{0,1,2,3,4\}、$$
$$S_5 = \{0\}.$$

再由 $u_k = x_{k+1} - x_k + d_k$ 得，$0 \leqslant u_1$，u_2，$u_3 \leqslant 6$、$0 \leqslant u_4 \leqslant 4$. 如果 u_k 只取整数，则允许状态集合为：

$$D_1(x_1) = D_2(x_2) = D_3(x_3) = \{0,1,2,3,4,5,6\}、D_4(x_4) = \{0,1,2,3,4\}.$$

下面利用 MATLAB 求解. 编写由状态 x_k 求决策变量的函数如下：

```
function u=exam6_20_DecisFun(k,x)
d=[2 3 2 4 0];if d(k)-x<0 u=0:6; else u=d(k)-x:6; end
```

阶段指标函数如下：

```
function v=exam6_20_ObjFun(k,x,u)
if u==0 v=0.5*x; else v=3+u+0.5*x; end
```

状态转移方程函数如下：

```
function y=exam6_20_TransFun(k,x,u)
d=[2 3 2 4];y=x+u-d(k);
```

在命令窗口中输入：

x＝nan＊ones(7,5);
x(1,1)＝0;x(1:5,2)＝(0:4)′;x(:,3)＝(0:6)′;x(1:5,4)＝(0:4)′;x(1,5)＝0;
[p,f]＝dynprog(x,@exam6_20_DecisFun,@exam6_20_ObjFun,...
@exam6_20_TransFun)

运行得

　p＝
　　　　1.0000　　　　　0　　5.0000　　8.0000
　　　　2.0000　　3.0000　　　　　0　　1.5000
　　　　3.0000　　　　　0　　6.0000　　9.0000
　　　　4.0000　　4.0000　　　　　0　　2.0000
　　　　5.0000　　　　　0　　6.0000　　9.0000

　f＝
　　　29.5000

从运行结果可以看出，第一、二、三、四季度的产量分别是 5、0、6、0 千件，最小的总费用为 29.5 千元.

习　题

1. 求解下列线性规划问题：

(1) s.t. $\begin{cases} \min z=x_1+2x_2 \\ 3x_1+x_2\geqslant5 \\ 4x_1+3x_2\geqslant8 \\ x_1+2x_2\geqslant3 \\ x_1,\ x_2\geqslant0 \end{cases}$;　(2) s.t. $\begin{cases} \min z=-5x_1-4x_2-6x_3 \\ x_1-x_2+x_3\leqslant2 \\ 3x_1+2x_2+4x_3\leqslant42 \\ 3x_1+2x_2\leqslant30 \\ x_1,\ x_2,\ x_3\geqslant0 \end{cases}$;

(3) s.t. $\begin{cases} \max z=-3x_1-x_2-x_3 \\ x_1-2x_2+x_3\leqslant2 \\ 4x_1-x_2-2x_3\leqslant-3 \\ 2x_1-x_2=-1 \\ x_1,\ x_2,\ x_3\geqslant0 \end{cases}$

2. 某种作物在全部生产过程中至少需要 32kg 氮，磷以 24kg 为宜，钾不得超过 42kg. 现有甲、乙、丙、丁 4 种肥料，各种肥料的单位价格及含氮、磷、钾数量如表 6—4 所示.

表 6—4 各种肥料的单位价格及含氮、磷、钾的数量

各种元素及价格	甲	乙	丙	丁
氮	0.03	0.3	0	0.15
磷	0.05	0	0.2	0.10
钾	0.14	0	0	0.07
价格	0.04	0.15	0.10	0.125

问：如何配合使用这些肥料，才会既能满足作物对氮、磷、钾的需要，又能使施肥成本最低？

3. 某公司有一批资金用于 4 个工程项目的投资，其投资项目时所得的净收益如表 6—5 所示. 由于某种原因，决定用于项目 A 的投资不大于其他投资之和，用于项目 B 和 C 的投资大于项目 D 的投资. 试确定该公司收益最大的投资分配方案.

表 6—5 工程项目收益表

工程项目	A	B	C	D
收益（%）	15	10	8	12

4. 有 A、B、C 三个食品加工厂，负责供给甲、乙、丙、丁四个市场. 三个厂每天生产食品箱数的上限如表 6—6 所示；四个市场每天的需求量如表 6—7 所示；从各厂到各市场的运输费（单位：元/箱）由表 6—8 给出. 求在基本满足供需平衡的条件下如何使总运输费用最小.

表 6—6 工厂每天生产食品箱数的上限

工厂	A	B	C
食品箱数的上限	60	40	50

表 6—7 市场每天需求量

市场	甲	乙	丙	丁
需求量	20	30	33	34

表 6—8 运输费

发点	收点	市场			
		甲	乙	丙	丁
工厂	A	2	1	3	2
	B	1	3	2	1
	C	3	4	1	1

5. 利用 fminbnd 函数求解带参数的优化问题：

$$\min f(x) = (x-a)^2 + b,$$

其中 $a=6$，$b=4$，x 的定义域为 $x \in [0, 8]$.

6. 分别利用 fminunc 和 fminsearch 函数求解带参数的优化问题：$\min z = a \sin x + b \cdot y^2$，其中 $a=1$，$b=1$.

7. 利用大规模算法求解：$\min f = \sum\limits_{i=1}^{200} \left(x(i) - \dfrac{1}{i} \right)^2$.

8. 求解如下半无限问题

$$\min(x-1)^2$$

s. t. $\begin{cases} 0 \leqslant x \leqslant 2 \\ K(x,w) = (x-1/2) - (w-1/2)^2 \leqslant 0, 0 \leqslant w \leqslant 1 \end{cases}$.

9. 已知梯形截面管道（如图 6—5 所示）的参数是：底边长度是 c，高度是 h，斜边与底边的夹角是 θ，横截面积是 $A = 64\,516\text{mm}^2$. 管道内液体的流速与管道截面的周长 s 的倒数成正比例关系. 试确定该管道的参数使液体流速最大.

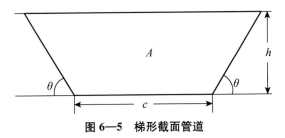

图 6—5 梯形截面管道

10. 某机械厂制造 A、B 和 C 三种机床，每种机床须用不同数量的两类电器部件：部件 1 和部件 2. 设机床 A、B 和 C 各用部件 1 的个数分别为 4、6 和 2，各用部件 2 的个数分别为 4、3 和 5；在任何一个月内共有 22 个部件 1 和 25 个部件 2 可用；生产 A、B 和 C 三种机床每台的利润分别为 5 万元、6 万元和 4 万元. 问 A、B 和 C 每月各生产多少台，可使机械厂所获取的利润最大？

11. 求解下面的 0—1 整数线性规划问题

$$\min z = 7x_1 + 5x_2 + 6x_3 + 8x_4 + 9x_5$$

s. t. $\begin{cases} 3x_1 - x_2 + x_3 + x_4 - 2x_5 \geqslant 2 \\ -x_1 - 3x_2 + x_3 + 2x_4 - x_5 \leqslant 0 \\ -x_1 - x_2 + 3x_3 + x_4 + x_5 \geqslant 1 \\ x_i = 0 \text{ 或 } 1, i=1,2,3,4,5 \end{cases}$.

12. 图 6—6 是一线路网络，要铺设从 v_1 到 v_{10} 的电话线，中间需要经过 3 个点. 第 1 个点可以是 v_2, v_3 和 v_4 中的某个点，第 2 个点可以是 v_5, v_6 和 v_7 中的某个点，第 3 个点可以是 v_8 和 v_9 中的某个点. 各点之间若能铺设电话线，则在图中用连线表示，连线旁边的数字表示两点间的距离，用动态规划法求一条从 v_1 到 v_{10} 的最短路.

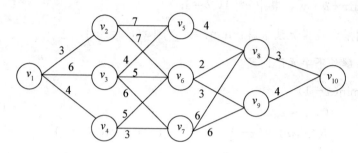

图 6—6　线路网络示意图

13. 某公司欲将 6 台新设备分配给下属的四个企业，各个企业获得这种设备后的年创利润如表 6—9 所示（单位：万元），问应如何分配这些设备可使公司的年创利润最大？

表 6—9　　　　　　　　某公司四个企业获得设备数的年创利润表

企业 ＼ 设备	0	1	2	3	4	5	6
甲	0	4	6	7	7	7	7
乙	0	2	4	6	8	9	10
丙	0	3	5	7	8	8	8
丁	0	4	5	6	6	6	6

14. 某化工厂拟生产两种新产品 A 和 B，其生产设备费用分别为 2 万元/吨和 5 万元/吨. 这两种产品均将造成环境污染，所造成的损失分别为 4 万元/吨和 1 万元/吨. 由于条件限制，工厂生产 A 和 B 的最大生产能力分别为每月 5 吨和 6 吨，而市场每月对这两种产品的需求不少于 7 吨. 该工厂认为，环境污染应优先考虑，设备投资的目标值为 20 万元，损失目标为 12 万元. 试问应如何安排生产计划，才能在满足市场需求的前提下，使设备投资和损失均达到最小？

第七章

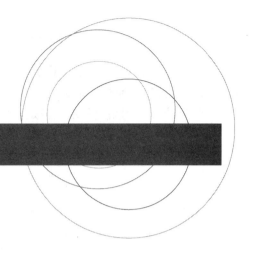

数学建模初步

数学建模是指建立、求解、分析和验证一个实际问题的数学模型的全过程.
数学模型是数学语言对部分现实世界的描述，是关于部分现实世界为一定目的而
作的抽象、简化的数学结构.

通过本章的学习，读者可以了解数学模型的概念以及通过实例了解建模的基
本方法和步骤.

7.1　数学建模简介

7.1.1　什么是数学建模

人类在认识、研究现实世界里的某个客观对象时，常常不是直接面对那个对
象的原型，而是设计、构造它的各式各样的模型.

原型是指人们在现实世界里要去认识、研究的实际对象，如机械系统、生态
系统、经济系统、导弹飞行过程、化学反应过程、污染扩散过程、生产销售过
程，等等. 模型是指为了某个特定的目的将原型的某一部分信息简缩、提炼而构
造的原型替代物. 按模型替代原型的方式分类，模型可以分为形象模型或物质模
型和抽象模型或理想模型. 直观模型（如玩具、照片）和物理模型（如航模等）
都属于物质模型；思维模型、符号模型、数学模型属于抽象模型.

数学模型是指对于现实世界的一个特定对象，为了一个特定目的，根据特有的
内在规律，做出一些必要的简化假设，并运用适当的数学工具得到的一个数学结构.

7.1.2 数学建模的过程

我们通过一个简单的数学应用题来阐述数学建模的过程. 例如: 甲乙两地相距 750 公里, 船从甲地到乙地顺水航行需要 30 小时, 从乙地到甲地逆水航行需要 50 小时, 问船速和水速各是多少?

设船速和水速分别为 x 和 y, 则容易得到

$$\begin{cases} 30(x+y)=750 \\ 50(x-y)=750 \end{cases},$$

解之得, $x=20$, $y=5$, 即船速为 20 公里/小时, 水速为 5 公里/小时.

这个简单的中学应用题实际包含了数学建模的基本内容:

(1) 根据问题背景和建模目的做出必要的简化假设——船速和水速都是常数.

(2) 用字母表示有关的量——x 和 y 分别表示船速和水速.

(3) 利用有关知识列出相应的数学结构——匀速直线运动的距离等于速度乘以时间, 得到二元一次方程组.

(4) 求解得数学上的解答——$x=20$, $y=5$.

(5) 解答原问题——船速为 20 公里/小时, 水速为 5 公里/小时.

(6) 以上结果是否合理, 须用实际信息来检验.

真正的实际问题当然比上面的例子要复杂得多. 数学建模的全过程可用图 7—1 表示.

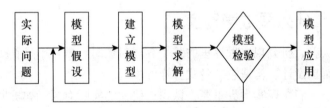

图 7—1 数学建模过程

图 7—1 提示了现实对象和数学模型的关系. 一方面, 数学模型是将现象加以归纳、抽象的产物, 它源于现实, 又高于现实; 另一方面, 只有当数学建模的结果经受住现实对象的检验时, 才可以用于指导实际, 完成实践—理论—实践这一循环.

7.2　数学建模实例

本节介绍几个数学建模的实例.

7.2.1　椅子能在不平的地面上放稳吗

1. 提出问题

本问题来源于日常生活中的一个事实：把椅子往不平的地面上一放，通常只有三只脚着地，从而放不稳，但是生活经验告诉我们，只需稍稍挪动几次，就可以使四只脚同时着地，即放稳了. 试从数学上证实这一现象.

2. 模型假设

（1）椅子四条腿一样长，椅脚与地面接触处看作一个点，四只脚的连线呈一正方形.

（2）地面高度是连续变化的，沿任何方向都不会出现间断，没有像台阶那样的情况，即地面可视为数学上的连续曲面.

（3）对于椅脚的间距和椅腿的长度而言，地面是相对平坦的，使椅子在任何位置至少有三只脚同时着地.

假设（1）是合理的；假设（2）给出了椅子能放稳的条件；假设（3）要排除出现深沟或凸峰而使椅子放不稳的情况.

3. 模型建立

首先要用变量表示椅子的位置. 注意到椅脚的连线呈正方形，以中心为对称点，正方形绕中心的旋转正好代表了椅子位置的改变，于是可以用旋转角度这一变量表示椅子的位置. 在图 7—2 中椅脚连线为正方形 $ABCD$，对角线 AC 与 x 轴重合，椅角连线中心点 O 旋转角度 θ 后，正方形 $ABCD$ 转至 $A_1B_1C_1D_1$ 的位置，所以对角线 AC 与 x 轴的夹角 θ 表示了椅子的位置.

其次要把椅脚着地用数学符号表示出来. 如果用某个变量表示椅脚与地面的竖直距离，

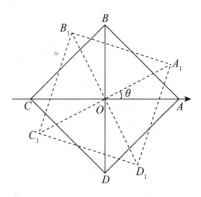

图 7—2　变量 θ 表示椅子的位置

那么当这个距离为零时就是椅脚着地了. 椅子在不同位置时椅脚与地面的距离不同, 所以这个距离是椅子位置变量 θ 的函数.

虽然椅子有四只脚, 因而有四个距离, 但是由于正方形的中心对称性, 只要设两个距离函数就行了. 记 A, C 两脚与地面距离之和为 $f(\theta)$, B, D 两脚与地面距离之和为 $g(\theta)$ ($f(\theta)$, $g(\theta) \geqslant 0$). 由假设(2), $f(\theta)$, $g(\theta)$ 是连续函数, 由假设(3), 椅子在任何位置至少有三只脚着地, 所以对于任意的 θ, $f(\theta)$ 和 $g(\theta)$ 中至少有一个为零. 当 $\theta = 0$ 时, 不妨设 $f(0) = 0$, $g(0) > 0$. 这样, 移动椅子使四只脚能否同时着地的问题, 就归结为高等数学中的一个证明题:

已知 $f(\theta)$, $g(\theta)$ 是连续函数, 对任意的 θ, $f(\theta) \cdot g(\theta) = 0$, 且 $f(0) = 0$, $g(0) > 0$, 证明存在 θ_0, 使 $f(\theta_0) = g(\theta_0) = 0$.

4. 模型求解

将椅子旋转 $90°$, 对角线 AC 与 BD 互换. 由 $f(0) = 0$, $g(0) > 0$, 可知 $f(\pi/2) > 0$, $g(\pi/2) = 0$, 令 $h(\theta) = g(\theta) - f(\theta)$, 则 $h(0) > 0$, $h(\pi/2) < 0$, 且 $h(\theta)$ 也是连续函数, 由连续函数的零点定理知, 必存在 $\theta_0 \in (0, \pi/2)$, 使 $h(\theta_0) = 0$, 即 $f(\theta_0) = g(\theta_0)$, 再由 θ 的任意性, $f(\theta) \cdot g(\theta) = 0$, 因此 $f(\theta_0) = g(\theta_0) = 0$.

5. 模型解释

在假设的前提下, 我们只需稍稍挪动几次, 就可以放稳椅子.

6. 模型评价

引入相应的变量, 巧妙地把一个看似与数学无关的现实问题转化成高等数学的证明题. 另外, 四只脚的连线呈正方形不是本质的.

7.2.2 汽车刹车距离

1. 提出问题

司机在行驶过程中发现前方出现突发事件, 会紧急刹车, 从司机决定刹车到车完全停止这段时间内汽车行驶的距离, 称为刹车距离. 一般地, 车速越快, 刹车距离越长. 那么刹车距离与车速之间是线性关系? 还是更复的函数关系? 对此有人做了一组实验: 用固定牌子的汽车, 由同一司机驾驶, 在不变的道路、气候条件下, 对不同的车速测量其刹车距离, 得到的数据如表 7—1 所示. 试建立刹车距离与车速之间的数学模型.

表7—1		车速与刹车距离的测试数据					
车速（km/h）	20	40	60	80	100	120	140
刹车距离（m）	6.5	17.8	33.6	57.1	83.4	118.0	153.5

2. 分析问题

用MATLAB作图，如图7—3所示，可以看出刹车距离与车速之间并非线性关系.

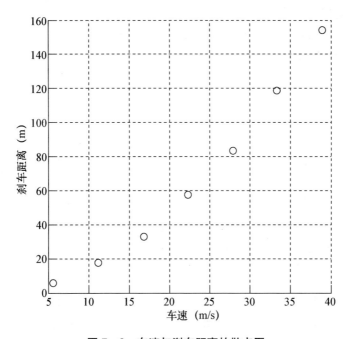

图7—3 车速与刹车距离的散点图

刹车距离由反应距离和制动距离两部分组成. 反应距离是指从司机决定刹车到制动器开始起作用这段时间内汽车行驶的距离，制动距离是指从制动器开始起作用到汽车完全停止所行驶的距离.

反应距离由反应时间和车速决定，反应时间取决于司机状态和制动系统的灵敏性，对于固定牌子的汽车和同一司机，反应时间可视作常数，并且这段时间内车速不变.

制动距离与制动器作用力、车重、车速以及道路、气候条件等因素有关，制动器是一个能量耗散装置，制动力做的功与汽车动能的改变相抵消. 设计制动器的一个合理原则是，最大制动力大体上与车的质量成正比，使汽车大致做匀减速运动，司机和乘客少受剧烈的冲击．道路、气候条件等因素视作固定的．

3．模型假设

（1）刹车距离 d 等于反应距离 d_1 与制动距离 d_2 之和．

（2）反应距离 d_1 与车速 v 成正比，比例系数为反应时间．

（3）刹车时使用最大制动力 F，F 做的功等于汽车动能的改变，且 F 与车的质量 m 成正比．

4．模型建立

由假设（3），在力 F 作用下制动距离 d_2 做的功 Fd_2 使车速 v 变成 0，动能的变化为 $mv^2/2$，从而有 $Fd_2 = mv^2/2$．又牛顿第二定律：$F = ma$，其中 a 是刹车时的减速度，a 为常数，于是

$$d_2 = k_2 v^2, \qquad\qquad ①$$

$k_2 = 1/2a$ 为比例系数．由假设（2），有

$$d_1 = k_1 v, \qquad\qquad ②$$

k_1 为反应时间．由假设（1）

$$d = k_1 v + k_2 v^2, \qquad\qquad ③$$

即刹车距离 d 与车速 v 之间是二次函数关系．

5．模型求解

虽然式③的参数 k_1，k_2 有一定的物理意义，但是它们难以从机理上确定，通常用数据拟合的方法确定它们．由第六章，确定参数 k_1，k_2 是一个线性最小二乘问题，当然也可以看成是非线性最小二乘问题（因为线性问题可看作特殊的非线性问题），因此，编写 m 文件如下：

```
%%% 测得的车速与刹车距离数据
vdata=[20:20:140]/3.6;
ddata=[6.5 17.8 33.6 57.1 83.4 118.0 153.5];
%%% 作散点图
scatter(vdata,ddata,'o')
xlabel('车速（km/h)'),ylabel('刹车距离（m)')
grid on
%%% 用左除法求超定方程 [vdata',vdata.^2']*k=ddata 以确定参数 k1,k2
```

k1＝([vdata′, vdata.^2′]\ddata′)′

%% 用非线性曲线拟合确定参数 k1,k2

d＝@(k, vdata)k(1)*vdata＋k(2)*vdata.^2;

k2＝lsqcurvefit(d, [1 1], vdata, ddata)

%% 多项式拟合

k3＝polyfit(vdata, ddata, 2)

运行得 k1＝[0.652 2, 0.085 3], k2＝[0.652 2, 0.085 3], k3＝[0.085 1, 0.661 7, −0.100 0]. 因此刹车距离 d 与车速 v 之间的关系为 $d=0.652\,2v+0.085\,3v^2$, 且刹车时的减速度为 $a=1/2k_2=5.865\,1\mathrm{m/s^2}$. 如果不管机理分析的结果, 只从数据图的直观出发, 可以拟合模型: $d=k_0+k_1v+k_2v^2$, 用 ployfit 函数作完全多项式拟合, 得到

$$d=0.085\,1v^2+0.661\,7v-0.100\,0.$$

6. 模型评价

模型中的参数是根据表 7—1 的数据得到的, 并不具有一般性.

7.2.3　人口预报

人口问题是当前世界上人们最关心的问题之一. 表 7—2 是世界人口的统计数据, 表 7—3 是中国人口的统计数据.

表 7—2　　　　　　　　　　　　　　　世界人口

年	1625	1830	1930	1960	1974	1987	1999	2011
人口（亿）	5	10	20	30	40	50	60	70

表 7—3　　　　　　　　　　　　　　　中国人口

年	1908	1933	1953	1964	1982	1990	2000	2010
人口（亿）	3	4.7	6.0	7.2	10.3	11.3	12.95	13.4

从表 7—1 可以看出, 人口每增加 10 亿所用的时间, 由 100 年左右缩短为 13 年左右. 我国人口为世界之最, 每 5 个地球人中就有 1 个中国人, 有效地控制人口的增长, 是人类不得不面对的一个问题. 认识人口数量的变化规律, 作出较准确的预报, 是有效控制人口增长的前提. 下面介绍最基本、最典型的两个模型, 并由表 7—4 的数据确定模型中的参数.

表 7—4 　　　　　　　　　　　　　1790—2010 年美国人口

年	1790	1800	1810	1820	1830	1840	1850	1860
人口（百万）	3.9	5.3	7.2	9.6	12.9	17.1	23.2	31.4
年	1870	1880	1890	1900	1910	1920	1930	1940
人口（百万）	38.6	50.2	62.9	76.0	92.0	106.5	123.2	131.7
年	1950	1960	1970	1980	1990	2000	2010	
人口（百万）	150.7	179.3	204.0	226.5	251.4	281.4	308.7	

1. 指数增长模型（马尔萨斯人口模型）

该模型由英国人口学家马尔萨斯（Malthus，1766—1834）于 1798 年提出.

（1）模型假设：人口增长率 r（单位时间内人口的增长量与当时的人口成正比）是常数.

（2）模型建立：记时刻 $t=0$ 时人口数为 x_0，时刻 t 的人口数为 $x(t)$，由于 $x(t)$ 是一个非常大的整数，为利用微积分这个有力的工具，将 $x(t)$ 看作是一个连续、可微的函数. 由假设从时刻 t 到时刻 $t+\Delta t$ 时间段内人口的增量为 $x(t+\Delta t)-x(t)=r \cdot x(t)\Delta t$，两边除以 Δt 并令 $\Delta t \to 0$，得到常微分方程

$$\begin{cases} \dfrac{\mathrm{d}x}{\mathrm{d}t}=rx \\ x(0)=x_0 \end{cases}, \qquad\qquad ④$$

其解为

$$x(t)=x_0 \mathrm{e}^{rt}. \qquad\qquad ⑤$$

因为 $r>0$，故当 $t \to \infty$ 时，$x(t) \to \infty$，人口将按指数规律随时间无限增长，式⑤式称为指数增长模型.

如果记今年的人口为 x_0，k 年后的人口为 x_k，年增长率为 r，容易得到

$$x_k=x_0(1+r)^k. \qquad\qquad ⑥$$

可以看出，式⑥是式⑤的离散近似形式.

（3）参数估计：用数据拟合方法确定式⑤的参数 x_0 及 r. 首先，采用多项式拟合. 为此，对式⑤两边取自然对数得，$\ln x(t)=\ln x_0+rt$，这是一个多项式拟合问题，可用 polyfit 函数实现. 也可以把它视作非线性最小二乘问题，采用非线性曲线拟合求解，利用 lsqcurvefit 或 lsqnonlin 函数实现. 具体程序如下：

```
%% 美国 1790—2000 年的人口
popu=[3.9 5.3 7.2 9.6 12.9 17.1 23.2 31.4 38.6 50.2 62.9...
```

76.0 92.0 106.5 123.2 131.7 150.7 179.3 204.0 226.5 251.4 281.4];
year=0:length(popu)−1;
%% 采用多项式拟合
logpopu=log(popu);a=polyfit(year,logpopu,1);
x0=exp(a(2)),r=a(1)
%% 采用非线性曲线拟合
p=@(k,t)k(1)*exp(k(2)*t);a1=lsqcurvefit(p,[6 0.2],year,popu)
%% 采用非线性最小二乘法
p=@(k)k(1)*exp(k(2)*year)−popu;a2=lsqnonlin(p,[6 0.2])
%% 作图
p1=x0*exp(r*year);p2=a1(1)*exp(a1(2)*year);t=1790:10:2000;
plot(t,popu,′−*′,t,p1,′−o′,t,p2,′−d′)
legend(′原始数据′,′多项式拟合′,′非线性拟合′,...
′Location′,′NorthWest′)
xlabel(′年份′),ylabel(′人口′),axis([1790 2000 0 450]),grid on

运行后，采用多项式拟合得 $x_0=6.0450$，$r=0.2022$，采用非线性曲线拟合或非线性最小二乘法得 $x_0=14.9938$，$r=0.1422$，图形见图 7—4.

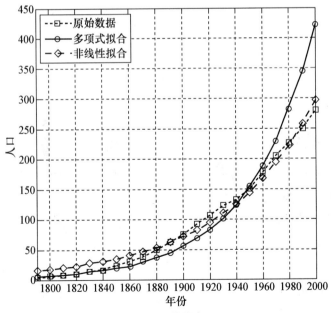

图 7—4　美国人口

（4）模型评价：采用多项式拟合，模型基本上能够描述 1960 年以前美国人口的增长，但是，1960 年后，美国人口增长明显变慢，采用非线性拟合，模型基本上都能描述美国人口的增长，但是，当 $t \to \infty$ 时，$x(t) \to \infty$，人口将按指数规律随时间无限增长，这是不符合实际情况的. 究其原因，从长期来看，模型的基本假设——人口的增长率是常数是不合理的. 为了使模型更好地符合实际情况，必须修改这个假设.

2. 阻滞增长模型（Logistic 模型）

该模型由荷兰生物学家费尔哈斯特（Verhulst）于 1837 年提出. 它不仅能大体上描述人口及单物种数量的变化规律，而且在许多领域都有广泛的应用.

（1）模型假设：人口增长率 r 是人口 $x(t)$ 的减函数，设为 $r(x) = r - sx$，r，$s > 0$，其中 r 称为固有增长率，表示人口很少时（理论上是 $x = 0$）的增长率；由于自然资源和环境条件的限制，能容纳的最大人口数设为 x_m，当 $x = x_m$ 时，人口不再增长，即 $r(x_m) = 0$，代入得 $r(x_m) = r - sx_m = 0$，故 $s = r/x_m$.

（2）模型建立：把指数增长模型中的人口增长率 r 换成 $r(x) = r - sx$ 得到阻滞增长模型：

$$\begin{cases} \dfrac{\mathrm{d}x}{\mathrm{d}t} = r(x) \cdot x = (r - sx) \cdot x = \left(r - \dfrac{rx}{x_m}\right) \cdot x = r \cdot x\left(1 - \dfrac{x}{x_m}\right). \\ x(0) = x_0 \end{cases} \qquad ⑦$$

采用分离变量法求解，得

$$x(t) = \dfrac{x_m}{1 + \left(\dfrac{x_m}{x_0} - 1\right)\mathrm{e}^{-rt}}. \qquad ⑧$$

因为 $r > 0$，故当 $t \to \infty$ 时，$x(t) \to x_m$，人口将达到最大人口数，式⑧称为阻滞增长模型. 容易画出 $x - \dfrac{\mathrm{d}x}{\mathrm{d}t}$ 及 $t - x$ 曲线，如图 7—5 所示. $t - x$ 曲线是 S 型曲线，拐点的纵坐标为 $x_m/2$.

（3）参数估计：用数据拟合方法确定式⑧的参数 x_m 及 r. 首先，用三点公式的数值微分求出 $r(x) = \dfrac{1}{x} \cdot \dfrac{\mathrm{d}x}{\mathrm{d}t}$，计算公式为：

$$r_i = \dfrac{x_{i+1} - x_{i-1}}{2x_i}, i = 1, \cdots, N-1,$$

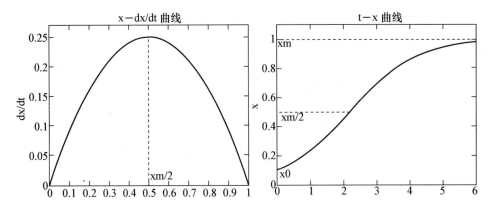

图 7—5 Logistic 模型曲线

其中端点按下式计算

$$r_0 = \frac{-3x_0 + 4x_1 - x_2}{2x_0}, r_N = \frac{x_{N-2} - 4x_{N-1} + 3x_N}{2x_N}.$$

因此，$r - \dfrac{r}{x_m}x_i = r_i$，$i = 0$，$1$，$\cdots$，$N$. 这是一个超定线性方程组，在 MATLAB 中可用左除法求出 r 和 x_m. 求解程序如下：

```
%% 美国 1790—2000 年的人口
popu=[3.9 5.3 7.2 9.6 12.9 17.1 23.2 31.4 38.6 50.2 62.9...
  76.0 92.0 106.5 123.2 131.7 150.7 179.3 204.0 226.5 251.4 281.4];
year=0:length(popu)-1;
%% 计算 r(i),并求出 xm 和 r
N=length(popu);
for i=2:N-1
    r(i)=(popu(i+1)-popu(i-1))/(2*popu(i));
end
r(1)=(-3*popu(1)+4*popu(2)-popu(3))/(2*popu(1));
r(N)=(popu(N-2)-4*popu(N-1)+3*popu(N))/(2*popu(N));
C=[ones(N,1),popu'];a=C\r';x0=popu(1);xm=-a(1)/a(2),r=a(1)
%% 作图
t=1790:10:2000;p1=xm./(1+(xm/x0-1)*exp(-r*year));
plot(t,popu,'-*',t,p1,'-o')
legend('原始数据','拟合数据','Location','NorthWest')
```

xlabel('年份'),ylabel('人口')axis,([1790 2000 0 300]),grid on

运行得 $x_m = 345.938\,0$，$r = 0.281\,7$，图形见图 7—6.

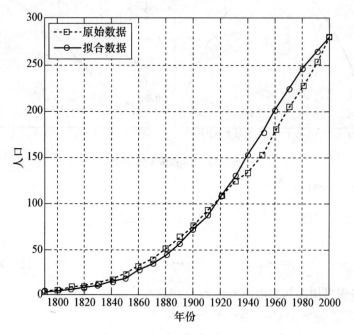

图 7—6 美国人口

（4）模型检验：用上述得到的模型预测 2010 年美国的人口见图 7—6.

$$x(t)=\frac{345.938\,0}{1+\left(\dfrac{345.938\,0}{3.9}-1\right)\mathrm{e}^{-0.281\,7\times23}}=304.888(百万),$$

误差约为 1.23%.

（5）人口预报：把 2010 年的实际数据（308.7 百万）加进原始数据重新估计参数得 $x_m = 361.248\,1$，$r = 0.279\,1$. 然后用模型检验中的计算方法得到 $x(2020)=314.309\,7$（百万），这个结果准确性如何，让我们拭目以待.

7.3 蒙特卡罗法

在实际问题中，大量问题很难用数学模型来描述，或者虽然建立了数学模型，但由于模型中的随机因素很多，难以用解析的方法来求解，这就要用模拟的方法．模拟又称为仿真，其基本思想是建立一个试验的模型，这个模型包含所研究的系统的主要特点，通过这个模型的运行，获得系统的必要信息．

蒙特卡罗（Monte Carlo）法是一种应用随机数来进行模拟试验的方法．其思想是对研究的系统进行随机抽样观察，通过对样本值的统计观察，求得所研究的系统的某些参数．

例 7—1 求由曲线

$$x^2+y^2=16, \frac{x^2}{36}+y^2=1, (x-2)^2+(y+1)^2=9$$

所围图形的面积．

作图程序如下：

```
t=0:0.001*pi:2*pi;
x=sin(t);y=cos(t);
plot(4*x,4*y,6*x,y,2+3*x,−1+3*y)
axisequal
axis([−6 6 −6 6])
```

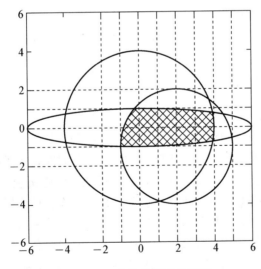

图 7—7 三条曲线围成的图形

所围图形的形状复杂，理论分析困难，可以用计算机仿真实现．将可能的区域等分，考察每个小区域是否在此区域中，将在此区域中的小面积相加即可，求解程序如下：

```
s=0;h=0.001;x=-2:h:4;y=-2:h:2;
for i=1:length(x)
        for j=1:length(y)
            xx=-2+i*h;
            yy=-2+j*h;
            if xx^2+yy^2<=16
                if xx^2/36+yy^2<=1
                    if (xx-2)^2+(yy+1)^2<=9
                        s=s+h^2;
                    end
                end
            end
        end
end
s
```

运行得所围图形的面积为 8.839 2.

下面再看两个模型，以进一步体会计算机模拟的思想.

7.3.1 排队模型

1. 提出问题

排队论是一门研究随机服务系统工作过程的理论和方法. 在这类系统中，服务对象何时到达以及系统用于每个服务对象的服务时间是随机的. 排队论通过对每个个别的随机服务现象的统计研究，找出反映这些随机现象平均特性的规律，从而为设计新的服务系统和改进现有服务系统的工作提供依据. 在某商店有一个售货员，顾客陆续到来，售货员逐个地接待顾客. 当到来的顾客较多时，一部分顾客需排队等待，被接待后顾客离开商店. 假设时间以分为单位，一个工作日为8 小时. （1）模拟一个工作日内完成服务的顾客数及顾客的平均等待时间. （2）模拟 100 个工作日，求出平均每日完成服务的顾客数及每日顾客的平均等待时间.

2. 模型假设

(1) 顾客到来的时间间隔服从参数为 0.1 的指数分布.

(2) 对顾客的服务时间服从 $[4, 15]$ 上的均匀分布.

(3) 排队按先到先服务原则，队长无限制.

符号：m：一个工作日内完成服务的顾客数.

t：一个工作日内顾客的平均等待时间.

w：总等待时间.

c_i：第 i 个顾客的到达时刻.

b_i：第 i 个顾客开始服务时刻.

y_i：第 i 个顾客的服务时间.

e_i：第 i 个顾客服务结束时刻.

3. 模拟步骤

步骤 1：初始化. 令 $i=1$，$e_{i-1}=0$，$w=0$.

步骤 2：产生服从参数为 0.1 的指数分布的随机数 x_i，用以表示间隔时间，令 $c_i=x_i$，$b_i=x_i$.

步骤 3：产生服从 $[4, 15]$ 上的均匀分布的随机数，用以表示第 i 个顾客的服务时间 y_i，令 $e_i=b_i+y_i$.

步骤 4：累计等待时间：$w=w+b_i-c_i$.

步骤 5：准备下一次服务：$i=i+1$.

步骤 6：产生服从参数为 0.1 的指数分布的随机数 x_i，用以表示间隔时间，令 $c_i=c_{i-1}+x_i$.

步骤 7：确定开始服务时刻：$b_i=\max(c_i, e_{i-1})$，并判断 $b_i>480$ 是否成立. 若成立，则停止，并输出：$m=i-1$，w；否则，返回步骤 3.

4. 模型求解

根据上述模拟步骤，对问题（1）编写 m 文件如下：

```
i=2;w=0;e(i-1)=0;x(i)=exprnd(10);c(i)=x(i);b(i)=x(i);
while b(i)<=480
    y(i)=unifrnd(4,15); e(i)=b(i)+y(i); w=w+b(i)-c(i);
    i=i+1; x(i)=exprnd(10); c(i)=c(i-1)+x(i);
    b(i)=max(c(i),e(i-1));
end
```

```
    i=i-2; t=w/i,m=i
```

运行得一个工作日内完成服务的顾客数为 m＝46，顾客的平均等待时间为 t＝22.61（分）.（注：每次运行结果可能不一致.）

对问题（2）编写 M 文件如下：

```
N=100;
for j=1:N;
    w(j)=0;i=2;x(i)=exprnd(10);c(i)=x(i);b(i)=x(i);
    while b(i)<=480
        y(i)=unifrnd(4,15);e(i)=b(i)+y(i);
        w(j)=w(j)+b(i)-c(i);
        i=i+1;
        x(i)=exprnd(10);c(i)=c(i-1)+x(i);
        b(i)=max(c(i),e(i-1));
    end
    m(j)=i-2;t(j)=w(j)/i;
end
pm=mean(m),pt=mean(t)
```

运行得一个工作日内完成服务的顾客数为 m＝44，顾客的平均等待时间为 t＝24.88（分）.（注：每次运行结果可能不一致.）

7.3.2 非线性规划问题

可用蒙特卡罗法求解有约束的非线性规划问题：

$$\min_{x\in R^n} f(x)$$
$$\text{s. t.} \begin{cases} g_i(x) \geqslant 0, & i=1,2,\cdots,m \\ a_j \leqslant x_j \leqslant b_j, & j=1,2,\cdots,n \end{cases}.$$

其基本思想是：在区域 $\{(x_1, x_2, \cdots, x_n) \mid a_j \leqslant x_j \leqslant b_j, j=1, 2, \cdots, n\}$ 内随机取若干个点，然后找出可行点，再从可行点中找出最优点.

假设随机点的第 j 个分量 x_j 服从 $[a_j, b_j]$ 上的均匀分布，P 为随机点的个数，$MAXP$ 为最大随机点个数，K 为可行点个数，$MAXK$ 为最大可行点个数，X^* 为最优点，Q 为最优值，即 $Q=f(X^*)$，它的初始值为计算机所能表示的最大数.

模拟步骤如下：

步骤 1：初始化. 给定 $MAXK$，$MAXP$，$K=0$，$P=0$，Q 为充分大的正数.

步骤 2：产生服从 $[a_j, b_j]$ 上均匀分布的随机数，$j=1, 2, \cdots, n$.

步骤 3：$j=1$.

步骤 4：$j=j+1$，$P=P+1$，并判断 $P>MAXP$ 是否成立. 若成立，则停止，并输出 X^*，Q；否则，转步骤 5.

步骤 5：产生服从 $[a_j, b_j]$ 上均匀分布的随机数，并判断 $g_i(X)\geqslant0$ 是否成立，$i=1, 2, \cdots, m$. 若成立，转步骤 6；否则，转步骤 7.

步骤 6：判断 $f(X)\geqslant Q$ 是否成立. 若成立，转步骤 8；否则，令 $X^*=X$，$Q=f(X)$，转步骤 8.

步骤 7：判断 $j<n$ 是否成立. 若成立，转步骤 4；否则，转步骤 3.

步骤 8：$K=K+1$，并判断 $K>MAXK$ 是否成立. 若成立，则停止，并输出 X^*，Q；否则，转步骤 7.

下面根据上述步骤求解模型.

求解下列问题：

$$\max z=-2x_1^2-x_2^2+x_1x_2+8x_1+3x_2$$
$$\text{s. t.} \begin{cases} 3x_1+x_2=10 \\ x_1>0, x_2>0 \end{cases}.$$

编写函数 m 文件如下：

```
function [sol,fval]=randlp(a,b,P) % 随机模拟解非线性规划
r1=unifrnd(a,b,P,1);r2=unifrnd(a,b,P,1);
x=[r1(1),r2(1)];z0=inf;
for i=1:P
    x1=r1(i);x2=r2(i);lpc=lpcon([x1,x2]);
    if lpc==1
        z=lpob([x1,x2]);
        if z<z0;
            z0=z;x=[x1 x2];
        end
    end
end
```

```
        end
        sol=x;
        fval=z0;
    end
    function z=lpob(x) % 目标函数
        z=2*x(1)^2+x(2)^2-x(1)*x(2)-8*x(1)-3*x(2);
    end
    function lpc=lpcon(x)
    if 3*x(1)+x(2)-10<=0.5&3*x(1)+x(2)-10>=-0.5 % 约束
        条件的误差为 0.5
            lpc=1;
    else
            lpc=0;
    end
    end
```

运行命令：[x, fval]=randlp(0, 10, 1000)，得最优解为 x=[2.577 1,2.694 5]，最优值为 fval=15.101 1.

实际上这是一个二次规划问题，可用 quadprog 函数求解，编写 m 文件如下：

$$H=-[-4\ 1;1\ -2];f=-[8;3];Aeq=[3\ 1];beq=10;lb=zeros(2,1);$$
$$[x,fval]=quadprog(H,f,[\ ],[\ ],Aeq,beq,lb)$$

运行后得最优解为 x=[2.464 3, 2.607 1]，最优值为 fval=15.017 9. 可能看出，用蒙特卡罗方法求解的结果是相当精确的.

7.4 建模真题举例

7.4.1 投资的收益和风险

市场上有 n 种资产（如股票、债券……）$S_i(i=1, \cdots, n)$ 供投资者选择，某公司有数额为 M 的一笔相当大的资金可用作一个时期的投资. 公司财务分析人员对这 n 种资产进行了评估，估算出在这一时期内购买 S_i 的平均收益率为 r_i，并预测出购买 S_i 的风险损失率为 q_i. 考虑到投资越分散，总的风险越小，公司决定，当用这笔资金购买若干种资产时，总体风险可用所投资的 S_i 中最大的一个风险来度量.

购买 S_i 要付交易费，费率为 p_i，并且当购买额不超过给定值 u_i 时，交易费按购买额 u_i 计算（不买当然无须付费）. 另外，假定同期银行存款利率是 r_0，且既无交易费又无风险（$r_0 = 5\%$）.

已知 $n = 4$ 时的相关数据如下：

表 7—5　　　　　　　　　　　　　　　**各种资产的数据**

S_i	$r_i(\%)$	$q_i(\%)$	$p_i(\%)$	u_i（元）
S_1	28	2.5	1	103
S_2	21	1.5	2	198
S_3	23	5.5	4.5	52
S_4	25	2.6	6.5	40

试给该公司设计一种投资组合方案，即用给定的资金 M，有选择地购买若干种资产或存银行生息，使净收益尽可能大，而总体风险尽可能小.

1. 基本假设和符号规定

基本假设如下：

（1）投资数额 M 相当大，为了便于计算，假设 $M = 1$；

（2）投资越分散，总的风险越小；

（3）总体风险用投资项目中 S_i 最大的一个风险来度量；

（4）n 种资产 S_i 之间是相互独立的；

（5）在投资的这一时期内，r_i, p_i, q_i, r_0 为定值，不受意外因素影响；

（6）净收益和总体风险只受 r_i, p_i, q_i 的影响，不受其他因素干扰.

符号规定如下：

S_i：第 i 种投资项目；　　　　　　　　a：投资风险度；

r_i, p_i, q_i：分别为 S_i 的平均收益率、
　　交易费率、风险损失率；　　　　　x_i：投资项目的资金；

u_i：S_i 的交易定额；　　　　　　　　Q：总体收益；

r_0：同期银行利率；　　　　　　　　ΔQ：总体收益的增量.

2. 模型的建立与分析

（1）总体风险用所投资的 S_i 中最大的一个风险来衡量，即 $\max\{q_i x_i \mid i = 1, 2, \cdots, n\}$.

(2) 购买 S_i 所付交易费是一个分段函数，即

$$交易费 = \begin{cases} p_i x_i, & x_i > u_i \\ p_i u_i, & x_i \leqslant u_i \end{cases}.$$

而题目所给定的定值 u_i（单位：元）相对于总投资 M 很小，$p_i x_i$ 更小，可以忽略不计，这样购买 S_i 的净收益为 $(r_i - p_i) x_i$.

(3) 要使净收益尽可能大，总体风险尽可能小，这是一个多目标规划模型.

$$目标函数： \begin{cases} \max \sum_{i=1}^{n} (r_i - p_i) x_i; \\ \min\max\{q_i x_i\} \end{cases}$$

$$约束条件： \sum_{i=0}^{n} (1 + p_i) x_i = M (x_i \geqslant 0, i = 1, 2, \cdots, n).$$

3. 模型的求解

为了求解上述模型，首先，按把多目标规划转变成单目标规划的思想简化模型. 一般可以用以下三种方法：

(1) 在实际投资中，投资者承受风险的程度不一样，若给定风险一个界限 a，使最大的一个风险 $q_i x_i / M \leqslant a$，可找到相应的投资方案. 这样就把多目标规划变成了单目标规划.

模型一 固定风险水平，优化收益

$$目标函数：Q = \max \sum_{i=0}^{n} (r_i - p_i) x_i;$$

$$约束条件： \begin{cases} \dfrac{q_i x_i}{M} \leqslant a \\ \sum_{i=0}^{n} (1 + p_i) x_i = M (x_i \geqslant 0, i = 1, 2, \cdots, n) \end{cases}$$

(2) 若投资者希望总盈利至少达到水平 k 以上，可在风险最小的情况下寻找相应的投资组合.

模型二 固定盈利水平，极小化风险

$$目标函数：R = \min\{\max\{q_i x_i\}\};$$

$$约束条件： \begin{cases} \sum_{i=0}^{n} (r_i - p_i) x_i \geqslant k \\ \sum_{i=0}^{n} (1 + p_i) x_i = M (x_i \geqslant 0, i = 1, 2, \cdots, n) \end{cases}$$

（3）投资者在权衡资产风险和预期收益两方面时，希望选择一个令自己满意的投资组合. 因此对风险、收益赋予权重 $s(0 < s \leqslant 1)$，s 称为投资偏好系数.

模型三

$$目标函数：\min s \cdot \max\{q_i x_i\} - (1-s)\sum_{i=0}^{n}(r_i - p_i)x_i;$$

$$约束条件：\sum_{i=0}^{n}(1+p_i)x_i = M(x_i \geqslant 0, i=1,2,\cdots,n).$$

下面用 MATLAB 优化工具箱编写程序求解模型一.

根据表 7—5 的数据，模型一具体写成标准形式的线性规划如下：

$$\min f = (-0.05, -0.27, -0.19, -0.185, -0.185)(x_0, x_1, x_2, x_3, x_4)^{\mathrm{T}}$$

$$\text{s. t.}\begin{cases} x_0 + 1.01x_1 + 1.02x_2 + 1.045x_3 + 1.065x_4 = 1 \\ 0.025x_1 \leqslant a \\ 0.015x_2 \leqslant a \\ 0.055x_3 \leqslant a \\ 0.026x_4 \leqslant a \\ x_i \geqslant 0 \quad (i=1,2,3,4) \end{cases}$$

由于 a 是任意给定的风险度，到底怎样给定没有一个准则，不同的投资者有不同的风险度. 为此，从 $a=0$ 开始，以步长 $\Delta a = 0.001$ 进行求解，编写程序如下：

```
a=0:0.001:0.055;n= length(a);X=zeros(n,5);Q=zeros(n,1);
for i=1:n
    c=[-0.05 -0.27 -0.19 -0.185 -0.185]; Aeq=[1 1.01
        1.02 1.045 1.065];beq=1;
    A=[0 0.025 0 0 0;0 0 0.015 0 0;0 0 0 0.055 0;0 0 0 0 0.026];
    b=a(i)*ones(4,1);vlb=zeros(1,5);vub=[];[x,val]=linprog
        (c,A,b,Aeq,beq,vlb,vub);
    X(i,:)=x';Q(i)=-val;
end
disp(['风险度','投  资  方  案','最大收益'])
disp(['a','x0','x1','x2','x3','x4','Q'])
```

disp([a',X,Q])

plot(a,Q,'k.'),axis([0 0.055 0 0.3]),xlabel('风险度');ylabel('最大收益');

运行得如下结果（这里列出了部分结果）和图 7—8：

风险度		投	资	方	案	最大收益
a	x0	x1	x2	x3	x4	Q
0	1.0000	0.0000	0.0000	0.0000	0.0000	0.0500
0.0050	0.1582	0.2000	0.3333	0.0909	0.1923	0.1776
0.0100	0.0000	0.4000	0.5843	0.0000	0.0000	0.2190
0.0150	0.0000	0.6000	0.3863	0.0000	0.0000	0.2354
0.0200	0.0000	0.8000	0.1882	0.0000	0.0000	0.2518
0.0250	0.0000	0.9901	0.0000	0.0000	0.0000	0.2673

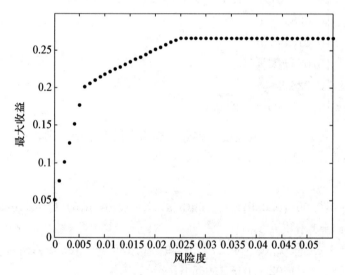

图 7—8 投资的最大收益

4. 结果分析

从以上的计算结果和图 7—8 可以看出：

（1）风险越大，收益也越大；

（2）图 7—8 中的曲线上的任一点表示在该风险度的最大可能收益或该收益要求的最小风险；

（3）在 $a=0.005$ 和 $a=0.025$ 附近各有一个转折点. 在 $a=0.005$ 的左侧，

风险增加很小时，最大收益增加很快；在 $a=0.005$ 的右侧且在 $a=0.025$ 的左侧，风险增加很大时，最大收益增加很小；在 $a=0.025$ 的右侧，风险增加时，最大收益不再增加．因此，对于风险和收益没有特殊偏好的投资者来说，应该选择第一个转折点作为最优投资组合，此时风险度约为 0.006，投资方案为 $x_0=0$，$x_1=0.24$，$x_2=0.4$，$x_3=0.109\ 1$，$x_4=0.221\ 2$，最大收益为 $Q=0.201\ 9$．

7.4.2　节水洗衣机

我国淡水资源有限，节约用水人人有责．洗衣机在家庭中占有相当大的份额，目前洗衣机已非常普及，节约洗衣机用水十分重要．假设在放入衣物和洗涤剂后洗衣机的运行过程为：加水→漂洗→脱水→…→加水→漂洗→脱水（称"加水→漂洗→脱水"为运行一轮）．请为洗衣机设计一种程序（包括运行多少轮、每轮加入水量等），使得在满足一定洗涤效果的条件下，总用水量最少．选用合理的数据进行计算．对照目前常用的洗衣机的运行情况，对你的模型和结果作出评价．

题目分析： 节水洗衣机问题可以看作一个优化问题，目标函数是求洗衣机的总用水量最少，决策分别是洗涤轮数和每轮的加水量．洗衣过程是衣服上残留的污物不断稀释的过程．因此，对洗涤效果的评价可用衣服上残留的污物质量与洗涤前污物质量的比值作为评价指标．在设计每轮的加水量时，要考虑洗衣机本身的最大容积和运行的最低加水量．

由洗涤原理可知，有助于洗涤作用的因素有 3 个：表面活性（以肥皂为代表的活性剂等产生洗涤作用的各种物质的通称）、界面电（配入洗涤剂中的碱和磷酸盐等无机助剂的作用）、机械力和流水力（由于水的流动产生的机械力）．

在洗衣过程中，一般在第一轮洗涤之前加入洗涤剂，在第二轮洗涤以及以后各轮洗涤不再加入洗涤剂，从而有助于洗涤的 3 个因素中的前两个因素不存在，只剩下水的流动作用，洗涤作用很微弱．于是假设污物在第一轮洗涤中已经溶解，接下来只是污物的稀释过程．

1. 基本假设

（1）只在第一轮运行之前加上洗涤剂，而后面的各轮运行只是污物的稀释过程；

（2）仅考虑离散的加水方案，即每次脱水完后全换成清水进行下一次洗漂；

（3）每次洗漂加水量不能低于 L，否则洗衣机无法转动，加水量不能高于

H，否则会溢出，显然 $L<H$；

（4）每次洗漂的时间是足够的，以便衣服上的污物充分溶入水中，从而使每次所加的水被充分利用；

（5）每次脱水的时间也是足够的，以使污水充分脱出，即让衣服所含的污水量达到一个底限，设这个底限是一个大于 0 的常数 C，并由于脱水时不另加水，所以 $C<L$.

2. 变量定义

（1）设共进行 n 轮"加水→漂洗→脱水"的过程，依次为第 0 轮，第 1 轮，……，第 $n-1$ 轮；

（2）第 k 轮的用水量为 u_k，$k=0,1,2,\cdots,n-1$；

（3）衣服上的初始污物量为 x_0，在第 k 轮脱水后的污物量为 x_k，$k=0,1,2,\cdots,n-1$.

3. 建立模型

（1）溶解特性和动态方程.

在第 k 轮洗漂之后和脱水之前，第 $k-1$ 轮脱水之后的污物量 x_k 已变成了两部分：

$$x_k=p_k+q_k,k=0,1,2,\cdots,n-1,$$

其中 p_k 表示已溶入水中的污物量，q_k 表示尚未溶入水中的污物量. p_k 与第 k 轮的加水量 u_k 有关，总的规律应是：u_k 越大，p_k 越大，且当 $u_k=L$ 时，p_k 最小（$=0$，因为此时洗衣机处于转动临界点，有可能无法转动），当 $u_k=H$ 时，p_k 最大（$=Qx_k$，$0<Q<1$，其中 Q 称为"溶解率"）. 因此简单地选用线性关系表示这种溶解特性，则有：

$$p_k=Qx_k\frac{u_k-L}{H-L}.$$

在第 k 轮脱水之后，衣服上尚有污物 $q_k=x_k-p_k$，有污水 C，其中污水 C 中所含污物量为 $C\dfrac{p_k}{u_k}$，于是第 k 轮完成之后衣服上尚存的污物总量为

$$x_{k+1}=x_k-p_k+C\frac{p_k}{u_k}.$$

所以系统动态方程为：

$$x_{k+1} = x_k \Big[1 - Q\Big(1 - \frac{C}{u_k}\Big)\frac{u_k - L}{H - L}\Big], \quad k = 0, 1, 2, \cdots, n-1.$$

（2）优化模型.

由于 x_n 是洗衣全过程结束后衣服上残存的污物量，而 x_0 是初始污物量，故 $\frac{x_n}{x_0}$ 反映了洗净效果. 由系统动态方程可得：

$$\frac{x_n}{x_0} = \prod_{k=0}^{n-1} \Big[1 - Q\Big(1 - \frac{C}{u_k}\Big)\frac{u_k - L}{H - L}\Big].$$

又总用水量为 $\sum\limits_{k=0}^{n-1} u_k$. 于是可得优化模型如下：

$$\min \sum_{k=0}^{n-1} u_k$$
$$\text{s. t.} \begin{cases} \prod\limits_{k=0}^{n-1}\Big[1 - Q\Big(1 - \frac{C}{u_k}\Big)\dfrac{u_k - L}{H - L}\Big] \leqslant \varepsilon \\ L \leqslant u_k \leqslant H, k = 0, 1, 2, \cdots, n-1 \end{cases},$$

其中 ε 代表对洗净效果的要求. 若令 $v_k = \dfrac{u_k - L}{H - L}$，则 $u_k = (H-L)v_k + L$，从而优化模型成为更简洁的形式：

$$\min \sum_{k=0}^{n-1} v_k$$
$$\text{s. t.} \begin{cases} \prod\limits_{k=0}^{n-1}\Big(1 - Qv_k + \dfrac{Qv_k}{Av_k + B}\Big) \leqslant \varepsilon \\ 0 \leqslant v_k \leqslant 1, k = 0, 1, 2, \cdots, n-1 \end{cases},$$

其中 $A = \dfrac{H-L}{C} = B\Big(\dfrac{H}{L} - 1\Big)$，$B = \dfrac{L}{C}$.

4. 分析求解

（1）最少洗衣轮数.

定义函数

$$r(t) = 1 - Qt + \frac{Qt}{At + B} \quad (0 \leqslant t \leqslant 1),$$

易求得

$$r'(t) = Q\left[\frac{B}{(At+B)^2} - 1\right] \quad (0 \leqslant t \leqslant 1).$$

可见 $r(t)$ 是 $[0, 1]$ 上的单调递减函数，所以

$$r_{\min} = r(1) = 1 - Q + \frac{QC}{H} \in (0, 1).$$

第 k 轮的洗净效果为 $\frac{x_{k+1}}{x_k} = r(v_k)$, $k = 0, 1, 2, \cdots, n-1$. 由此可得出 n

轮洗完后洗净效果最多可达到 $\left(1 - Q + \frac{QC}{H}\right)^n$. 给定洗净效果的要求 ε, 则应有

$\left(1 - Q + \frac{QC}{H}\right)^n \leqslant \varepsilon$, 于是

$$n \geqslant \frac{\ln \varepsilon}{\ln\left(1 - Q + \frac{QC}{H}\right)}.$$

若考虑 Q 的值不大于 0.99, 而 $\frac{C}{H}$ 表示脱水后衣服上尚存的水量与最高水量

之比, 其数量级应是很小的, 所以 $1 - Q + \frac{QC}{H} \approx 1 - Q$. 比如 $\frac{C}{H} \leqslant 10^{-4}$, 则

$\frac{QC}{H} < \frac{C}{H} \leqslant 10^{-4}$, $1 - Q \geqslant 1 - 0.99 = 10^{-2}$. 这样最少的洗衣轮数的估值为

$n \geqslant \frac{\ln \varepsilon}{\ln(1 - Q)}$.

设 N_0 为满足 $n \geqslant \frac{\ln \varepsilon}{\ln(1 - Q)}$ 的最小整数. 表 7—6 给出了洗净效果要求为 10^{-3}

和 10^{-4} 时的 N_0 与 Q 的值.

表 7—6　　　　　　　　　洗净效果要求为 10^{-3} 和 10^{-4} 时的最少洗衣轮数

ε ＼ N_0 ＼ Q	0.99	0.95	0.90	0.85	0.80	0.70	0.60	0.50
10^{-3}	2	3	3	3	5	6	8	10
10^{-4}	3	4	4	4	6	8	11	14

计算程序如下:

```
f=@(x,y)ceil(log(x)./log(1-y));x=[1e-3 1e-4]';
```

$$y=[0.99\ 0.95\ 0.90\ 0.85\ 0.80\ 0.70\ 0.60\ 0.50]';$$
$$[\text{epsilon } Q]=\text{meshgrid}(x,y);N=f(\text{epsilon}',Q')$$

（2）算法.

选用一种非线性规划算法，对 $n=N_0$，N_0+1，N_0+2，…，N（凭常识洗衣的轮数不应太多，比如可取 $N=10$）分别求解，然后选出最好的结果.

5. 仿真

（1）数据.

这里基于常识给出了一组用于仿真的数据，实际数据应通过实验获取.

①洗净效果要求为千分之一，即 $\varepsilon=10^{-3}$；

②每轮用水量下限为上限的百分之二十五，即 $\dfrac{L}{H}=0.25$；

③脱水后衣服上的脏水量为用水量上限的十万分之一，即 $\dfrac{C}{H}=10^{-5}$.

由②、③容易求出 $B=\dfrac{L}{C}=\dfrac{L}{H}\cdot\dfrac{H}{C}=0.25\times10^{5}$，$A=B\left(\dfrac{H}{L}-1\right)=0.75\times10^{5}$.

（2）结果.

利用 MATLAB 优化工具箱的 fmincon 函数计算. 例如，当 $n=5$ 时，编写如下程序：

```
function f=obj_fun(v)
f=sum(v);
function [c,ceq]=con_fun(v)
Q=0.99;B=0.25e5;A=0.75e5;epsilon=1e-4;
c=prod(1-Q*v+Q*v./(A*v+B))-epsilon;
ceq=0;
n=5;lb=zeros(1,n);ub=ones(1,n);v0=ones(1,n)*0.75;
[x,f,exit]=fmincon(@obj_fun,v0,[],[],[],[],lb,ub,@con_fun)
```

运行得 $x=[0.8498,\ 0.8498,\ 0.8498,\ 0.8498,\ 0.8498]$，f=4.2491，exit=5.

修改 n 的值可得表 7—7，该表展示了溶解率 $Q=0.99$ 时不同的洗衣轮数 n 下的最小总用水量和每轮的最优用水量（各轮的最优用水量恰好相等）. 修改 Q 的值可得表 7—8，该表展示了不同溶解率下的最优洗衣轮数、最少总用水量和每轮的最优用水量（各轮的最优用水量恰好相等）.

表 7—7 $Q=0.99$ 时不同的洗衣轮数 n 下的最小总用水量和每轮的最优用水量

n	$\sum v_k$	$v_k(k=0,1,\cdots,n-1)$	算法退出条件	备注
1	1.005 0	1.005 0	−2	无解
2	2.000 0	1.000 0	5	$n=2$ 为最优解
3	2.889 5	0.963 2	5	
4	3.636 3	0.909 1	5	
5	4.249 1	0.849 8	5	
6	4.754 4	0.792 4	5	
7	5.173 5	0.739 0	5	
8	5.524 9	0.690 6	5	
9	5.822 6	0.646 9	5	
10	6.079 8	0.607 9	5	

表 7—8   不同溶解率下的最优洗衣轮数、最少总用水量和每轮的最优用水量

Q	n	$\sum v_k$	$v_k(k=0,1,\cdots,n-1)$	备注
0.99	2	2.000 0	1.000 0	
0.95	4	3.211 0	[1, 1, 1, 0.211 0]	可取 $N_0=3$，因为第 4 轮加水很少，可忽略
0.90	4	3.999 2	0.999 8	
0.85	5	4.950 1	0.990 0	
0.80	6	5.884 2	0.980 7	
0.70	8	7.814 6	0.976 8	
0.60	11	10.397 4	0.615 1	
0.50	14	13.497 6	0.738 1	

6. 结论和讨论

（1）若干结论.

基于前面的分析和仿真结果，可得出下面一些结论：

①最优洗衣轮数等于最少洗衣轮数；

②每轮用水量应相同；

③增加溶解率可以大幅度地节约用水，如选用好的洗涤剂、延长洗涤时间等.

（2）讨论.

①乘积约束可化为：$\sum_{k=0}^{n-1}\ln\left(1-Qv_k+\dfrac{Qv_k}{Av_k+B}\right)\leqslant\ln\varepsilon$；

②可考虑"洗涤"和"漂洗"的不同，前者加洗涤剂，后者则不加洗涤剂.

一般仅第 0 轮是"洗涤"，可用特殊的溶解特性（p_k 和 u_k 的关系）加以区别，例如，考虑到多加水会降低洗涤剂的浓度，其溶解特性用具有最大值的单峰函数表示应当更合理.

③在实际中，无论是参数 L，H，C，Q 以及洗净效果 ε，还是溶解特性，均应在各种不同条件下（比如针对衣服量的"少"、"中"、"多"）通过实验确定.

④受仿真结果的启示，可提出猜想："最优洗衣轮数等于最少洗衣轮数 N_0 且每轮洗漂的最优用水量相等（$v_k=v$，$k=0$，1，2，$\cdots$，$n-1$）". 若果真如此，则易知每轮的最优用水量 v 就是二次方程 $1-Qv+\dfrac{Qv}{Av+B}=\varepsilon^{\frac{1}{N_0}}$ 的解. 这样问题大为简化，但尚未找到一种简明的方法证明（或否定）此猜测.

习　题

1. 举出两三个实例说明建立数学模型的必要性，包括实际问题的背景、建模目的、需要大体上什么样的模型以及怎样应用这种模型等.

2. 在 7.2.1 节"椅子能在不平的地面上放稳吗"的假设条件中，将四脚的连线呈正方形改为长方形，其余不变. 试构造模型并求解.

3. 假定人口的增长服从这样的规律：时刻 t 的人口为 $x(t)$，t 到 $t+\Delta t$ 时间内人口的增量与 $x_m-x(t)$ 成正比（其中 x_m 为最大容量）. 试建立模型并求解. 作出解的图形并与指数增长模型、阻滞增长模型的结果进行比较.

4. 甲、乙两公司通过广告来竞争销售商品的数量，广告费分别是 x 和 y. 设甲、乙两公司商品的售量在两公司总销售量中占的份额是它们的广告费在总广告费中所占份额的函数 $f\left(\dfrac{x}{x+y}\right)$ 和 $f\left(\dfrac{y}{x+y}\right)$. 又设公司的收入与销售量成正比，从收入中扣除广告费后即为公司的利润. 试构造模型的图形，并讨论甲公司怎样确定广告费才能使利润最大.

(1) 令 $t=\dfrac{x}{x+y}$，则 $f(t)+f(1-t)=1$. 画出 $f(t)$ 的示意图.

(2) 写出甲公司利润的表达式 $p(x)$. 对于一定的 y，使 $p(x)$ 最大的 x 的最优值应满足什么关系？用图解法确定这个最优值.

5. 用蒙特卡罗方法计算：$\displaystyle\iint\limits_{D}\ln(1+2x+2y)\mathrm{d}x\mathrm{d}y$，其中 $D=\{(x,y)\,|\,0\leqslant x\leqslant 1,\ 0\leqslant y\leqslant 1\}$.

6. 用蒙特卡罗方法求解非线性规划问题：

$$\min z = -25(x_1-2)^2 - (x_2-2)^2 - (x_3-1)^2 - (x_4-4)^2$$
$$- (x_5-1)^2 - (x_6-1)^2$$

$$\text{s. t.} \begin{cases} (x_3-3)^2 + x_4 \geqslant 4 \\ (x_5-3)^2 + x_6 \geqslant 4 \\ x_1 - 3x_2 \leqslant 2 \\ -x_1 + x_2 \leqslant 2 \\ 2 \leqslant x_1 + x_2 \leqslant 6 \\ x_1, x_2 \geqslant 0 \\ 1 \leqslant x_3, x_5 \leqslant 5 \\ 0 \leqslant x_4 \leqslant 6 \\ 0 \leqslant x_6 \leqslant 10 \end{cases}.$$

7. 在 7.4 节中, 试就一般情况进行讨论, 并利用表 7—9 所示的数据进行计算.

表 7—9 各种资产的数据

S_i	$r_i(\%)$	$q_i(\%)$	$p_i(\%)$	$u_i(元)$
S_1	9.6	42	2.1	181
S_2	18.5	54	3.2	407
S_3	49.4	60	6.0	428
S_4	23.9	42	1.5	549
S_5	8.1	1.2	7.6	270
S_6	14	39	3.4	397
S_7	40.7	68	5.6	178
S_8	31.2	33.4	3.1	220
S_9	33.6	53.3	2.7	475
S_{10}	36.8	40	2.9	248
S_{11}	11.8	31	5.1	195
S_{12}	9	5.5	5.7	320
S_{13}	35	46	2.7	267
S_{14}	9.4	5.3	4.5	328
S_{15}	15	23	7.6	131

8. 一件产品由若干零件组装而成, 标志产品性能的某个参数取决于这些零件的参数. 零件参数包括标定值和容差两部分. 进行成批生产时, 标定值表示一

批零件该参数的平均值，容差则给出了参数偏离其标定值的容许范围. 若将零件参数视为随机变量，则标定值代表期望值，在生产部门无特殊要求时，容差通常规定为均方差的 3 倍.

粒子分离器的某参数（记作 y）由 7 个零件的参数（记作 x_1，x_2，…，x_7）决定，经验公式为：

$$y=174.42\times\left(\frac{x_1}{x_5}\right)\times\left(\frac{x_3}{x_2-x_1}\right)^{0.85}$$

$$\times\sqrt{\frac{1-2.62\times\left[1-0.36\times\left(\frac{x_4}{x_2}\right)^{-0.56}\right]^{\frac{3}{2}}\times\left(\frac{x_4}{x_2}\right)^{1.16}}{x_6\times x_7}}$$

当各零件组装成产品时，如果产品参数偏离预先设定的目标值，就会造成质量损失，偏离越大，损失越大. y 的目标值（记作 y_0）为 1.50. 当 y 偏离 $y_0\pm0.1$ 时，产品为次品，质量损失为 1 000（元）；当 y 偏离 $y_0\pm0.3$ 时，产品为废品，损失为 9 000（元）.

表 7—10 是某设计方案 7 个零件参数的标定值和容差. 容差分为 A、B、C 三个等级，用与标定值的相对值表示，A 等为 $\pm1\%$，B 等为 $\pm5\%$，C 等为 $\pm10\%$. 试求每件产品的平均损失.

表 7—10   7 个零件参数的标定值和容差

	x_1	x_2	x_3	x_4	x_5	x_6	x_7
标定值	0.1	0.3	0.1	0.1	1.5	16	0.75
容差	B	B	B	C	C	B	B

参考文献

［1］马莉. 数学实验与建模. 北京：清华大学出版社，2010

［2］萧树铁. 数学实验. 北京：高等教育出版社，1999

［3］杨启帆，方道元. 数学建模. 杭州：浙江大学出版社，1999

［4］姜启源. 数学模型（第三版）. 北京：高等教育出版社，1993

［5］赵静，但琦等. 数学建模与数学实验. 北京：高等教育出版社，2008

［6］姜启源，刑文训，谢金星等. 大学数学实验. 北京：清华大学出版社，2004

［7］韩中庚. 数学建模方法及其应用. 北京：高等教育出版社，2005

［8］谢金星，薛毅编. 优化建模与 LINDO/LINGO 软件. 北京：清华大学出版社，2005

［9］谭永基，蔡志杰，俞文刺. 数学模型. 上海：复旦大学出版社，2004

［10］唐焕文，贺明峰. 数学模型引论（第二版）. 北京：高等教育出版社，2002

［11］陆君安，尚涛等. 偏微分方程的 Matlab 解法. 武汉：武汉大学出版社，2001

［12］胡运权. 运筹学习题集（第三版）. 北京：清华大学出版社，2003

［13］谢云荪，张志让. 数学实验. 北京：科学出版社，2000

［14］肖海军. 数学实验初步. 北京：科学出版社，2007

［15］董振海. 精通 MATLAB 7 编程与数据库应用. 北京：电子工业出版社，2007

［16］王素立，高洁等. MATLAB 混合编程与工业应用. 北京：清华大学

出版社，2008

[17] 张瑞丰. 精通 MATLAB 6.5. 北京：中国水利水电出版社，2004

[18]《运筹学》教材编写组. 运筹学（第三版）. 北京：清华大学出版社，2005

[19] 丁丽娟. 数值计算方法. 北京：北京理工大学出版社，1997

[20] 盛骤，谢式千等. 概率论与数理统计（第二版）. 北京：高等教育出版社，1989

[21] 李哲岩，张永曙. 变分法及其应用. 西安：西北工业大学出版社，1989

[22] 陈桂明，戚红雨，潘伟编. Matlab 数理统计（6.X）. 北京：科学出版社，2002

[23] 范金城，梅长林. 数据分析. 北京：科学出版社，2002

[24] 杨虎，刘琼荪，钟波. 数理统计. 北京：高等教育出版社，2004

[25]《现代应用数学手册》编委会. 现代应用数学手册——运筹学与最优化理论卷. 北京：清华大学出版社，1998

[26] 谢金星，刑文训. 网络优化. 北京：清华大学出版社，2000

[27] 王惠文. 偏最小二乘回归方法及其应用. 北京：国防工业出版社，2000

[28] 刘思峰，党耀国，方志耕. 灰色系统理论及其应用. 北京：科学出版社，2005

[29] G. J. Borse. Numerical Methods with MATLAB. PWS，Boston，1997

[30] S. J. Chapman. MATLAB Programming for Engineers. Brooks/Cole，CA，2002

[31] V. K. Ingle, J. G. Proakis. Digital Signal Processing using MATLAB. PWS，Boston，2000

图书在版编目（CIP）数据

MATLAB 大学数学实验/杨传胜，曹金亮编著. —北京：中国人民大学出版社，2014.7
21 世纪数学基础课系列教材
ISBN 978-7-300-19738-8

Ⅰ.①M… Ⅱ.①杨…②曹… Ⅲ.①Matlab 软件-应用-高等数学-实验-高等学校-教材
Ⅳ.①O13-33 ②O254

中国版本图书馆 CIP 数据核字（2014）第 156017 号

21 世纪数学基础课系列教材
MATLAB 大学数学实验
杨传胜　曹金亮　编著
MATLAB Daxue Shuxue Shiyan

出版发行	中国人民大学出版社		
社　　址	北京中关村大街 31 号	**邮政编码**	100080
电　　话	010 - 62511242（总编室）		010 - 62511770（质管部）
	010 - 82501766（邮购部）		010 - 62514148（门市部）
	010 - 62515195（发行公司）		010 - 62515275（盗版举报）
网　　址	http://www.crup.com.cn		
	http://www.ttrnet.com（人大教研网）		
经　　销	新华书店		
印　　刷	北京宏伟双华印刷有限公司		
规　　格	170 mm×228 mm　16 开本	**版　次**	2014 年 7 月第 1 版
印　　张	18.75 插页 1	**印　次**	2014 年 7 月第 1 次印刷
字　　数	341 000	**定　价**	36.00 元